U0252255

民国时期
工业灾害治理研究

周石峰◎著

科学出版社

北京

内 容 简 介

本书首先对民国时期工业灾害进行历时性的统计分析，以期把握民国工业灾害的规模、类型和空间分布，进而分别从调查统计、法制建设、行政实践、教育宣传四个维度，探讨朝野各界应对工业灾害的历史探索，并从立法缺陷、行政制约和社会认同等视角，宏观性地剖析民国工业灾害防治的历史困境。

本书可供历史学本科生和研究生阅读，也可供当下涉及生产安全工作的研究者和实践者参考。

图书在版编目（CIP）数据

民国时期工业灾害治理研究/周石峰著. —北京：科学出版社，2018.10
ISBN 978-7-03-059069-5

Ⅰ. ①民⋯ Ⅱ. ①周⋯ Ⅲ. ①工业企业-企业管理-安全管理-研究-中国-民国 Ⅳ. ①X931

中国版本图书馆 CIP 数据核字（2018）第 232971 号

责任编辑：耿 雪／责任校对：贾娜娜
责任印制：张 伟／封面设计：润一文化

科 学 出 版 社 出版
北京东黄城根北街 16 号
邮政编码：100717
http://www.sciencep.com

北京虎彩文化传播有限公司 印刷
科学出版社发行 各地新华书店经销
＊

2018 年 10 月第 一 版 开本：720×1000 B5
2019 年 1 月第二次印刷 印张：14
字数 213 000
定价：69.00 元

（如有印装质量问题，我社负责调换）

迄今，有关民国时期工业安全问题的研究非常薄弱，专题性研究较少，伴生性研究则散见于劳工生活史、企业史、法制史或者社会福利史等。二十世纪上半叶，随着中国近代化的推进，工业灾害频仍，工业安全思想和工业安全运动应运而生。学者大致上从工业灾害调查统计、工业安全卫生立法、工矿安全卫生检查、工矿安全卫生宣传教育等角度着手，进行系统梳理、总结和评价，试图防控和减少工业灾害，具有比较重要的学术意义。

从现实意义来看，改革开放以来，党和政府非常重视工业安全，成绩斐然，但工业灾害仍相当严重，造成重大经济损失，影响社会和谐，若不善加治理，甚至可能会抵消发展成果，影响国际形象，可谓关乎民族复兴伟业。而尽管民国时期工业安全治理的实效严重不足，但工业安全思想则并非乏善可陈，对其进行系统梳理和总结评析，可为我国当下的工业安全问题提供正反两方面的思想资源，具有较大的借鉴参考价值。

一、主要内容

本书将工业安全视为防控工业事故的一系列政策或措施，首先尝试对民国时期工业灾害进行统计分析，试图把握当时工业灾害的规模、类型和分布状况，然后则分别从调查统计、法制建设、行政实践、教育宣传等层面，探讨近代各界应对工业灾害的努力，最后则着重宏观性地剖析此种应对的历史困境。

一是民国时期工业灾害的计量分析。欲图对民国时期工业灾害进行计量评估，相关统计数据的缺乏或零碎，成为最大的制约。学者的片断性调查与相对完整的全国性工业灾害统计，可以大致说明民国时期的工业灾害已呈高频高危态势，就类型而言，以火灾和爆炸造成的损失最大，从省市分布看，上海无疑占据首位，从业别分布看，则以纺织业最多。这些特征恰好与当时工业的地域分布和经济结构一致。

二是工业灾害调查统计问题。民国时期工业灾害调查的主体，既有学界，也有政界。前者重视灾害调查统计的理论思考和方法诠释，也尝试进行实地社会调查。学者的调查研究坚持价值中立，强调对灾害实况客观把握。就政界来说，北京政府（即北洋政府）鲜有作为，南京政府（即南京国民政府）相对而言更加重视，不少中央部门都尝试对工业灾害进行调查统计。

三是工矿安全卫生立法与工矿安全卫生检查问题。北京政府颁布了工矿法规，安全和卫生方面的内容占比很大。南京政府为了兑现革命承诺和践行其民生主义的意识形态，相继颁行了以《工厂法》为中心的一系列劳动法规。预防灾变和善后救济是安全卫生条款的基本思路。工矿安全卫生是检查行政最重要作为。四是工业安全和工业卫生的宣传教育问题。民国时期成立了工业安全协会，创办了《工业安全》杂志，举办了工业安全卫生展览会，这些都是中国工业安全史上的创新性举措，此外尚有参与国际国内交流和举办免费的工业安全培训班。抗日战争后期由社会部继起的工矿安全检查，实际举措和成效已经大打折扣。

四是民国时期工业灾害治理的历史缺憾问题。民国时期工业安全问题在法律文本、行政能力、社会认同以及外部压力方面，均在存在一些不足之处。就法律文本言，北京政府的《暂行工厂通则》出台草率，简陋不堪。南京政府的《工厂法》超越了当时的历史阶段，社会压力较大。与法律的高调激进相比，行政实践则相对务实保守，但其成效受到行政能力不足的限制，地方政府配合消极、工矿检查人员位卑权轻，法律落实处处受阻。租界工厂检查权的落空，不仅缩小了工矿安全检查的范围，也增加了工矿安全检查的阻力。法律本应守护社会底线，但若远远超出社会的"中线"，往往导致徒具空文，不仅有损法律威严，更难培育法治信仰，而行政和执法亦自捉襟见肘，自然难免"种瓜得豆"的历史悲剧。

二、主要观点

（1）比较而言，工业安全史的研究视角比工业灾害史的研究视角，更须引起学界的足够重视，更具有现实参考价值。

（2）民国时期工业灾害的统计数据虽然比较缺乏和零碎，但相关统计分析仍然可以大致说明当时工业灾害的高频高危特征。

（3）对工业灾害进行科学的、充分的调查统计，是实现工业安全的基本前提。调查统计，既有赖于学界独立自主的学术研究，更离不开官方科层化系统的行政统计，二者各有利弊，必须分工合作。

（4）近代中国的工业安全问题，大致上从工业灾害调查统计、工业安全卫生立法、工矿安全卫生检查、工矿安全卫生宣传教育等角度着手。成立工业安全协会、创办《工业安全》杂志、举办工业安全卫生展览会，都是中国工业安全史上的创新性举措。

（5）民国时期工业安全问题在法律文本、行政能力、社会认同以及外部压力方面，均存在一些不足。尤其是相关法规超越历史阶段，社会压力较大，行政实践则只能相对务实保守，这不仅损害法律威严，亦难以培养法律信仰。

目　录

前言
导论 ·· 1
  第一节　引子 ·· 1
  第二节　研究现状述评 ·· 2
  第三节　相关说明 ··· 10
第一章　工业灾害的计量分析 ····································· 13
  第一节　北京政府时期的工业灾害 ······························ 13
  第二节　南京十年时期的工业灾害 ······························ 16
  第三节　全面抗日战争时期的工业灾害 ·························· 25
  第四节　解放战争时期的工业灾害 ······························ 35
  本章表格 ··· 37
第二章　工业灾害的调查统计 ····································· 50
  第一节　工业灾害调查统计思想 ································ 51
  第二节　工业灾害调查统计实践 ································ 57
  本章表格 ··· 69
第三章　法制建设与安全检查 ····································· 77
  第一节　工业安全立法 ·· 77
  第二节　工矿安全检查 ·· 85
第四章　工业灾害防治之宣传教育 ································· 96
  第一节　组建团体 ·· 96
  第二节　创办期刊 ··· 100
  第三节　举办展览 ··· 103
  第四节　国内外交流 ··· 113
  第五节　安全培训 ··· 118
第五章　劳工伤病之救治 ·· 122
  第一节　医疗设施制度化 ····································· 122

第二节　劳工医院的创设 ……………………………………… 131

第三节　劳工职业病的防治 …………………………………… 134

第四节　医疗费用的承担 ……………………………………… 138

本章表格 ……………………………………………………… 141

第六章　工业灾害治理的历史缺憾 ……………………………… 149

第一节　工业灾害的立法缺陷 ………………………………… 149

第二节　检查制度的设计失当 ………………………………… 161

第三节　社会认同的严重不足 ………………………………… 170

第四节　租界工厂检查的落空 ………………………………… 176

第七章　矿难善后的个案审视 …………………………………… 180

第一节　真相或迷思：死难人数之罗生门 …………………… 180

第二节　天灾或人祸：矿难肇因之悖论性言说 ……………… 183

第三节　依法或循例：抚恤标准之争 ………………………… 185

第四节　权益或秩序：善后抚恤中的政治 …………………… 187

第五节　制度与技术：防控工业灾害的即时性反思 ………… 191

结语 ……………………………………………………………… 196

主要参考文献 …………………………………………………… 198

附录　中华人民共和国成立初期的官僚主义、群众路线与生产安全 … 204

第一节　官僚主义与工矿事故 ………………………………… 204

第二节　群众路线在安全生产中的光辉实践 ………………… 206

第三节　践行群众路线的成效 ………………………………… 208

民国时期
工业
灾害
治理研究

第一节　引　　子

　　星期三的上午十点多钟的时候，尚义医院的内科诊治室里坐着一个脸色苍白的少年。他解开着对襟的短衣，露着青白的皮肤，肩井深深的凹着，一条一条的肋骨现着历历可数的样子。从玻璃窗透入的阳光照到他那有着军轮和鸟类的翼翅花纹的黄色扣上，反射出闪闪的金光，映在他的脸上，才觉得他还有点生气。

　　……

　　我是个站务员中专事检票的，来来往往，成千成百的搭客，忽然一阵香气，忽然一阵臭味，有时刚刚闻着香气，觉得胸襟很是舒畅，跟着突然一阵臭味，胸襟立刻变为闷沉沉的。气管老是尽力的一闻一闭，像是忙不过来，到了晚上，觉得胸腔的内部微微的有点疼痛，这样一天一天的过去，不时的渐渐的厉害起来，到了现在……

　　我不是肺病么，先生？

　　病是确在肺部，不过照您这样说来，可以说是"职业病"，因为你的成就实由于检票的职业。①

　　这是 1923 年刊载于《晨报副刊》一篇题名为《职业病》小说的开头。小说中的医生听了病患的陈述之后，果断地将其诊断为"职业病"。

　　1935 年的《女子月刊》也刊发了一篇题名为《职业病》的小说。小说的主角是上海一名年轻的从事理发职业的女孩，名叫阿淑。她中学毕业后来到上海谋生，最初期望从事小学教师工作，但"东托人，西求人"而无果，后经熟人介绍，到女子理发所参加培训，一个月之后到一理发店工作。在此期间，她爱上了一名"一星期来一次"理发店的大学生。她应大学生之约，星期日去看电影，然后一起吃

---

① 钦文：《职业病》，《晨报副刊》1923 年 10 月 18 日，第 2 版。

晚餐，"那一晚，阿淑便失去了处女的身份"。她怀孕之后，大学生不见踪影，又被理发店辞退，因而跳江自尽，"报纸上"刊载着"河里浮出一个女人的尸体，并且肚里还有胎，凄凉地盖着草席，许多苍蝇在附集着，也没有人去招领"[①]。

职业病问题成为小说场景或者小说题名，一定程度上反映出民国社会对该问题的关注。职业病古已有之，但主要是工业化时代的特殊疾病，因此亦被称为工业病。[②]古代中国已经关注到职业与疾病的关系问题，但职业病这一名称的使用，乃是二十世纪一二十年代。

民国时期工业灾害已呈高频高危态势，据南京政府实业部统计，仅1934年、1935年两年的工业灾害则超过5000次，个别重大事故死亡人数竟然超过千人，对生态环境、经济发展、社会安定产生重大影响。社会各界分别从工业卫生学、工业管理学、工业安全工程学和劳动问题等角度，围绕工业灾害的成因、性质、危害，实现工业安全的必要性和可能性以及实施主体和实现路径等基本问题，进行了比较深刻的思考。

第二节　研究现状述评

1949年以前，工业安全问题已经引起一部分学者的关注，主要集中于两个方面：一是侧重工业灾害调查统计问题。如毛起鷁探讨了工业灾害调查统计的理论和方法。陈达的《我国抗日战争时期市镇工人生活》，以实证调查为基础，以抗战时期为重点，旁及战前战后，对大后方、沦陷区和陕甘宁边区的工厂安全设施、劳工疾病以及相关法规，均有较多介绍和讨论，相关结果被广为征引。吴至信对一些铁路、矿场和工厂的惠工事业进行调查，涉及福利设施和福利待遇问题，尤其是对员工伤病、残疾和死亡的医药、警惕和抚恤等问题，予以详细调查。方显

---

① 余蔓：《职业病》，《女子月刊》1935年第3卷第2期。

② 譬如，1948年《工程界》杂志刊文指出，"随着工业的发达，就有许多因工业环境而发生的疾病"。"凡从事于某种职业，尤其是工业的从业员，往往会容易感染某种疾病，我们即把这种疾病称为职业病。职业病的来源，与人类初步的工业几乎同时开始存在。"（王世椿：《工厂从业员的职业病》，《工程界》1948年第3卷第7期）

廷的《中国之棉纺织业》，以相关统计为基础，简单论及棉纺织业的工厂灾害和劳工疾病。二是探讨我国工业安全的理论和实践问题。除了散见于当时报刊的大量言论之外，如刘巨擘的《工厂检查概论》、钟伟尊的《工厂地址选择问题之研究》、程守中的《工业安全与管理》、周纬的《工厂管理法》、严镜清的《工业卫生学》、陶家征的《工业安全工程》等，均对工业安全问题进行了初步探索。这些成果，也是本书重要的资料来源。

再就职业病而言。20世纪初期，国人即已开始关注职业与寿命或疾病之间的关系。1905年的《大陆》杂志载有《长命与职业之关系》一文，介绍了英国有关寿命长短与职业类型之关系的调查统计。[①]1910年《教育杂志》的《职业与寿夭》，转介了日本有关161名百龄老人中职业占比的调查。[②]1914年的《通俗教育杂志》以《人体形态与职业及疾病之关系》为题名，介绍了法国陆军军医关于人体形态学的研究成果，期望作为国人选择适合于自身形体的职业，从而为避免相关疾病提供参考。[③]1920年，黄胜白探讨了疾病与职业或工作之间的关系。[④]1922年，有人指出，卷烟业工人对肺痨"是否有容易感受之性质，据诸家之研究，学说各有不同，有赞成者，有反对者，但肺痨病往往多发于卷烟工人，已为多数医生公认，无可掩饰。所以要彻底了解此问题，必须汇齐若干报告，搜罗许多铁证，然后凭着那确切不移之事实，去说明他，证实他"，并且详细介绍了德国有关的研究成果。[⑤]

最早明确使用职业病一词者，可能是晚清民国时期的公共卫生学家丁福保，他在1911年的《中西医学报》发表《职业病一夕谈》，认为职业病是"任各种职业者易罹之疾病"[⑥]。1924年1月17日，《申报》载有《学校教员之粉笔》，作者为医师汪于冈。他指出："学校教员之罹肺痨病者非常之多，此世界各国皆然，

---

① 《长命与职业之关系》，《大陆》1905年第14期。

② 《职业与寿夭》，《教育杂志》1910年第2卷第6期。

③ 《人体形态与职业及疾病之关系》，《通俗教育杂志》1914年第5期。

④ 黄胜白：《疾病和职业或工作的关系》，《自觉月刊》1920年第1卷第1期。

⑤ 徐绍苹：《卷烟工人与痨病》，《新医人》1922年第1卷第2期。

⑥ 丁福保：《职业病一夕谈》，《中西医学报》1911年第16期。

而于我国尤甚，其中小学教员为尤多，殆所谓职业病者也。"[①]

中华人民共和国成立至改革开放，我国的民国工业灾害研究主要散见于革命史框架下的工运史，大多侧重揭示工人阶级劳动条件之恶劣和凸显工业灾害之严重，对民国时期的工业安全问题基本上持否定态度，从而论证中国革命的历史合法性。[②]

20 世纪 80 年代以来，工业灾害史方面出现了为数不多的专题成果。孙安弟的《中国近代安全史（1840—1949）》被誉为"填补安全生产史空白之作"，但以展现中国近代劳动安全卫生事业的历程为主旨。[③]也有学者以火柴业和化工业为中心，或以苏南等地域为个案，考察工业发展对生态环境的破坏，但受资料所限，工业灾害的环境史研究惜不多见。[④]

有关工业灾害和工业安全的专题研究虽嫌不足，但伴生性成果则相对较多，分别散见于劳工史、企业史、法制史、福利史、卫生史和消防史等，主要从以下四个角度展开研究。

一是工人劳动条件问题。以工运史和生活史为代表，涉及工作环境、卫生条件和伤病等问题，普遍认为工伤事故严重，定性描述更趋细致，定量研究有所加强，

---

① 关于教师罹患肺痨职业病的原因及防治，文章认为："推其致病原因，则为心力交瘁、肺部过劳以及教室内调气不足，炭酸气常积滞室中，不特肺部受害，全身新陈代谢机能亦大受窒碍，此实为最大原因。而我国学校教室能注意及此者，即不多见，其中小学校教室之因陋就简者，尤不堪问，是以患者之中小学教员尤甚也然。此种不卫生之害，初非教员自身所能防御，应责之教育当局者。若夫平时学校生活上与呼吸器最有关系，并可由教员自行防御之者，则莫如粉笔之卫生。盖粉笔与教员常结不解之缘，每日讲台上所吸之白粉量，一若为其衣食之代价，而白粉之为害呼吸器窒塞气道，刺激粘膜，乃势所必至。即其飞扬空际扑面，沾衣亦复可厌，每见落拓教员下课时，眉目口鼻之间，往往点染，见者哄笑，然其害易防也，可于各教室中置海棉一块（粗布亦可），以水浸湿用之，课毕后漂去所染白粉，以备再用，所书字迹，虽不如干拭者之黑白分明，然一小时之间，断不至糢糊莫辨，惟不利于光滑之黑板，曩在浙医校曾倡用之，同事者称便焉。"（参见汪于冈：《学校教员之粉笔》，《申报》1924 年 1 月 17 日，第 1 版）

② 比如，有人提出，"国民政府统治时期的工矿企业，几乎没有什么安全卫生的条件可言"。参见宋超：《从反动政府的一些官方资料看旧社会的工伤事故》，《劳动保护通讯》1959 年第 19 期。

③ 孙安弟：《中国近代安全史（1840—1949）》，上海：上海书店出版社，2009 年。相关评论参见张真：《"中国近代安全史研究"项目通过鉴定成果填补国内空白》，《上海安全生产》2010 年第 1 期；汤兰瑞：《推举在职业安全卫生领域或中空前未有纪述工安发展的好书——中国近代安全史》，《工业安全卫生》2009 年第 243 期。

④ 譬如李志英、周滢滢：《环境史视野下的近代中国火柴制造业》，《晋阳学刊》2012 年第 4 期；王合群、李国林：《近代中国城市化进程中的自然生态环境问题探析》，《河南社会科学》2003 年第 2 期；胡孔发：《民国时期苏南工业发展与生态环境变迁研究》，南京农业大学博士学位论文，2010 年。

如齐武的《抗日战争时期中国工人运动史稿》、宋钻友等的《上海工人生活研究（1843—1949）》等①当为代表，宋钻友认为，上海工人的成长历程与极其恶劣的生产条件相伴，由于民族资本薄弱，被迫采用延长劳动时间、压低工资和简化劳动保护设施等手段而获取超额利润。化工、制药、火柴等行业的劳工由于天天接触有害原材料，患职业病的比例较高。他指出，纺织业许多女工"都患上了职业病"，火柴业不仅劳动条件恶劣，而且接触毒性原料，严重危害身体健康。他以鸿生火柴厂为例，认为该厂生产黄磷火柴，许多女工常遭受磷毒，导致牙床溃烂，甚至患"骨糟疯症"而死。纱厂工人患肺病的比率高达百分之七八十，原因是车间充斥棉絮。②

齐武考察了抗日战争时期的中国工人运动，认为战时大后方的工矿企业，往往设备简陋、生产方法落后以及劳动条件极为恶劣，几乎没有一厂对劳动保护和安全问题予以充分关注。他以豫丰纱厂为例，认为该厂内迁重庆之后，生产保护装置"全付阙如"，即便是新建厂房亦无除尘、通风和降温设备，清花、钢丝、并条、粗纱、细纱各车间均棉屑充斥，因而呼吸道疾病成为该厂工人的职业性疾病。③罗苏文的《女性与近代中国社会》认为，"与严密的厂规相比，同期对女工的劳动保护措施显得大为滞后"，女工职业病与劳动环境恶劣直接有关，常见者为肺结核、非结核性呼吸病及慢性腿疮等，发病率均高于工人中同类病的百分比，他认为此种现象表明：在中国工业化起步阶段，"社会对工业卫生和工业医药还普遍缺乏应有的了解，对劳动保护工作实行有系统的监督管理还没有提到政府议事日程上"，"厂家对工人职业病多不加注意，任其发展，只是对急性时疫实行防范措施，如施种牛痘、注射防疫针等"。④

《上海卷烟厂工人运动史》虽以上海烟厂工人与英美资本家和日本大班的斗争、烟厂工人参加反内战、反饥饿等政治运动为中心，但也明确指出，烟厂工人

① 齐武：《抗日战争时期中国工人运动史稿》，北京：人民出版社，1986年；宋钻友、张秀莉、张生：《上海工人生活研究（1843—1949）》，上海：上海辞书出版社，2011年；郭洪茂：《东北沦陷时期的满铁铁路中国工人状况》，《抗日战争研究》2000年第1期；李世宇：《伪满时期满铁抚顺煤矿中国工人状况之考察》，《许昌学院学报》2007年第1期。
② 宋钻友、张秀莉、张生：《上海工人生活研究（1843—1949）》，上海：上海辞书出版社，2011年。
③ 齐武：《抗日战争时期中国工人运动史稿》，北京：人民出版社，1986年。
④ 罗苏文：《女性与近代中国社会》，上海：上海人民出版社，1996年，第297—299页。

常见的职业病包括关节炎、气管炎，头痛病、鼻炎、肺病和干血痨等，其中头痛最普遍，次为鼻炎。冬天的烟厂车间与外界的温差较大，加上烟尘刺激，工人极易感冒或患关节炎，并且由于无力医疗或担心厂方借故开除，往往演变为急性或慢性气管炎、肺病。每到霉季，为了保证烟叶质量，英美烟资本家将车间门窗紧闭，高温和混浊空气"使工人们染上各种各样的职业病，不知夺去了多少工人的生命，女工更是深受其害"[①]。《上海民族橡胶工业》一书指出，汽油慢性中毒成为橡胶工人最常见的职业病，"资本家对此却一向置之不问"，汽油慢性中毒的症状和危害，是由头痛、头晕渐至关节痛、手脚麻木、下肢浮肿和肌肉萎缩。该书认为，大中华厂成型车间女工出现头痛症状者，占车间总人数的四分之三，关节痛和手脚麻木者，超过 50%。而在日伪统治时期，资方大量使用苯替代汽油，其毒性更大，危害也更加严重。[②] 上海社会科学院《上海经济》编辑部编写的《上海经济（1949—1982）》一书认为，旧上海工人的职业病和职业中毒现象十分惊人，援引相关统计资料指出，蓄电池厂工人铅中毒率高达 75%，石英磨粉厂工人矽肺发病率为 42.5%，荣兴铝石粉厂规模不大，所雇工人仅 20 余名，但中华人民共和国成立前的 20 多年，该厂因矽肺病而死亡者，多达 35 人。[③] 工业病对工人之害，解放前后无差异。

二是工矿业生产安全问题。以企（矿）业史为核心，揭示近代企（行）业的生产安全水平低下，对以往的否定态度有所纠偏，有限地肯定了部分企业的主观努力，如张忠民和陆兴龙主编的《企业发展中的制度变迁》、许康和劳汉生著的《中国管理科学历程》等。[④]

---

① 上海卷烟厂工人运动史编写组编：《上海卷烟厂工人运动史》，北京：中共党史出版社，1991 年。

② 上海市工商行政管理局、上海市橡胶工业公司史料工作组编：《上海民族橡胶工业》，北京：中华书局，1979 年。

③ 上海社会科学院《上海经济》编辑部编：《上海经济（1949—1982）》，上海：上海社会科学院出版社，1984 年。

④ 张忠民、陆兴龙主编：《企业发展中的制度变迁》，上海：上海社会科学院出版社，2003 年；许康、劳汉生：《中国管理科学历程》，石家庄：河北科学技术出版社，2000 年；凌宇：《近代河北井陉煤矿矿难研究》，河北大学硕士学位论文，2007 年；王瑛：《1937—1945 年间日本对井陉煤矿的掠夺与"开发"研究》，河北师范大学硕士学位论文，2011 年。

三是政府劳动卫生立法问题。法制史和卫生史注重劳动法规的梳理，肯定北京和南京政权劳动立法的成就渐成学界主流，但执法乏力之原因则分歧较大，或强调阶级属性所致，或归诸执政能力不足。而从社会福利视角进行的相关研究，虽肯定政府对工业灾害问题的重视，但同时强调其旨在于缓和劳资冲突。[①] 此外，关于工业安全运动兴起的西方因素问题，国际劳工组织对中国劳工立法的影响得到充分关注。[②]

医学界注重梳理和总结中国古代有关职业病病因、症状和防治方面的认识和经验。[③] 对于近代职业病问题，吴执中主编的《职业病》"绪论"进行了简单的溯源，认为"不论是帝国主义的或本国资本家开设的工厂和矿山，只能是以营利为目的，无人注意工人的健康问题"，虽然根据开滦煤矿或湖南锡矿山医务人员回忆，确有不少矽肺病人，甚至以 20 世纪 30 年代初期北京协和医院的病历作为根据，证明景泰蓝工人因患铅中毒而住院治疗，但是旧中国矿山和工厂工人患尘肺病及其他职业病的相关数据"无法查考"。总体而言，旧中国既没有对工人职业病问题进行普查工作，也没有专门从事劳动卫生与职业病工作的医务人员，更不存在有关劳动卫生和职业病的学科。[④] 蔡景峰等主编的《中国医学通史：现代卷》

---

① 参见彭南生、饶水利：《简论 1929 年的〈工厂法〉》，《安徽史学》2006 年第 4 期；朱正业、杨立红：《试论南京国民政府〈工厂法〉的社会反应》，《安徽大学学报（哲学社会科学版）》2007 年第 6 期；朱正业：《南京国民政府〈工厂法〉述论》，《广西社会科学》2007 年第 7 期；岳宗福：《近代中国社会保障立法研究（1912—1949）》，济南：齐鲁书社，2006 年。

② 田彤：《国际劳工组织与南京国民政府（1927—1937）——从改善劳资关系角度着眼》，《浙江社会科学》2008 年第 1 期；田彤：《民国劳资争议研究（1927—1937 年）》，北京：商务印书馆，2013 年。

③ 如周秀达等人指出，汉代王充的《论衡·雷虚篇》记有冶炼发生火烟侵害眼鼻和皮肤灼伤的现象，《后汉书》有冶炼作坊工匠被灼伤而"形貌毁瘁"的描述，五代独孤滔记述了方铅矿（硫化铅）井和冶炼中二氧化硫气体的危害，宋代沈括等记述了四川岩盐深井开采中的卤气和天然气中毒死亡事故及除毒方法，明代宋应星记载了煤矿井下瓦斯中毒及排毒方法。明代医家李时珍对铅矿工匠的职业病进行深入调查。认为除医药学家外，政治家、文学家、诗人、科学家等对生产劳动中的职业病多有记叙，反映职业病为古代社会所重视（参见周秀达、黄永源：《我国古代职业病史初探》，《中华医史杂志》1988 年第 1 期；荆玉强：《祖国医学对职业病的认识》，《中医药学报》1987 年第 3 期）。李约瑟曾将李时珍誉为"中国最伟大的自然科学家"，认为李时珍"生动地描绘了铅中毒等工业病"（参见〔英〕李约瑟：《中国科学史要略》，李乔萍译，台北：台湾中国文化学院出版部，1971 年）。

④ 吴执中主编：《职业病》，北京：人民卫生出版社，1982 年。

认为,1949年以前,"劳动卫生和职业病工作和学术研究几乎是一个空白"[1]。

从港澳台地区的情况看,相关专论虽较罕见,但劳工史研究则无不涉及。"《中华民国建国史》"和《中国劳工运动史》等[2],均不同程度涉及劳动法令、劳工福利和工厂检查等问题,但其意识形态色彩突出,公然声称旨在宣扬"反共伟绩"。以黄清贤《工业安全与卫生》为代表的相关研究,则以1949年后台湾地区的工业安全为重点,仅对民国时期相关法规进行简单溯源。[3]

再从国外而言,有关西方国家的工业灾害史研究成果丰硕,美国维特的《事故共和国:残疾的工人、贫穷的寡妇与美国法的重构》[4]堪称典范,对本书有较大参考价值,但亦少见民国安全问题之专论,仅部分成果有所涉及。罗芙芸的《卫生的现代性:中国通商口岸卫生与疾病的含义》简略提及天津当局对工业废气的管理,裴宜理的《上海罢工:中国工人政治研究》、洪尼格的《姐妹们与陌生人:上海棉纱厂女工,1919—1949》等[5],视域宽广,新见迭出,但有关劳工职业环境方面的看法,与国内似无明显不同。裴宜理的《上海罢工:中国工人政治研究》堪称中国工运史的经典性研究,其中指出卷烟工人常见的职业病类型是慢性支气管炎。[6]

西方国家关于职业病最早的系统研究,是意大利医生纳迪诺·拉马齐尼(1633—1714),被誉为"劳动医学之父"。1700年,他发表了《职业病》一书,介绍了30多个存在罹患职业病(尤其是肺部肿瘤)风险的行业,其中包括所有与

民国时期工业灾害治理研究

---

① 蔡景峰、李庆华、张冰浣主编:《中国医学通史:现代卷》,北京:人民卫生出版社,1999年。

② 台湾"教育部"主编,"中华民国建国史"编纂委员会编审:"《中华民国建国史·第二篇》",台北:编译馆,1987年。中国劳工运动史续编编纂委员会编纂:《中国劳工运动史》(多卷本),出版时间和出版社前后不一,如第2册至第5册,于1966年由中国劳工福利出版社出版,第8册改为中国文化大学劳工研究所理事会1984年出版。

③ 黄清贤:《工业安全与卫生》,台北:商务印书馆,1987年。

④ 〔美〕约翰·法比安·维特:《事故共和国:残疾的工人、贫穷的寡妇与美国法的重构》,田雷译,北京:中国政法大学出版社,2016年。

⑤ 〔美〕罗芙芸:《卫生的现代性:中国通商口岸卫生与疾病的含义》,向磊译,南京:江苏人民出版社,2007年。〔美〕艾米莉·洪尼格:《姐妹们与陌生人:上海棉纱厂女工,1919—1949》,南京:江苏人民出版社,2011年。〔美〕裴宜理:《上海罢工:中国工人政治研究》,刘平译,南京:江苏人民出版社,2001年。

⑥ 〔美〕裴宜理(Elizabeth J.Perry):《上海罢工:中国工人政治研究》,刘平译,南京:江苏人民出版社,2001年。

煤、铅，砷和金属有接触的行业，如玻璃工、画家、镀金工、制镜工、制陶工、木工、鞣革工、织布工、锻工、药剂师、化学工、面粉工、毡合工、制砖工、印刷工、洗衣工等"暴露于硫磺蒸气"和"使用含汞制剂"的行业，以及"制作或销售烟草"的行业。拉马齐尼证明了某些严重的疾病是由人类活动造成的，尤其是与新兴工业相关的活动。马克思在《资本论》中提到了《职业病》"这本革命性的医学著作"[①]。随着西方工业化的推进，职业病问题日益凸显，相关研究也日趋繁荣，肯尼思·F.基普勒主编的《剑桥世界人类疾病史》对此进行了简单勾勒[②]。该书虽然概述了中华人民共和国成立以来的职业病防治问题，但在近代中国疾病问题方面，主要以流行性疾病中心，对职业病基本没有涉及。

总体而言，既有成果为深入研究提供了一定的参考和支撑，但仍存在一些薄弱环节，一是涉及民国时期工业灾害问题者较多，但专论工业安全问题者，则仅见孙安第的开创性成果；二是绝大多数成果多以民国时期的工业安全实践为着力点，对于工业安全思想，较少予以关注和总结；三是专题性研究较少，伴生性研究较多，绝大多数成果散见于生活史、经济史、法制史、企业史等。

因此，本书具有一定的学术价值和现实意义。就学术价值而言，20世纪上半叶，随着中国近代化的推进，工业灾害频仍，工业安全思想和工业安全运动应运而生。学者从工业卫生学、工业管理学、工业安全工程学和劳动问题等角度，对工业灾害的成因、性质、危害，工业安全的实施主体和实现路径等基本问题，均有一定程度的探索，做出了应有的历史贡献。但是目前，学界对工业安全实践有所涉及，而工业安全思想则鲜有专论。故而，对民国时期的工业安全思想进行系统梳理、总结和评价，具有比较重要的学术意义。从现实意义来看，改革开放以

---

① 马克思在《资本论》中提到了《职业病》"这本革命性的医学著作"，并且指出"疾病的产生可能是工业制造的隐藏代价"。在《资本论》第一卷《资本的生产过程》中，马克思指出"身体和精神的某些发育不良是与社会分工密不可分的"。这是在引用了《职业病》一书后作出的评论。（参见〔法〕罗宾：《毒从口入：谁，如何，在我们的餐盘里"下毒"？》，黄琰译，上海：上海人民出版社，2013年，第111页。）李约瑟认为李时珍"似乎预知了拉马齐尼所做的工作"（参见〔英〕李约瑟：《中国科学史要略》，李乔萍译，台北：台湾中国文化学院出版部，1971年）。

② 参阅〔美〕肯尼思·F.基普勒主编：《剑桥世界人类疾病史》，张大庆主译，上海：上海科技教育出版社，2007年，第166—170页。

来，党和政府非常重视工业安全，成就斐然，但工业灾害仍相当严重，造成重大经济损失，影响社会和谐，若不善加治理，可能会抵消发展成果，危害国际形象，可谓关乎民族复兴伟业。尽管民国时期工业安全实效不足，但其安全思想则并非乏善可陈，对其进行系统梳理和总结评析，可为我国当下的工业安全问题提供正反两方面的思想资源，具有较大的借鉴参考价值。

第三节　相　关　说　明

一、概念界定

有美国学者曾经指出，"对于工业安全的认识一般说来是有些含混不清的"，但是大致可以把车间照明；安全通道运转部分（如传送带、皮带轮、飞轮等）的防护；个体防护用品，如安全眼镜、安全帽、安全鞋、专用防护服等；洁净的空气；适宜的温度与湿度；工业卫生以及其他可能影响雇员安全的一切问题，都看成是工业安全的内容，工业安全也就是保证雇员有不致遭受伤害的工作环境。[①]中国澳门学者把"工业安全"界定为一系列的政策或措施，其实行的目的在于防止或减少在工作过程中可能产生的工作事故。而工作事故是指"未经计划，且不期望发生的一连串事件中之一事件，因工作人员不安全的行为或动作，在不安全的状况中发生，而造成无意的伤害、死亡或财物损失"。广义的工作事故，包括在工作期间内的工伤意外、职业病、工业安全卫生以及工业心理卫生等。由于工作事故所涵盖的内容十分广泛，包括了生理和心理的层次，所以工业安全政策和措施除须具备预防性作用外，还须兼有补救性功能。[②]中国内地学者认为，工业生产安全的主要内容包括：机械安全（机械制造加工、机械设备运行、起重机械、物料搬运等安全）；电气、用电安全；防火、防爆安全；防毒、防尘、防辐射、噪声等安全；个人安全防护、急救处理、高空作业、密

[①]〔美〕威廉 P.罗杰斯：《系统安全工程导论》，吕武轩、王志民译，柴本良、张连超校，北京：劳动人事出版社，1984年，第79~80页。

[②] 余振编：《澳门政治与公共政策初探——澳门大学中文公共行政课程部分学生论文集》，澳门：澳门基金会，1994年，第196页。

闭环境作业、防盗装置等专项安全工程；交通安全、消防安全、矿山安全、建筑安全、核工业安全、化工安全等行业安全。[1]这一看法，大致与生产安全这一说法相当。

我国"工业安全"这一名称的出现，最早大概是在 1933 年。但是，"工业卫生"一词的出现，则要早得多，已经进入 1904 年的《京师实业学堂章程》。[2]尽管 20 世纪 30 年代出现了所谓的工业安全运动，但工业安全的具体含义，多未予以界定。[3]在具体使用上，有的将安全与卫生分列为二，如南京政府的《工厂法》，有的是将安全与卫生并置，如工业安全卫生展览会、工业安全卫生委员会，而《国际劳工通讯》的相关分类，即有工业安全与卫生、工业灾害和职业病三大类型。而其工业灾害一类的相关数据和个案，实际上范围很广，与当今所谓生产安全的广义性表达大致类似。

因此，本书所涉工业灾害，系以制造业为主，偶有涉及矿业和职业病问题。而所谓工业安全思想，大体指向防控工业灾害的理念、政策及其实施。

二、研究旨趣

本书首先尝试对民国时期工业灾害进行统计分析，试图把握当时工业灾害的规模、类型和分布状况，然后则分别从调查统计、法制建设、行政实践、教育宣传等层面，探讨近代各界应对工业灾害的努力，最后则着重宏观性地剖析此种应对的历史困境。因此，本书虽然重视历史时段，但主要以"问题"进行架构。

必须特别指出的是，中国共产党在新民主主义革命时期的劳工保护问题，尽管举措众多，成效显著，但本书囿于题旨，并未予以讨论。[4]

---

① 罗云主编：《安全科学导论》，北京：中国质检出版社，2013 年，第 78 页。

②《京师实业学堂章程》，《申报》1904 年 10 月 10 日，第 9 版。

③ 如程守中编著：《工业安全与管理》《上海机联会丛刊二》，1933 年，当系我国第一部以工业安全为书名的著作，但并未界定工业安全。

④ 孙安弟：《中国近代安全史（1840—1949）》，上海：上海书店出版社，2009 年，专列一章，有所探讨。

三、资料来源

本书重点运用了《申报》全文数据库和民国期刊全文数据库，检索到了上百万字的相关资料，亦运用了民国时期的相关图书数十种。但是，由于时间、精力和经费的制约，相关档案资料相对不足，有待于将来修订完善时加以弥补。

民国时期工业灾害治理研究

第一章

工业灾害的计量分析

工业安全与工业灾害，实属一体两面。迄今，大量工运史成果从劳动保护、劳动条件或劳工生活等视角，涉及民国时期的工业安全或卫生问题，不过定性分析较多。本章主要借助为数不多的调查统计资料，对民国时期工业灾害情况进行定量考察，涉及工业灾害的频次、规模、类型、原因、损失等问题，作为考察此一历史阶段工业安全思想的基础或前提。计量分析的历史时段，则仍然按照北京政府时期、南京十年时期（1927—1937 年）、全面抗日战争时期和解放战争时期予以划分。首先必须说明，本书所指工业灾害，虽然偶有涉及矿业，但主要以制造业为主。同时，为了不割裂文本，而又便于对照原始数据，将相关表格附于本章之后，而不是按照惯例，置于整篇报告之后。

第一节　北京政府时期的工业灾害

对于北京政府时期的工业灾害问题，目前缺乏较为完整的统计数据，因此笔者仅据几份个案性或局部性的调查数据进行分析。

首先是发表于 1924 年的《上海工业医院八百八十件纱厂工人病情的分析报告》。该报告作者戴克耳（H. W. Decke），系美国基督教浸礼会派遣来华的医药传教士。他应上海公共租界组织"童工委员会"要求，对上海杨树浦工业医院 4 年间的 880 件纱厂工人住院治疗的病情进行了考察。上海工业医院和药房是应杨树浦区若干工厂厂主的请求而创立的，医院由厂方供给经费。所属工人由厂方给予证明卡片，即可按照病情享受住院治疗或在药房门诊的权利。如果病人需要住院，住院费用由厂方供给。参加上海工业医院者多为棉纺织厂，计有英商怡和纱厂、杨树浦纱厂、东方纱厂，日商上海纱厂第一、第二、第三厂，华商厚生纱厂、德大纱厂、恒丰纱厂。此外，尚有英商祥泰木行、培林蛋厂、工部局电气处等。这些工厂都设在杨树浦区。

戴克耳的研究表明，在相同时期、相同纱厂内，发生工伤事故的童工人数为 100 人，女工为 43 人，男工为 231 人（表 1-1）。他认为，由于男工担任的工作较为危险且男工对西医疗法的偏见较少，发生工伤事故时，比女工、童工更有可能赴医院诊治。同时，表 1-1 所列数据显示，工伤事故总数比例占疾病总数的 43%，而童工占疾病总数百分比则高达 67%，其中女工占疾病总数百分比最低。戴克耳根据自身经验与世界各国工业统计，认为大多数工伤事故是在既无经验又无技能的工人中间发生的。尤其重要的是，他"深信要为机器装置安全设备，使它不伤害既无经验、又无技能的工人，那差不多是办不到的事"。而童工的经验和技能都非常缺乏。女工"小心而有经验，对于机器的运转及其事故易于熟悉"。

表 1-2 指明了工伤事故中身体各部位受伤人数的百分比。男工与女工、童工受伤的百分比差别较大。这与三者从事的工作密切相关。男工担负的工作门类繁多，装配、搬运都有男工，其受伤部位因工作门类的差异而不同，上下四肢都有。女工与童工往往在机器旁工作，大多数人伤在上肢，尤其是手部或以上的部位受伤。因受伤而永久残疾的女工和童工，多数为手部残疾。关于纺织工业所发生的伤害类型问题，显然裂伤百分比最高。由于纱厂内棉花极易燃烧，且热气管甚多，工业医院诊治了为数颇多的烫伤病人，其中若干名伤势极重。

从表 1-3 来看，童工的死亡率最高。就工伤事故伤害类型中永久残疾的百分比而论，童工比男工高 9 个百分点。其中原因还是在于童工年幼，而且缺乏经验，发生的工伤事故往往比较严重。女工并无因工伤事故而死者，但永久残疾的百分比却达到 44%，之所以如此，由表 1-2 中受伤部位所占百分比可以看出，头部受伤的女工约占受伤女工总人数的 20%，再进而研究其受伤的部位，则眼珠伤害居多。在多数女工所操作的织布间中，尖利的梭子常将不少女工的眼珠刺伤。该项事故往往使受刺眼珠完全失明或部分失明。[①]

　　根据日本在华纱厂的个案性记录，76 起工人伤害事件中，伤害部位以手指及足指的数量最多，为 33 起，除了手指及足指之外的四肢伤害 13 起。如果按照戴克耳的统计方法，则四肢伤害为 46 起，超过了伤害总数的一半，为 60.5%。同时，也在一定程度上与戴克耳的研究结论吻合，即纺织业工人的伤害，以四肢为最。重伤仅 8 起，占比 10.5%。该统计将工人伤害原因分为机械、器具、坠落、私斗和其他，其中机械造成的伤害居首位，为 33 件，占总数 87 件的 37.9%，坠落导致的伤害 16 件，占 18.4%，器具导致者 12 件，占 13.8%，工人之间私斗导致者 9 件，占 10.3%，其他原因导致者 17 件，占 19.5%（表 1-4）。

　　再以食品行业为例。1927 年 4 月，北平社会调查部林颂河对塘沽久大精盐工厂与永利制碱工厂工人进行了实地调查。他根据两厂附属医院 1924 年 10 月 1 日至 1925 年 9 月 30 日的疾病统计表，并通过访谈，详细讨论了两厂工人的常患疾病，其中包括职业病和意外伤害。塘沽久大精盐厂工人常患疾病约有"全身血液病的感冒"、皮肤炎症、外科局部炎症、外科小损伤四种。其中皮肤炎症除了寄生性外，几乎全因塘沽久大精盐工人"感受湿潮，发生炎肿"，症候虽然细微，但全年多达 430 次之多，"数目不可谓不大"。他认为，如果精盐水分与蒸气潮湿可以视为致病的两大原因，那么这种炎症则可看成是制盐工人的职业病。四肢炎症的病人数目仅次于内科感冒，其中大部分病人是永利制碱工厂工人，但久大工人局部性烫伤者屡见不鲜，"盐锅的沸卤、盐炕的热烟和炕间的通火条，都是极烫的东西，偶尔碰着，就要受伤。冬天厂里蒸气弥漫全屋，锅工登湿滑的锅台，铲去锅底所结的盐层，极容易失足落锅内，烫伤四肢"。因此，烫伤占据外科局部炎症的一大部分。外科的各部损伤总人数，一年内共达 1050 次，可见"两厂工人容易受伤，所幸大部分全是小损伤，大损伤十数次，都是永利的压伤、跌伤者及外来的病人"。

　　永利制碱厂的制碱工作兼有化学与机械两方面，因此工人所受伤病，也以这

---

　　① 相关数据和分析，均参见戴克耳（H. W. Decke）：《上海工业医院八百八十件纱厂工人病情的分析报告》，《中国医药杂志》1924 第 38 卷第 3 期。此处转见上海社会科学院历史研究所编：《五卅运动史料》（第 1 卷），上海：上海人民出版社，1981 年，第 239—248 页。

两方面最为常见。制碱机器"异常精细，不只乡间来的常工，莫名其妙，即是学过手艺的工匠，也有时不知底细，平时已有偶尔不慎因而受伤害的工人，遇有特别困难，更容易得到无妄之灾。厂方在修配机件时，总有技师和工头在旁指导，免生危险。但在试办时，防不胜防，免不了有几位工人，蒙着重大的损失。机器的伤害，重在事先预防，一发不可制止，危险必不很小。工厂正式开工，各部分机械，已可管理得当，工人们也稍知道，怎样去避免危险。伤害的事项，极少发生，偶有伤害发生，也不甚重要了"。永利的锅炉曾发生一次爆裂，导致几人重伤。氯气偶尔泄漏，熏人致病，妨害工人呼吸与消化，是制碱工厂的特有现象，可谓永利工人的职业病，"所幸氯气喷扑的时候，并不很多，若能常常换取新鲜的空气，不致有重大的伤害"。因此，他的结论是，外科最多者为炎症，损伤次之。外科炎症中，烫伤约居五分之一而弱，烫伤中约六分之一为全身烫伤，多为永利锅炉工，其余六分之五为手足头颈部的大范围烫伤及一二处烧伤。受伤处所主要是久大盐锅、永利铁工房及白灰窑。外科损伤均属小部分，大损伤不过 10 余次，为永利之压伤、跌伤者及外来病人。[①]

第二节　南京十年时期的工业灾害

一、全国工业灾害的规模

1930 年的《密勒氏评论报》曾经刊有我国各地工厂灾害工人受害人数及百分比。统计对象计有上海江南造船厂、沪宁铁路与工厂、沪杭甬铁路工厂、杭州闸口铁路工厂、上海江南造纸厂、白沙州造纸厂、浦东申新面粉厂、上海复兴面粉厂、杭州纬成纺织厂、汉口升记丝厂、上海宏通丝厂、芜湖康利米厂、上海华生电器工厂、芜湖电厂、陈同记建筑公司、新记建筑公司、昌泰建筑公司、岳震记建筑公司、上海兵工厂、汉阳兵工厂、汉口保昌铁厂、杭州正勤铁厂、杭州应振昌铁厂以及上海华东机器厂，共计 24 家。统计年度除了上海华东机器厂为 1927

---

① 参见林颂河：《塘沽工人调查》，上海：上海新月书店，1930 年，第 95—97 页、第 225—226 页、第 271—274 页。

年之外，其余均系 1928 年。24 家工厂或公司的工人共 18 849 名，受害死亡者 80 人，受伤 927 人，死伤人数 1007 人，占工人总数的 5.3%。汉阳兵工厂灾害工人受害人数多达 216 人，位列第一位，汉口保昌铁厂和浦东申新面粉厂灾害工人受害分别为 137 人和 111 人，居于第二位和第三位。汉口升记丝厂、白沙州造纸厂和上海江南造船厂灾害工人受害人数也相对较多，分别为 99 人、83 人和 74 人。杭州闸口铁路工厂的灾害工人受害比例最高，为 16.7%，浦东申新面粉厂和杭州应振昌铁并列第二位，均为 12.5%，白沙州造纸厂和上海华生电器工厂的灾害工人受害人数百分比均为 11.5%，并列第三位。汉口保昌铁厂和汉口升记丝厂分别为 10.5%、9.7%，分列第四位和第五位（表 1-5）。

1934—1936 年，实业部中央工厂检查处连续编制并公布了全国的工业灾害数据统计，这也是民国时期唯一的比较全面的统计，下面笔者将根据这些统计数据，对全国工业灾害的规模和类型等问题进行考察。

由表 1-6 可知，1934 年全国发生工业灾害 2469 次，死亡 1888 人，受伤 3123 人，伤亡人数超过 5000 人，损失金额高达 5 737 000 元。再看工业灾害在各省、市之间的分布状况。无论是发生次数、死伤人数还是财产损失，上海市都位居榜首。上海市工业灾害发生次数，将近全国灾害发生总数的一半，死伤总人数超过 2100 人，占全国总人数的 42.5%，财产损失高达 2 750 000 元，占全国总损失的 47.9%。天津与青岛两市分列第二位和第三位。前者发生灾害 360 次，死伤人数为 410 人，财产损失也超过 71 万元。后者发生灾害 146 次，死伤人数 241 人，财产损失超过 33 万元。北平、广州两市及江苏省紧随其后，发生次数均超过 100 次，分别为 132 次、103 次和 102 次。再就是汉口和南京两市都不少于 80 次。其余省市都在十几次至三十几次。从死伤人数看，上海市高居首位，天津市位居第二位，为 410 人，河北与河南两省死伤人数分别为 389 人、357 人，分居第三位和第四位。除上述几个外，死伤人数超过 200 人者还分别有青岛市、广州市和江苏省。北平市、汉口市以及山东和山西两省的死伤总人数均超过了 100 人，其余省市死伤人数则都在 100 人以下。再看财产损失。天津市超过 71 万元，位居第二位。接着是北平、青岛和广州三市都超过 30 万元，而江苏省亦接近 30 万元，汉口市和河北省则超过 15 万元，其余省市死伤人数多少不等，但均在 1 万—10 万元。

表 1-7 显示，1935 年，全国发生工业灾害 2655 次，造成 1506 人死亡、4126 人受伤，死伤总人数为 5632 人，造成的财产损失高达 10 272 000 元。最为引人注目的是，上海全年发生灾害次数多达 2 254 次，将近占全国发生灾害总次数的 85%，死伤人数多达 2821 人，超过了全国死亡人数比重的一半，财产损失超过 280 万元。江苏省发生灾害次数 56 次，位居第二位。除上述两省市之外，工业灾害超过 30 次的地区还有天津市 39 次、南京市 35 次、广州市 33 次以及汉口市 31 次。接着是北平市 28 次、河北省 17 次、河南省 16 次、广东省 14 次、山西省 13 次和青岛市 13 次。其余省市发生灾害次数不多，均在 10 次以下。从死伤总数上看上海居首位，其次为山东与河北两省，死伤总数分别为 861 人和 524 人，合计占比超过 24%，汉口、广州两市以及江苏省死伤总数都在百人以上，分别为 128 人、122 人和 167 人。其余省市死亡人数则未有超过百人，从数名至数十名不等。财产损失最大的是山东省，超过了 400 万元，占比将近全国总损失的 40%。上海市损失超过 285 万元，占比将近 28%，位居第二位。位居第三位是河北省，损失 155 万元，占全国总损失的 15.08%。除了以上三省市之外，其余省市的财产损失从数千元至几十万元不等，占比不大，只有全国总损失的 17% 左右。

表 1-8 显示，1936 年发生工业灾害 2724 次，死亡人数为 626 人，受伤人数为 3350 人，造成财产损失高达 1 609 000 元。其中上海发生工业灾害 2200 次，死亡人数为 141 人，受伤人数为 2278 人，造成经济损失高达 87 万余元，分别占全国总数的 80.8%、22.5%、68.0%、54.3%，各项统计指标均位列全国首位。从灾害发生次数看，除上海市之外，河南省、青岛市和江苏省都超过了 50 次，分列第二位、第三位、第四位。天津和汉口两市并列第五位，均为 47 次。除上述省市外，灾害发生次数超过 40 次者尚有山东省。北平与广州两市都在 30 次以上。南京市和河北、广东两省都超过了 20 次。湖北、湖南两省则在 10 次以上。其余省市则仅有数次不等。从死亡情况看，江苏省死亡人数为 74 人，位居第二位。汉口市和河南、山东两省分列第三位、第四位、第五位，都超过了 50 人。除上述省市外，死亡人数超过 30 人者，有青岛市和河北省。超过 20 人者，分别有天津、北平、广州三市以及广东省。南京市亦接近 20 人。其余省份火灾无人员死亡，或者死亡人数在 10 人以下。从受伤情况看，河南省位居第二位，为 151 人，江苏省和广州

市紧随其后，分别为 143 人和 123 人。其余省市均未超过 100 人。除了上海工业灾害造成巨额损失外，河南省也超过了 10 万元，其余省市则均未超过河南省的数目，而是在数千元至数万元。

再对 1936 年工业灾害的业别分布进行考察。表 1-9 显示，纺织工业发生灾害次数最多，为 646 次，其次是机器及金属品制造业，为 315 次，冶炼工业和化学工业都超过了 250 次，除上述各行业外，发生灾害超过 100 次的还有木材制造业、家具制造业、土石玻璃制造业、建筑工程业、服用品制造业、饮食品及烟草制造业，其余业别的灾害此次均未达到 100 次。从死伤总数来看，纺织工业、机器及金属品制造业居于前两位，分别为 868 人、626 人，冶炼工业与化学工业并列第三位，均为 408 人，服用品制造业死亡人数超过 250 人，有七大行业的死亡人数在 100—200 人，分别为木材制造业、家具制造业、交通用具制造业、土石玻璃制造业、建筑工程业、橡革工业、饮食品及烟草制造业，其余行业的死亡人数为数十人不等。再从财产损失看，超过 20 万元者有纺织工业、机器及金属品制造业，10 万—20 万元的有土石玻璃制造业、冶炼工业、化学工业和橡革工业，其余行业的灾害损失都在 10 万元以下。

二、全国工业灾害的类型

根据 20 世纪 30 年代前期的统计惯例，一般将工业灾害的原因分为爆炸、火灾、跌伤、压伤、轧伤、击伤、灼伤、撞伤、触电、窒息等，不属于以上各类或原因不明者，则分列"其他"一类。具体而言，爆炸指蒸汽锅炉及矿井爆裂而言，火灾指厂屋失慎及矿井出火而言，跌伤指工人自高处跌下受伤而言，压伤指物体由高处坠下压伤工人而言，轧伤指工人被皮带轮轴缠轧受伤而言，击伤指机器零件击打受伤而言，灼伤指被高热度之溶液或物体所灸伤或烫伤而言，触电指电机工人失慎触电而言，撞伤指为机器所撞触受伤而言，水灾指轮船水手溺毙及矿井出水而言，窒息指为恶浊空气所熏闷而言，至不属于以上各类或原因不明者，分列入其他一类。[①]

---

① 参见王莹：《二十三年全国工业灾害总检讨》，《劳工月刊》1935 年第 4 卷第 7 期。

根据表 1-10，1934 年，全国工业灾害以轧伤、击伤、跌伤和压伤最为频繁，发生次数位居前四位，均超过了 300 次，分别为 363 次、337 次、328 次和 322 次。除上述几种灾害种类外，超过 200 次者为撞伤。超过百次者有触电 158 次、灼伤 148 次、火灾 145 次。从死伤总数看，爆炸与火灾分列第一位和第二位，其中爆炸 27 次，造成 1494 人伤亡，火灾 145 次，造成 1008 人伤亡，两类灾害造成的死伤人数与全部死伤人数相比，接近 50%。跌伤、轧伤、压伤和击伤，均造成 300 人以上的死伤。撞伤也造成 200 余人死伤。当年全国工业财产共损失 5 737 000 元，分属爆炸与火灾，前者损失 3 885 000 元，超过总数的 67%，后者损失 1 852 000 元，超过总数的 32%。因此，无论是伤亡人数还是财产损失，爆炸和火灾都危害最烈。

1935 年工业灾害的分类与上一年相比稍有变化，增加了矿井水灾、矿井塌陷以及溺水三大新类型，同时删除窒息类型。从灾害发生的次数看，跌伤最多，为 460 次，击伤 426 次，居第二位，轧伤位居第三位，为 398 次，压伤和撞伤紧随其后，均超过了 300 次。从财产损失看，位居首位的是矿井水灾，高达 420 万元，第二位是火灾，将近 370 万元，第三位为爆炸，将近 230 万元，第四位是矿井塌陷，造成损失 10 万元。这四大灾害造成的损失超过了 1000 万元。从死伤总数看，全年死伤人数 5632 人，矿井水灾不仅造成的财产损失最大，导致伤亡的人数也最多，超过了 1000 人，其次是爆炸，造成 800 余人伤亡，再次为火灾，伤亡人数为 773 人，此外分别为击伤、跌伤、压伤、轧伤和撞伤，造成伤亡人数在 300—600 人（表 1-11）。

1936 年的工业灾害统计，实业部中央工厂检查处将其类型划分为机械、危险性物体及火灾、其他三大类型。属于机械方面的工业灾害，又细分为发动机，动力传导装置，金工及木工机器，作业机，轧轮及其他容易夹住身体之物，吊车、起重机及人或载物之升降机六个小类。归属于危险性物体及火灾者，则包括锅炉及汽管、爆炸物、毒物及腐蚀性物体、高热、电气以及火灾六个小类。其他类型同样包括六个小类，即处理物体、运输器、手用工具、物体坠落、倾跌、践踏及碰撞。

从发生次数看，机械方面的工业灾害最多，为 1207 次，占全国总数的 44.3%，危险性物体及火灾方面为 731 次，占全国总数的 26.8%，其他类型 786 次，占 28.9%。危险性物体及火灾的灾害发生次数虽然少于机械方面，而其造成的死亡人数为 284 人，则超过机械方面造成的死亡人数 191 人。这两类灾害造成的受伤人数都超过了 1000 人，机械性灾害的受伤人数为 1364 人，危险性物体与火灾造成 1142 人受伤。两者合计 2506 人，占受伤总数的 74.8%。从造成的经济损失看，工厂检查处仅对第二大类工业灾害进行了估计，其中火灾损失为 579 000 元，位居首位。次为锅炉及汽管造成的损失为 438 000 元，再次为电气造成的损失为 338 000 元，爆炸物造成的损失为 254 000 元，则位居末位（表 1-12）。

上述讨论表明，从全国范围看，除矿业之外，火灾和爆炸是工业灾害中的两大常见类型，发生次数多、造成损失大。

三、上海的工业灾害分析

据公共租界工部局火政处统计，自 1927—1932 年的 6 年中，工厂失火 391 次，占全部火险事故的 11.5%，财产损失占总损失的 28%。因火丧生者 125 人，其中工厂死亡 23 人，因火受伤者 356 人，其中工厂 82 人。从行业分布看，以棉纱厂最多，6 年内共失火 125 次，次为印刷及纸业 68 次，食物烟草业及金属业约略相等，分别为 31 次、32 次。从火灾损失看，则面粉厂最多，纱厂次之，食品烟草业又次之，印刷及纸业又次之。从死亡人数行业分布看，印刷及纸业 1 人、纱厂 6 人。受伤情况则丝厂最多，共 30 人，其余则为纱厂 11 人、食品烟草业 21 人、印刷及纸业 16 人。[①]1927 年公共租界工厂火灾及特殊变故共计 56 次，财产损失 75 万余两，1928 年 44 次，损失 12 万余两，1929 年 62 次，损失 13 万余两，1930 年 67 次，损失 25 万余两，1931 年 63 次，损失 19 万余两，1932 年 99 次，损失 10 万余两。6 年之中公共租界工厂火灾及特殊变故损失总额高达 156 万余两。以上统计，仅系公共租界而言，其在法租界范围者尚不在内。[②]

据上海工业安全协会统计，1933 年上海工厂灾害共计 165 次，死伤人数 415 人，损失为 230 万元。具体而言，火灾 68 次，死亡 13 人，受伤 37 人，损失 200 万元。爆炸 13 次，死亡 108 人，受伤 135 人。倾跌事故 27 次，死亡 21 人，受伤 28 人。触电事故 22 次，死亡 23 人。轧伤 12 次，死亡 8 人，受伤 4 人。击伤 9 次，死亡 8 人，受伤 7 人，压伤 7 次。死亡 9 人，受伤 5 人。灼伤 6 次，死亡 4

---

①《公共租界六年来工厂失火研究》，《申报》1933 年 4 月 7 日，第 10 版。

②《太乙厂惨案，吴市长令社会局澈查》，《申报》1934 年 8 月 21 日，第 15 版。

人，受伤 4 人。撞伤 1 次，受伤 1 人（表 1-13）。^①

可见，火灾与爆炸造成的损害位居前列。因此，笔者将再对火灾、爆炸事故的业别分布与相关原因进行探讨。

根据上海工厂检查所所长田和卿的研究，1933 年上海市工厂发生火灾 68 次，其中纺织工业 23 次，占全年火灾次数的 33.82%，化学工业 16 次，占比 23.53%，食品工业发生 8 次，占比超过 10%，其余有橡革工业、锯木业、印刷造纸业和其他工业并列第四位，均发生 4 次，占比 5.88%（表 1-14）。

表 1-15 则显示出上海火灾的各种原因。位居第一位的火灾原因是对易燃原料处置不当，占全年火灾次数百分比的一半。其次是由于电或货物引发，两者均占 8.83%。再次为机器启动时爆出火星引发火灾，占比超过 7%。因工厂邻居或香烟头等引发的火灾，也有 7.35%。从爆炸情况看，1933 年上海发生爆炸 13 次，造成 108 人死亡，135 人受伤。正泰、永和两个橡胶厂的爆炸事故，共计死亡 98 人，106 人受伤。汽油灯厂、玻璃厂、熔锡厂、印染厂、纺纱厂、织布厂、织袜厂、建筑原料厂、机器厂、食品厂、掼炮厂都发生了 1 次爆炸事故，造成的死伤人数相对较少。就爆炸原因而言，正泰、永和两厂，都是"汽油着火导致蒸缸爆裂"。"汽缸不明原因爆裂"者 3 次，导致 10 人死伤，其他原因则有"汽缸质料不固""汽锅因气压过高""蒸汽转筒衔接不牢固""汽油渗入熔锡炉""汽油灯打气过多""火药爆炸"等。^②

1937 年 1—5 月，上海市社会局及工厂检查所逐月发布了工业灾害统计。1 月份发生工业灾害 108 次，死男工 1 人，伤男工 81 人、女工 32 人。其中以纺织工业发生灾害次数最多，为 49 次，受伤男女工 37 人，"橡革工业发生之灾变最为严重"。^③2 月份发生工业灾害 105 次，死男工 1 人，伤男工 87 人、女工 16 人。灾害总数较 1 月份减少 3 起，死亡人数与上月相等，受伤者较上月减少 10 人。^④3 月份工业灾害总数 134 次，较上月增加 29 次，其中死男工 2

① 《工业安全协会发表去年工厂灾害统计》，《申报》1934 年 1 月 23 日，第 10 版。
② 田和卿：《一年来上海市工业灾害的回顾》，《工业安全》1934 年第 2 期。
③ 《一月份工业灾害统计总数百零八起》，《申报》1937 年 2 月 21 日，第 14 版。
④ 《二月份工业灾害统计总数一百零五起》，《申报》1937 年 3 月 19 日，第 14 版。

人、女工 1 人，伤男工 108 人、女工 18 人。[①]4 月份工业灾害总数 139 次，较上月增加 5 次，其中死男工 2 人，伤男工 118 人、女工 25 人。[②]5 月份工业灾害总数 165 次，较上月增加 26 次，死伤 286 人，其中死男工 4 人、女工 2 人，伤男工 150 人、女工 130 人。[③]1937 年上半年 5 个月，共发生工业灾害 651 次，死伤工人 778 人。

1937 年 1 月，经向工部局报告之工业上及职业上意外事件共计 156 起，致命事件有 6 起，受伤之妇女 12 人。查清事故原因者 145 起。饬令采用预防方法者 103 起。各医院报告者 107 起。如果依照原因进行分类，发生于用机械力推动之机器者 66 起，致命者 2 起。66 起中，18 起发生于皮带及齿轮，内有 1 起致命。5 起发生于电梯，亦有 1 起致命。7 起发生于挽辘及砑光机。因火警而受伤者 2 人，致死者 1 人。被炎热及腐蚀性物质所伤者 9 人，致死者 1 人。跌落受伤者 20 人，致死者 1 人。被下坠物体击伤者 9 人，致死者 1 人。再依照行业分类，发生于纺织业占最多数，工人受伤 40 人，致死者 2 人；机器及五金业共 33 起，但无致命；建筑业 14 起，致命者 2 起；服装业 10 起；印刷及纸业 9 起，均无致命；食品饮料及烟草业 8 起，致命者 1 起。[④]

1937 年 3 月，向工部局报告之意外事件共计 283 起，致命事件共 10 起，受伤之妇女 18 人。查清事故原因者 253 起。依照原因分类，则发生于电力机械最多，共 84 起（其中 1 人死亡），其中 21 起是因为电机缺乏安全设备，工人手指折断或手部受伤。发生于皮带及齿轮者 21 起，发生于砑光机及卷轮者 12 起，因火灾而受伤者 6 人（其中 1 人死亡），因爆炸而受伤者 5 人，为熔化之五金或其他炎热或有腐蚀性之物体所伤者 17 人，为坠下之物击伤者 35 人（其中 1 人死亡），自高处跌落而受伤者 35 人（其中 5 人死亡），因立于物体上而受伤者 18 人（其中 1 人死亡）。再依照行业分类，与纺织业有关者为数甚多，伤 60 人（其中 2 人死亡）；机器及五金业工人受伤者 74 人（其中 2 人死亡）；建筑业工人受伤

① 《三月份工业灾害统计总数一百三十四起》，《申报》1937 年 4 月 17 日，第 14 版。
② 《四月份工业灾害统计工厂检查所发表》，《申报》1937 年 5 月 15 日，第 6 版。
③ 《五月份工业灾害统计，总数一百六十五起，死伤二百八十六人》，《申报》1937 年 6 月 18 日，第 11 版。
④ 《本年一月份之工业上意外事件》，《上海公共租界工部局公报》1937 年第 8 卷第 8 期。

20 人（其中 2 人死亡）；化学工业工人 12 人受伤（其中 1 人死亡）；服装业工人受伤者 19 人，饮食业工人受伤者 11 人；印刷业工人受伤者 14 人。当年 3 月份意外事件系自 1934 年以来的最高纪录，其中原因，一是各医院报告较多，二是各种工业均有起色。①

4 月，向工部局报告之意外事件共计 267 起（致命者 9 起，受伤妇女计 22 人），其中 180 起为各医院所报告。267 起中确知出事原因者 243 起。依照原因分类，发生于动力机者最多，共 82 起（致命者 4 起）。为熔化之五金或其他炎热或有腐蚀性之物体所伤者 13 人，被火灼伤者 2 人，为爆炸物所伤者 1 人，自上跌下受伤者 47 人（其中 4 人不治而死），为坠下之物体击伤者 36 人。依照行业分类，与机器及五金业有关者共 80 起（致命者 1 起）；发生于纺织业者 56 起；在建筑房屋或修筑马路时受伤之工人 2 人（其中 1 人伤重身死）；化学工业工人受伤者 15 人（其中 1 人身死）；饮食业工人受伤者 7 人（其中 1 人身死），运输业工人受伤者 27 人（其中 3 人身死）。②

5 月，因工业意外事件而受伤之工人共有 342 人，不治而死者 1 人，妇女受伤者 110 人，出事原因经详细调查并令厂方采用预防方法者共计 117 起，受伤原因确知者共计 390 人。发生于动力机者最多，为 83 起，因坠下而受伤者 29 人（其中 1 人死亡），为坠下之物击伤者 38 人，因炎热或有腐蚀性物体而受伤者 9 人。依照工业分类，饮食业 109 人；机器五金业 66 人；建筑业 18 人；纺织业 45 人；印刷业 19 人；运输业 27 人。茂昌冷气公司阿摩尼亚管泄漏，导致百人受伤，因而受伤人数与上月比较而大幅度增加。③

6 月，经向工部局报告之工业上及职业上意外事件共计 224 起（其中致命者 11 起，受伤妇女共计 12 人），出事原因确知者共计 217 起。依照出事原因，发生于动力机者最多，凡 72 起（致命者 1 起），因电气导致者 5 起（其中致命者 3 起），为坠落物体击伤者 38 人（1 人死亡），从高处坠落而受伤者 24 人（伤重身死者 2 人），用手拉车而受伤者 4 人（伤重身死者 1 人）。依照工业分类，发

① 《三月份工业上意外事件统计》，《申报》1937 年 4 月 16 日，第 14 版。
② 《公共租界工业意外事件四月份统计》，《申报》1937 年 5 月 21 日，第 13 版。
③ 《公共租界五月份意外事件统计》，《申报》1937 年 6 月 17 日，第 14 版。

生于机器及五金业者计 39 起；木匠业 6 起；建筑业 16 起；纺织业者 25 起；服装业 19 起；饮食业 13 起；运输业 43 起。[①]

第三节　全面抗日战争时期的工业灾害

一、上海公共租界的工业灾害

全面抗日战争时期，我国官方未能就工业灾害进行统计，而上海工部局则有月度统计和年度统计。因此，笔者首先对其统计数据予以详述，借以管窥全面抗日战争时期工业灾害之一斑。

先看 1937 年下半年的情况。当年 7 月，向工部局报告之意外事件共计 274 起（其中致命者 5 起，受伤妇女共计 27 人），出事原因确知者共 250 起。依照出事原因，关于机械力推动机器者 92 起，无致命者。因电气发生之意外事件 8 起，致命者 2 起，为坠落物体击伤者 48 人，死者 1 人，从高处坠落而受伤者 29 人，死者 2 人。依照工业分类，机器及五金业工人受伤 64 人；建筑业工人受伤 17 人；运输业工人受伤 39 人，死亡 1 人；公用事业 11 起；化学物品业 10 起，致命者 1 起；纺织业者 26 起，无致命者。[②]8 月份的意外事件共计 98 起（其中致命者 2 起，受伤妇女共计 7 人）。依照出事原因，发生于机械力推动机器者 15 起，从高处坠落而受伤者 24 人，致死 1 人。为坠落物体击伤者 22 人。依照工业分类，纺织业者 13 起，致命者 2 起；机器及五金业工人受伤 27 起；建筑业受伤工人 8 起；运输业受伤工人 18 起。意外事件之所以大幅度减少，因为战事发生以后，工人离沪众多，电力供给缩减，工业几至完全停顿。多家工厂及工场在战争爆发前即已停开。[③]自 9—11 月的三个月，意外事件共 95 起，致命者 4 起。而上年同期为 632 起，致命者 28 起。因此，公共租界工人失业问题可见一斑。[④]

1938 年 1—5 月，上海公共租界的工业意外事件共 444 起，其中致命者 25 起，

---

① 《工部局报告上月意外事件统计》，《申报》1937 年 7 月 18 日，第 16 版。

② 《本年七月份之工业上意外事件》，《上海公共租界工部局公报》1937 年第 8 卷第 38 期。

③ 《本年八月份之工业上意外事件》，《上海公共租界工部局公报》1937 年第 8 卷第 39 期。

④ 《本年九月至十一月之工业上意外事件》，《上海公共租界工部局公报》1937 年第 8 卷第 53 期。

女工受伤者 18 人。原因确知者 408 起。次数最多的是坠落而受伤，其中最多的是营造业工人，受伤 119 人，死亡 8 人。被坠下物击伤者 78 人，死亡 4 人。与上年同期的 1254 起相比，显然大幅减少，既是由于一部分报告意外事件的机构因战事而解散，但主要原因还是公共租界东北两工业区之经济状况，"尚未完全恢复"。[①]

6 月份之意外事件共有 149 起，其中致命者 7 起。原因确知者 138 起。经详细调查并令厂方采用预防方法者共 36 起。女工发生意外事件 11 起。依照原因分析，关于以电力推动机器者 34 起，其中 2 起致命；因电气而发生者 2 起，均未致命；被坠下物击伤者 22 人；从高处坠落受伤者 26 人，死亡 3 人。依照工业分类，运输业工人受伤 27 人，死亡 2 人；机器及五金业工人受伤 23 人；纺织业工人受伤 22 人，死亡 3 人；建筑业工人受伤 18 人，死亡 1 人；食品及烟草业工人受伤 13 人；化学工业受伤 10 人。6 月份的意外事件虽比同年前 5 个月增多，"足为工业复兴之象征"，但比上年同期的 224 起，则大大减少。[②]

　　7—9 月，公共租界的工业意外事件有所增多。7 月份共有 156 起，其中致命者 5 起，妇女死亡 1 人，伤 15 人。原因确知者 145 起。经详细调查并令厂方采用预防方法者共 39 起。依照原因分析，关于以电力推动机器者 28 起，但并无致命者，因电气而发生意外者 4 起，致命者 1 起。被坠下物击伤者 21 人，死亡 1 人。因爆炸而受伤者 7 名。依照工业分类，运输业工人受伤 33 起；机器及五金业共 29 起，无致命；建筑业工人受伤 23 起，2 起致命；食品饮料及烟草业工人受伤 22 起，1 起致命。[③]8 月份共 174 起，其中致命者 9 起，妇女受伤者 14 人。原因确知者 146 起。经调查并令厂方采用预防方法者共 53 起。依照原因分析，关于以电力推动机器者 38 起，其中 1 起致命；因高处坠落者 22 人，致命者 1 人；被坠下物击伤者 19 人，死亡 2 人；因爆炸受伤者 2 人，死亡 1 人；因电气而发生者，有致命者 2 起，受伤 3 起；机器五金业 19 起，无致命者；运输业 18 起，致命者 1 起；食品饮料及烟草业共 18 起，致命者 2 起。[④]

①《本年一月至五月之工业上意外事件》，《上海公共租界工部局公报》1938 年第 9 卷第 26 期。

②《本年六月份之工业上意外事件》，《上海公共租界工部局公报》1938 年第 9 卷第 30 期。

③《本年七月份之工业上意外事件》，《上海公共租界工部局公报》1938 年第 9 卷第 36 期。

④《本年八月份之工业上意外事件》，《上海公共租界工部局公报》1938 年第 9 卷第 39 期。

9 月份公共租界的工业意外事件虽比 8 月份少，但比 7 月份多。向工业科报告者共有 160 起，其中致命者 9 起，妇女受伤者 10 人。出事原因确知者 145 起，经详细调查并令厂方采用预防方法者 60 起。依照原因分类，关于皮带及齿轮者 11 起，致命者 3 起；关于以电力发动机器者 2 起；由电气导致者 2 起，致命者 1 起；坠落受伤工人共 32 人，死者 2 人；被下坠物击伤者 21 人，死者 2 人。依照工业分类，发生于机器及运输两业者各 25 起；机器业致命者 2 起；运输业致命者 3 起；发生于营造业者 15 起，致命者 2 起；因电气而发生者 4 起，致命者 1 起。[①]

与第三季度相比，第四季度的工业意外事件有所回落。10 月份 145 起，工人死亡 12 人。女工 1 人死亡，8 人受伤。以电力推动机器者 47 起，因电气而发生者 2 起。受伤工人以纺织业最多，为 24 人。[②]11 月有 126 起，内有致命者 5 起，受伤妇女 9 人。出事原因确知者有 112 起，经调查并令厂方采用预防方法者共有 115 起。由于电力发动之机器而发生者 23 起。[③]12 月份有 144 起，内有致命者 13 起，受伤女工 14 人。出事原因确知者 143 起，经实地调查并指示厂方所应采用之预防方法者共有 52 起。依照原因分类，发生于用机械力推动之机器者 37 起；发生于机轴者 5 起；发生于皮带及滑轮者 11 起。依照工业分类，发生于机器五金业者最多，凡 29 起，其中 7 名工人身死，1 名女工受伤；运输业有 26 名受伤（其中 1 名男工身死）；纺织业有 19 名工人受伤（内有一名身死）；因工厂失火而受伤者有 20 名，其中 7 名死亡。[④]

---

① 《工部局工业科报告》，《申报》1938 年 10 月 21 日，第 10 版。

② 《本市公共租界工部局工业科报告上海工业界近况》，《商业月报》1938 年第 18 卷第 12 期。

③ 《工部局工业科报告》，《申报》1938 年 12 月 9 日，第 10 版。

④ 其中"以发生于某热水厂中之一起，为患最烈。该厂有学徒一名，于十二月二十四日上午四时许，手执工厂中所用之一种液体，不意有一部份溢出，落于无盖之火炉中（此种液体，本能引火，其相当成份与空气混合，可以爆炸），因此酿成火灾。结果起火之厂屋中，有工人二名葬身火窟，邻近房屋中亦有四人，不幸毙命。肇事之学徒，身受灼伤，事后亦不治身死。厂主对于此案之法律责任问题，尚在继续研究中（本局视察员于十二月十二日至该厂查验时，曾发现炭炉，即令厂方移去）。另有火警一起，发生于某废棉厂内，该厂之楼梯曾经阻塞，故起火时之情形，甚为危险，惟幸无工人死亡。本局火政处长及工业科主任已警告该厂厂主，令其设法清除厂屋中之棉屑。否则将来如有因起火而致命之情事，当由该厂主依法负责。该厂之厂屋中，常有火警发生"。参见《工部局工业报告》，《申报》1939 年 1 月 13 日，第 10 版。

根据上海公共租界工厂事物股的月度统计，1939 年公共租界内所发生之工业上及职业上意外事件，1 月共计 124 起，其中致命者 9 起，木匠业、玻璃业、皮革检皮业、纸业、运输业各 1 人，机器五金业和纺织业各 2 人。受伤工人属于运输业者 27 人，纺织业 25 人，机器业 14 人。依照原因分类，因机器而出事之次数最多，共 43 起（其中致命者 2 起）；因电气而出事者 4 起（其中致命者 1 起）；被熔化之金属而所灼伤者 2 起（其中致命者 1 起）；因坠下而受伤者 23 人，死亡 2 人；被坠下之物击伤者 14 人，死亡 2 人。发生于工厂内或与工厂业务有关之火警共计 19 次，其中纺织业 3 次，木业、造路业、食物业和印刷纸张业各 2 次，家具业、五金业、机器业、造车业、砖瓦玻璃业、化工业、衣服业各 1 次。此外，尚有 1 起虽非发生于工厂内，但其肇事原因与油漆业所用液体有关，罹难者 10 人。[①]2 月共计 121 起，致命者 7 起。与机械推动机器有关之意外事件仅 29 起，无致命事件，但由上跌下而受伤者有 40 人，其中 3 人死亡。被坠下之物击伤者 12 人。依照工业分类，机器及五金制造业 18 起，其中致命者 2 起；纺织业 23 起，其中致命者 2 起；运输业 20 起，其中致命者 2 起；建筑业工人受伤 11 人；皮业及食物业工人受伤各 7 人。工业场所火警 14 次，其中纺织厂最多，计有 5 起；化学及食品业各 2 起；印刷厂及机器制造商行各 1 起；其他工业 3 起。本月意外事件相对较少，是因为春节期内工厂停工。[②]3 月共计 185 起，致命者 6 起。其中原因确定者 170 起，派员调查并告知预防方法者 57 起。与机械推动机器有关之意外事件 56 起，无致命事件。由上跌下而受伤者有 49 人，其中 5 人死亡。被坠下之物击伤者 18 人（其中 1 人死亡）。驾驶车辆受伤者 24 人，为电气所伤者 3 人。从行业看，工人受伤者，计有纺织业和运输业各 35 人；机器业 19 人；化学及类似物品业 13 人；公用事业 10 人。工业场所火警 21 次，有 7 次发生于纺织厂；发生于化学厂与纸厂者各 4 次；发生于皮革、木工、玻璃、造船与食品等厂各 1 次。[③]

　　① 《民国二十八年一月上海公共租界工业灾害统计》，《国际劳工通讯》1939 年第 6 卷第 4 期；《工部局一月份工业报告》，《申报》1939 年 2 月 10 日，第 11 版。

　　② 《民国二十八年二月上海公共租界工业灾害统计》，《国际劳工通讯》1939 年第 6 卷第 4 期。

　　③ 《民国二十八年三月上海公共租界工业灾害统计》，《国际劳工通讯》1939 年第 6 卷第 5 期。

4月共计 152 起，其中出事原因确知者 135 起，经详细调查并令厂方采用预防方法者 35 起，有 2 名工人重伤身亡。在工厂内发生或由于制造工业品而发生之火警计 29 次，24 人死亡，29 人受伤，29 次火警中有 6 次系使用赛璐珞不慎所致，纺织厂有 7 次、成衣厂 3 次，化学药品厂及机器厂各 2 次，建造房屋及煤球厂各 1 次。[1]5月共计 223 起，致命者 7 起，女工死亡者 1 人、受伤者 16 人。知晓出事原因者 194 起，经详细调查并令厂方注意者 51 起。上述意外事件发生于机器五金业者 39 起，发生于运输业者 37 起（内有致命者 1 起），发生于纺纱业者 36 起（内有致命者 3 起），发生于建筑业者 18 起（内有致命者 1 起），发生于印刷业者 11 起（内有致命者 1 起），其他致命者 1 起。肇祸原因与机器有关者 56 起，因使用皮带、升降机、砑光机等不慎而丧命者各 1 人，由上坠下而死伤者 58 人（内有致命者 1 起），被坠下物击伤者 29 起（内有致命者一起）。工厂内火警共 31 起，共造成 10 名工人受伤，其中 3 人不治身死。起火工厂以机器五金业最多，凡 8 起，次为纺织业，计 7 起。[2]6月共计 175 起，内有致命者 9 起。出事原因经确实知悉者 159 起，经详细调查并令厂方预防者 49 起。上述意外事件与机器有关者 45 起，其中致命者 2 起。由于使用皮带齿轮者 2 起，由于使用砑光机等者 7 起，与运输业有关者 21 起，坠下而受伤者 33 起（内含致命者 1 起），为坠下之物击伤者 26 人（内含致命者 1 起），因电力而受伤者 5 人（其中 3 人死亡），被炸伤者 7 人（其中 1 人死亡），因熔化金属而受伤者 5 人（其中 1 人死亡）。从行业看，出事工厂以纱业最多，工人受伤者 34 人（其中 1 人死亡）；其次是机器五金业，工人受伤者 287 人（其中 1 人死亡）；伤于建筑业者 14 人（其中 1 人死亡）。发生于工厂内之火警共 22 次，肇事原因与赛璐珞有关者 5 次，受伤工人 6 名（其中 2 人死亡），发生于纱厂者 5 次，受伤工人 1 名。[3]

---

① 《民国二十八年四月上海公共租界工业灾害统计》，《国际劳工通讯》1939 年第 6 卷第 6 期；《工部局四月份工业报告，意外事件一五二起》，《申报》1939 年 5 月 15 日，第 12 版。

② 《民国二十八年五月上海公共租界工业灾害统计》，《国际劳工通讯》1939 年第 6 卷第 7 期。

③ 《民国二十八年六月上海公共租界工业灾害统计》，《国际劳工通讯》1939 年第 6 卷第 8 期；《新工厂继续增加，工业状况显著改进》，《申报》1939 年 7 月 9 日，第 12 版。

7月共计170起，致命者12起。机械推动之机器42起，致命4起。触电受伤9人，死4人。熔化炎热受伤8人，死4人。坠伤35人，死2人。击伤24人。发生于纺织业者36起，运输业18起，机器五金业10起，玻璃业5起。工业场所火警共18次，发生于制衣业4次，肇事原因和赛璐珞有关者3次；发生于织造业3次，发生于化学、木工和机器业6次。[①]8月共计192起，致命者11起，女工受伤21人。确定出事原因者计185起，经详细调查并令厂方采用预防方法者计61起。依照原因分类，因用机械力推动之机器而发生之意外事件最多，凡32起，其中12起与皮带及齿轮有关；因电气而发生者7起，内有致命者3起；因爆炸而受伤之工人7名，其中死亡1名。依照工业分类，发生于纺织业之意外事件最多，内有致命者3起；发生于工厂内之火警共7次，工人因此受伤者3名。[②]9月共计131起，致命者9起，女工受伤15人，4人死亡。原因确知者118起。依照原因分类，因用机械力推动之机器而发生之意外事件最多，凡53起（其中1人死亡）；因电气而发生者2起；为熔化之金属所伤者3人（其中1人死亡）；坠下而受伤者20起（内含致命者4起）；为坠下之物击伤者19人。依照工业分类，纺织业23起；机器业21起；其他行业次数较少。工业场所火警12次，受伤3人，其中致命者2人。[③]

10月共计167起，致命者13起，女工受伤20人。原因确知者140起。依照原因分类，因用机械力推动之机器而发生之意外事件最多，凡56起（其中1人死亡）；因电梯故障或用手推动车辆者4起（其中1人死亡）；因触电而受伤者5人（其中1人死亡）；为熔化之金属所伤者3人（其中1人死亡）；为坠下之物击伤者18人（其中4人死亡）；跌落受伤者25人（其中4人死亡）。按照行业分类，发生于机器及五金制造业、织造业者各34起，各有1起致命；发生于运输业者17起（其中1人死亡）；发生于房屋建造业者14起（其中6人死亡）；发

民国时期工业灾害治理研究

① 《民国二十八年七月上海公共租界工业灾害统计》，《国际劳工通讯》1939年第6卷第9期。《外汇暴缩结果工业收缩》，《申报》1939年8月17日，第10版。

② 《民国二十八年七月上海公共租界工业灾害统计》，《国际劳工通讯》1939年第6卷第9期。《工部局八月份工业报告意外事件》，《申报》1939年9月7日，第10版。

③ 《民国二十八年九月上海公共租界工业灾害统计》，《国际劳工通讯》1939年第6卷第11期。

生于服装业者 6 起（其中 1 人死亡）；发生于木工业者 2 起（其中 1 人死亡）。工业场所火警 13 次，其中纺织业 9 次。[①]11 月共计 127 起，致命者 10 起，女工受伤 14 人、4 人死亡。确知原因者 120 起。依照原因分类，因用机械力推动之机器而发生之意外事件凡 33 起（其中 1 人死亡），跌伤者 36 人（其中 5 人死亡）。为坠下之物击伤者 22 人（其中 1 人死亡）。按照行业分类，织造业 20 起，但无死亡；发生于机器及五金制造业 19 起，亦无致命者；建筑工人伤 9 人，有 1 人死亡；服装业工人伤 9 人（其中 2 人死亡）；运输业工人伤 18 人，死亡 3 人；其他各业死于意外事件者 4 人。工业场所火警 14 次，其中织染厂 6 次；化学物品制造厂 2 次；烟草、印刷、假象牙及机器厂各 1 次；其他场所 2 次。[②]12 月共计 155 起，致命者 12 起，女工受伤 20 人、4 人死亡。确知原因者 142 起。依照原因分类，因用机械力推动之机器而发生之意外事件凡 46 起（其中 3 人死亡）；因爆炸而致命者 1 人；火灾受伤者 15 人，3 人死亡；跌伤者 33 人（其中 3 人死亡）；为坠下之物击伤者 17 人（其中 2 人死亡）。按照行业分类，纺织业 22 起，4 起致命；其他制造业 14 起，3 起致命；造船业、服装业、造纸业及运输业工人死于意外者各 1 人。工业场所火警 20 次，受伤 26 人，其中致命者 12 人。大部分肇事原因均与赛璐珞有关。[③]

　　1940 年至抗日战争结束的几年，上海工部局的相关统计并不完整，仅有个别月份的数据公布。1940 年 1 月份 136 起，致命者 6 起，女工受伤 11 人。五金制造业 22 起，纺织业 24 起。[④]2 月份 104 起，致命者 5 起，女工受伤 6 人。工业场所火警 15 次，受伤 17 人，致命者 7 人。[⑤]1941 年 1 月份，向公共租界工业社会处报告者共计 94 起，致命者 4 起，女工受伤 9 人。其中五金制造业 22 起，纺织业 17 起。[⑥]5 月份 99 起，内有致命伤害 11 起。发生于工厂中之火警 11 起，造成工人死 6 人、伤 10 人。[⑦]7 月份明显增多，为 138 起，其中致命者 1 起，工人受

---

① 《民国二十八年十月上海公共租界工业灾害统计》，《国际劳工通讯》1939 年第 6 卷第 12 期。

② 《民国二十八年十月上海公共租界工业灾害统计》，《国际劳工通讯》1939 年第 6 卷第 12 期。

③ 《民国二十八年十二月上海公共租界工业灾害统计》，《国际劳工通讯》1940 年第 7 卷第 3 期。

④ 《民国二十九年一月上海公共租界工业灾害统计》，《国际劳工通讯》1940 年第 7 卷第 4 期。

⑤ 《民国二十九年二月上海公共租界工业灾害统计》，《国际劳工通讯》1940 年第 7 卷第 4 期。

⑥ 《上海公共租界工业灾害统计》，《国际劳工通讯》1941 年第 8 卷第 3 期。

⑦ 《各种工业原料困难》，《申报》1941 年 6 月 4 日，第 8 版。

伤者 128 人，发生于各工厂之火警 12 次，造成两名工人受伤。①但是，1943 年头两个月，工厂意外事件由 1940 年同期的 240 起，增加到 352 起，其中致命者 30 起，派员调查 103 起，调查以后指示厂方采取防治措施。此外，各工厂火警 59 起，其中工人受伤者 19 起、致命者 10 起。②

上海公共租界工部局除了公布月度统计之外，亦有年度统计发表，因此可以稍作比较。1937 年，公共租界内发生工业意外事件总计 1976 起（1936 年 2200 起），其中 1752 起发生于 1—7 月，8—12 月份意外事件记录仅有 224 起。其中原因在于，沪埠各种工业曾于 8 月间停顿，8 月以后虽有工厂复工，但其规模已经缩小。"战事对于工业之影响，由此可见。" 1976 起意外事件中致命者共 51 起，比 1936 年减少 44 起，比 1935 年减少 53 起。工人因坠落而死亡者共 18 人，其中 9 人为建筑业工人。纺织业和运输业受伤而死者均为 8 人。机器及五金业受伤死亡 6 人。根据出事原因，与电力机器有关者共 553 起，内有致命者 8 起，因电线损坏而发生的意外事件有 5 起。建筑业中各种工匠重伤身亡者 20 人，受伤 105 人。20 人中，有 15 人是高处坠下而丧生。运输业 118 起，内有致命者 2 起。从年龄看，所有受伤工人中以 15—19 岁最多。另外，女工受伤比前两年增多，共 212 人，而 1936 年共 103 人，1935 年为 106 人。女工受伤数量之所以剧增，是因为某冷藏厂发生阿摩尼亚泄漏事件 1 次，受伤女工多达 101 人。③

1938 年，向工部局报告的工业上及职业上意外事件共计 1513 起，因工作受伤的工人为 1513 名，其中 88 名死亡。从业别上看，建筑业死亡最多，有 21 人，其中 11 人因坠下而死亡。此外运输业 16 人、机器五金业 13 人以及纺织业 11 人，均伤重身亡。从死亡原因观察，使用机械力发动之机器有关之致命事件 14 起，因电气而发生之致命事件 12 起，因工厂失火而丧生之工人共 11 人，因高处坠下而死者 29 人，被坠下物击伤致死者 8 人，可见，坠落肇祸的次数最多，其死亡人数竟比因机器而丧生者多一倍有余。受伤工人以运输业最多，共计 325 名，其中 21

民国时期工业灾害治理研究

---

① 《工业技术夜校本月十八招考》，《申报》1941 年 8 月 6 日，第 8 版。

② 《本市上年度工业经济由"放任"转为"统制"》，《申报》1943 年 3 月 4 日，第 5 版。

③ 《上海公共租界工部局工业科报告书》，《国际劳工通讯》1938 年第 5 卷第 11 期；《民国二十六年份上海公共租界工业灾害统计》，《国际劳工通讯》1938 年第 5 卷第 2 期。

名死亡。325 名工人中有 76 名在上午 9—12 时惨遭意外，另有 56 名在下午 3—6 时受伤，可见交通拥挤为出事原因之一。从受伤工人年龄看，15—19 岁者最易受伤，占总人数的 21.1%（1937 年为 26.6%，1936 年为 26.8%，1935 年为 33.3%），由此可推断上海工厂工人童工比例甚高，这些童工来自乡村，"手艺生疏，缺少经验，以致常因意外事件而牺牲"。

1937 年意外事件 1976 起，1936 年有 2200 起，1938 年的总次数明显低于此前两年，原因之一是 1938 年年初，各工厂工人数目少于往年。但是，1938 年下半年工人增加，而工厂意外事件则并未相应增加，这一反常现象很有可能是相关报告并不全面，部分医院并未遵照工部局工业科要求而按期录送。全年数据来自医院者，仅占 38%，而 1937 年则高达 63%。虽然 1938 年工业意外事件总次数相对较少，但工人死亡率则高于此前数年，受伤的 1513 名工人中有 88 名死亡，死亡率为 6.1%，而 1937 年和 1936 年分别 58 名和 95 名，死亡率则分别为 3.0% 和 4.5%。[1]

1939 年意外事件总计多达 1922 起，高于上年的 1513 起。工人重伤或死亡之意外事件 595 起，约占总数的三分之一。因意外事件而死亡者 110 人，"超出以往之记录"（1938 年全年 88 人，1937 年 7 个月共 58 人，1936 年全年 95 人），所有报告事件中，工人死亡者约占 5.6%。这一数字不足以表明所有意外事件之确数，因为工业科从工厂方面收到的例行报告，"程序仍甚迟缓"。相关数据大半来自捕房、救护车及各医院，由医院报告之事件约占 40%，"恐未能包括所有经医院施救之意外事件"[2]。

1940 年的意外事件共计 1487 起，内有致命者 79 起，女工受伤者 96 人。明

---

①《民国二十七年份上海公共租界工业灾害统计》，《国际劳工通讯》1939 年第 6 卷第 4 期；《一九三八年份工部局工业报告（续）》，《申报》1939 年 1 月 25 日，第 10 版；1938 年第四季度公共租界内陈请电力公司接通电流，亦即新建的大小工厂数目为 10 月份 442 家、11 月份 405 家、12 月份 527 家（参见《工部局工业报告》，《申报》1939 年 1 月 13 日，第 10 版）。

②《一九三九年工部局工业科工业报告》，《中国经济评论》1940 年第 1 卷第 4 期；《本埠工业意外事件统计》，《保险界》1940 年第 6 卷第 3 期；《一九三九年上海工业之回顾（三）：工部局年报之三》，《申报》1940 年 1 月 29 日，第 9 版。这三份材料中，1939 年工业意外事件的总数均为 1942 起，亦有 1891 起的说法（《工部局发表上年份工业报告》，《中外金融周报》1941 年第 4 卷第 3 期），经本人根据月度数据核算，为 1922 起。

确出事原因者 1363 起。①

二、全面抗日战争时期重庆与昆明的工业灾害

据估计，截至 1945 年 9 月，重庆市的工厂总计 723 个，工人人数总计超出 10 万人。台湾清华大学前国情普查研究所曾经选取重庆 68 个工厂（包括工人 31 747 人）进行了实地调查。一是机器工业：在 68 个厂中机器工业有 18 个厂，占 26.5%。其中又可细分为机器制造厂 14 个、铁工厂 2 个、配造零件厂 1 个和五金制造厂 1 个。18 个厂中的 11 个无灾害报告，7 个有灾害报告，其中 55 号厂经常发生水灾及机器灾害，47 号厂的灾害多造成重伤，8 号厂为火警。二是食物工业：在 68 个厂中，食物工业有 14 个厂，占 20.6%，其中包括粮食工业厂 4 个、面粉厂 4 个、炼油厂 2 个、烟草厂 2 个以及制药厂和调味品厂各 1 个。食物工业均无较大灾害，65 号厂曾发生火警，61 号厂于 1940 年 8 月 21 日被炸，机器房部分被毁。三是化学工业：计 13 个厂，占 19.1%，其中有酸碱厂 4 个、油漆油墨厂 2 个、颜料厂 1 个、橡胶厂 1 个、酒精厂 1 个、水泥厂 1 个、玻璃厂 1 个、火柴厂 1 个、热水瓶厂 1 个。化学工业灾害情形多系割伤、烫伤以及皮肤病，如 43 号厂、37 号厂。遭受日本轰炸的有 5 号厂，房屋损失严重。发生火警者有 9 号厂，其在 1942 年曾发生火警 1 次，损毁房子半幢。四是纺织工业：有 11 个厂，占 16.2%，包括棉纺织厂 6 个、毛纺织厂 2 个、丝纺织厂 2 个、猪鬃厂 1 个。其中 5 个厂无灾害警报，6 个厂有灾害警报，具体说来，52 号厂曾遭水灾 1 次，7 号厂于 1942 年发生火灾 1 次，系由建筑工人失火所致，将厂房木料门窗烧毁，损失达 20 万元；1944 年又因小工抽水烟，将烟灰吹于棉花上，烧毁棉花 5 担，损失约计 30 万元。45 号和 44 号等厂则发生机器带、皮带压伤。五是冶炼工业：调查了 4 个厂，占 5.9%，包括钢铁厂 3 个、翻砂厂 1 个。其中 42 号翻砂厂平时有工人受轻伤，1945 年 7 月后半月，一铸工因鼓风炉上房子塌落，左腿被压坏，送中央医院诊治。出院后病又复发，又送医院。六是电器工业：计有 4 个厂，占 5.9%，包括电工器材厂 3 个、电力厂 1 个。4 个厂中有 2 个厂无灾害。此外则是印刷及造纸工业、船

① 《工部局发表上年份工业报告》，《中外金融周报》1941 年第 4 卷第 3 期。

舶工业，均无灾害。[①]

陈达对全面抗日战争时期昆明工业灾害的讨论相对简略。32 号厂的火灾因邻居起火而波及，25 号厂发生一次火灾，烧毁 3 间房屋，11 号厂曾烧毁工场一部分，但两场火灾均未伤及工人。1945 年昆明东郊发生水灾，有 2 个工厂受到波及，工人未受影响。灾害发生可能性最大的是机械工业，机器厂的制造部与铸工部的灾害最易发生。中央机器厂工人被车床伤手指一事时有所闻，铸工部则烫伤更多。其他工业直接由机器引起灾害的并不常见。[②]

第四节　解放战争时期的工业灾害

1946 年 8 月，上海市社会局、上海市统计处、国民党政府社会部、中央银行研究室、国际劳工局中国分局、资源委员会、国立清华大学、中纺公司以及上海市民营工厂 9 个单位合作，临时组建"上海市劳工状况调查委员会"，由国立清华大学陈达教授指导，对抗日战争后上海劳工状况进行了将近 2 个月的调查研究。实地调查工作始于同年 9 月，至 10 月末结束。[③]此次调查，其样本包括 40 个行业的 240 个工厂。陈达以此次调查资料为基础，对其工业灾害问题进行了统计（表 1-16）。自 1946 年 1—8 月，240 个工厂发生工业灾害 90 次，发生次数较多者有皮肤轧伤 44 次、火灾 20 次、灼伤 13 次。就业别而言，纺织业最多，计有 35 起，其中轧伤与火灾占绝大多数，因其原料棉花极易着火，而织布机所用梭子时常发生跳梭，以致击伤工人手指等处，滚筒皮带亦易肇祸。此外还有淹水，因为上海西区地势低洼，一到黄梅季节，雨水较多，厂屋被水淹没，工作停顿。其次是机械及金属制品工业，共 14 起，其中皮肤轧伤 9 起，因为工人在工作中常与机器发生接触，此外尚有灼伤 3 起、火灾 2 起。居第三位的是饮食品行业，发生灾害 12 起。化学工业居第四位，发生灾害 9 起，包括皮肤轧伤 4 起、灼伤 3 起、火灾 1 起、压伤 1 起。橡胶厂所用原料容易引发火

---

① 陈达：《我国抗日战争时期市镇工人生活》，北京：中国劳动出版社，1993 年，第 24—26 页、第 131 页。

② 陈达：《我国抗日战争时期市镇工人生活》，北京：中国劳动出版社，1993 年，第 249—250 页。

③ 陈达：《我国抗日战争时期市镇工人生活》，北京：中国劳动出版社，1993 年，第 491 页。

灾，对此，陈达特别指出，1933 年正泰橡胶厂火灾，即系历史证据。[1]他当年主持参与了正泰橡胶厂爆炸和火灾的事故调查报告。

上海市劳工状况调查委员会通讯调查所得结果，上海市共计 1588 个工厂，其中符合《工厂法》的新式工厂 523 个，占 33.1%，不符合《工厂法》的工厂为 1059 个，占 66.9%。前者工厂合计 134 903 人，后者工厂总计 14 023 人。[2]如果以此作为依据，假定工业灾害与工厂数量大致成正比，那么上海半年内的工业灾害，则可能多达 600 次，当年可能高达 1200 次。这一估计，实际上与 1934 年上海工业灾害的 1215 次非常接近，因而具有较高的信度。

尽管《工厂法》第 48 条规定，工厂灾变倘若导致工人死亡或重大伤害，厂方应在 5 日之内将灾变经过和善后办法呈报主管官署，但一般工厂多未遵照办理。工矿检查处常在事后，就人力财力及灾变大小，酌派人员前往检查。自 1948 年 4—9 月，我国"工业灾变特多"，半年内共检查灾变 45 次，其中上海 39 次，南京 4 次，无锡、天津各 1 次。就业别而言，以纺织、化工、机械等次数最多。灾变造成 99 名工人死亡、83 人受伤。从灾变原因看，其中火灾 28 次、爆炸 6 次、轧伤 4 次、倒塌 3 次、触电 2 次、中毒 2 次。[3]

上海系全国经济中心，因而工业灾害的严重程度亦比较显著。前面相关统计显示，1934 年上海工业灾害次数几乎占全国总数的一半，而 1935 年则将近 85%。对此，舆论颇有疑虑。上海工厂的安全设备比其他地方更完善，而上海工厂的管理水平亦相对较高。因此，有人根据上海公共租界工部局发表的材料进行了估算。假定灾害发生次数与工厂多寡成正比，而据 1934 年上海市社会局统计，公共租界内之工厂约占全市一半，据此推算，1935 年上海市全年工业灾害次数应该在 2254 次的基础上扩大一倍，至少超过 4508 次。1930 年实业部调查，上海市工厂占全国总数的 25%，与上海同理推算，则 1935 年的全国工业灾害应该大于 18 032 次。再就灾害损失而言，中央工厂检查处估计 1935 年上海市为 2 717 000 元，这一损害数据仅包括公共租界，全上海灾害损失在此基础上扩大一倍，则为 5 434 000

① 陈达：《我国抗日战争时期市镇工人生活》，北京：中国劳动出版社，1993 年，第 389—390 页。

② 陈达：《我国抗日战争时期市镇工人生活》，北京：中国劳动出版社，1993 年，第 516 页。

③ 张天开：《从近六个月来工矿灾变看中国工矿检查》，《社会建设》（重庆）1948 年第 1 卷第 8 期。

元，若以上海为根据进行估算，则同年全国工厂灾害损失可能达到 21 736 000 元。工业灾害的死伤人数亦同样扩大一倍，全国死亡人数可能达到 2600 人、受伤人数 19 968 人，死伤总共人数可能超过 22 568 人。而此种估算，并未将无形损失及间接损失包括在内，如果加以考虑，则 1935 年全国工业灾害损失或许超过 2 亿元。[①]

本 章 表 格

表 1-1　住院疾病人数与工伤事故百分比

工人类别	病人总数/人	各类工人百分比/%	工伤		其他	
			事故人数/人	占疾病总数百分比/%	疾病人数/人	占疾病总数百分比/%
男工	566	65	231	41	335	59
女工	164	18	43	26	121	74
童工	150	17	100	67	50	33
总计	880	100	374	43	506	57

资料来源：上海社会科学院历史研究所编：《五卅运动史料》（第 1 卷），上海：上海人民出版社，1981 年，第 241 页，有改动。

表 1-2　工伤事故中身体各部位受伤人数占其类别总人数的百分比　　单位：%

工人类别	上肢	下肢	头部	躯干
男工	35	34	16	10
女工	53	18	20	6
童工	51	30	15	3
各类总计	42	31	16	7

资料来源：上海社会科学院历史研究所编：《五卅运动史料》（第 1 卷），上海：上海人民出版社，1981 年，第 244 页，有改动。

---

① 《民国二十四年全国工业灾害统计及估计》，《工业安全》1936 年第 4 卷第 1 期。

表 1-3　工伤事故伤害类型以及百分比　　　　　单位：%

工人类别	裂伤	复杂骨折	普通骨折	烫伤	永久残疾	死亡
男工	67	13	3	8	20	1.7
女工	37	35	2	6	44	0
童工	57	21	9	12	29	3.0

资料来源：刘明逵编：《中国工人阶级历史状况（1840—1949）》（第1卷第1册），北京：中共中央党校出版社，1985年，第306—307页；本表系上海社会科学院历史研究所编：《五卅运动史料》（第1卷），上海：上海人民出版社，1981年，第244—245页中表三"伤害性质的分析"与表四"因工伤事故而致永久残疾与死亡的比较"合制而成，有改动。

表 1-4　上海某日人纱厂职工受伤调查表

摘要		整棉	梳棉	粗纺	精纺	整理	选棉	搬运	发动所	铁工	木工	保全	杂物	合计
受伤原因	机械	4	3	5	9	5	1	1	—	—	—	5	—	33
	器具	1	1	1	3	—	—	1	—	—	1	4	—	12
	坠落	2	—	—	3	1	—	—	3	3	2	1	1	16
	私斗	1	—	1	1	1	1	1	—	—	2	—	1	9
	其他	—	1	5	2	3	—	2	3	—	—	1	—	17
	合计	8	5	12	18	10	2	5	6	3	6	10	2	87
受伤程度	手指足指	3	3	7	8	8	1	1	—	—	—	1	1	33
	四肢	1	—	4	1	—	—	1	2	—	—	—	—	13
	其他轻伤	3	2	—	4	2	—	2	5	—	4	—	—	22
	重伤	1	—	—	3	—	1	—	—	1	2	—	—	8
	合计	8	5	11	18	10	2	5	6	3	6	10	1	76

资料来源：〔日〕宇高宁：《支那劳动问题》，第327页。转见刘明逵编：《中国工人阶级历史状况（1840—1949）》（第1卷第1册），北京：中共中央党校出版社，1985年，第309—310页。

注：本表录自已满两年的职工受伤簿，但没有记明受伤程度的，没有录。

表 1-5　各地工厂灾害工人人数及其在工人总数中所占比例

厂矿名称	统计年份	工人人数/人	灾害工人受害人数/人			灾害工人受害人数的百分比/%
			致命	非致命	总计	
上海兵工厂	1928	2 600	6	82	88	3.4
汉阳兵工厂	1928	5 000	1	215	216	4.3
汉口保昌铁厂	1928	1 300	35	102	137	10.5
杭州正勤铁厂	1928	12	—	1	1	8.3
杭州应振昌铁厂	1928	16	—	2	2	12.5
上海华东机器厂	1927	600	5	11	16	2.7
上海江南造船厂	1928	2 120	3	71	74	3.5
沪宁铁路与工厂	1928	400	1	18	19	4.8
沪杭甬铁路工厂	1928	240	2	12	14	5.8
杭州闸口铁路工厂	1928	30	—	5	5	16.7
上海江南造纸厂	1928	520		11	11	2.1
白沙州造纸厂	1928	720	4	79	83	11.5
浦东申新面粉厂	1928	890	9	102	111	12.5
上海复兴面粉厂	1928	620		32	32	5.2
杭州纬成纺织厂	1928	1 300	—	3	3	0.2
汉口升记丝厂	1928	1 018	10	89	99	9.7
上海宏通丝厂	1928	450	—	23	23	5.1
芜湖康利米厂	1928	376	1	21	22	5.9
上海华生电器工厂	1928	260	1	29	30	11.5
芜湖电厂	1928	250	1	13	14	5.6
陈同记建筑公司	1928	22	—	1	1	4.5
新记建筑公司	1928	37	1	1	2	5.4
昌泰建筑公司	1928	43	—	3	3	7.0
岳震记建筑公司	1928	25	—	1	1	4.0
总计		18 849	80	927	1 007	5.3

资料来源：刘明逵编：《中国工人阶级历史状况（1840—1949）》（第 1 卷第 1 册），北京：中共中央党校出版社，1985 年，第 318—319 页。

注：该书原表有 1915 年湖南各矿的情况，本处未录，因而将总计一栏重新核算。

表 1-6 1934年全国各省市工业灾害实数及百分比

省市	灾害发生情况		死伤情况						损失估计	
	发生次数/次	百分比/%	死亡人数/人	百分比/%	受伤人数/人	百分比/%	死伤总数/人	百分比/%	金额/元	百分比/%
上海市	1 215	49.2	713	37.7	1 417	45.4	2 130	42.5	2 750 000	47.9
天津市	360	14.6	183	9.7	227	7.3	410	8.2	713 000	12.4
北平市	132	5.4	54	2.9	79	2.5	133	2.6	372 000	6.5
青岛市	146	5.9	103	5.5	138	4.4	241	4.8	332 000	5.8
汉口市	80	3.2	69	3.7	103	3.2	172	3.4	157 000	2.8
南京市	85	3.5	37	2.0	58	1.9	95	1.9	54 000	0.9
广州市	103	4.2	75	4.0	136	4.4	211	4.2	337 000	5.9
江苏省	102	4.1	48	2.5	75	2.4	213	2.5	292 000	5.1
浙江省	23	0.9	19	1.0	25	0.8	44	0.9	55 000	0.9
安徽省	12	0.5	13	0.7	15	0.5	28	0.6	15 000	0.3
山东省	15	0.6	50	2.6	75	2.4	125	2.5	54 000	0.9
河北省	34	1.4	159	8.4	230	7.4	389	7.8	155 000	2.7
山西省	18	0.7	13	0.7	119	3.8	132	2.6	83 000	1.5
河南省	28	1.1	180	9.5	177	5.7	357	7.1	93 000	1.6
湖北省	13	0.5	18	0.9	51	1.6	69	1.4	53 000	0.9
湖南省	15	0.6	17	0.9	43	1.3	60	1.2	28 000	0.5
四川省	14	0.6	12	0.6	18	0.6	30	0.6	23 000	0.4
江西省	15	0.6	13	0.7	19	0.6	32	0.6	22 000	0.4
广东省	15	0.5	41	0.8	37	0.8	78	1.6	57 000	0.9
福建省	12	0.6	15	2.2	25	1.2	40	0.8	52 000	1.0
陕西省	14	0.6	15	0.8	16	0.5	31	0.6	22 000	0.4
其他	18	0.7	41	2.2	40	1.3	81	1.6	18 000	0.3
总计	2 469	100.0	1 888	100.0	3 123	100.0	5101	100.0	5 737 000	100.0

资料来源：王莹：《二十三年全国工业灾害总检讨（续完）》，《劳工月刊》1935年第4卷第8期（由"二十三年全国工业灾害各地方统计""二十三年全国工业灾害各地方百分比"两表合成）。

注：绥远省、察哈尔省、贵州省、云南省、甘肃省、宁夏省、青海省、广西省无数据。灾害统计数仅包括工矿两业，其他如交通、水利、手工业等未计入。损失问题，仅包括厂方的直接损失，而工人赔偿、津贴和抚恤等未计入。

民国时期工业灾害治理研究

表 1-7　1935 年各省市工业灾害实数及百分比

省市	灾害发生情况		死伤情况						损失估计	
	发生次数/次	百分比/%	死亡人数/人	百分比/%	受伤人数/人	百分比/%	死伤总数/人	百分比/%	金额/元	百分比/%
上海市	2 254	84.89	325	21.58	2 496	60.54	2821	50.10	2 852 000	27.75
天津市	39	1.47	36	2.40	42	1.02	78	1.39	62 000	0.60
北平市	28	1.05	20	1.33	71	1.72	91	1.62	108 000	1.05
青岛市	13	0.49	24	1.59	63	1.53	87	1.54	110 000	1.07
汉口市	31	1.17	13	0.86	115	2.80	128	2.27	105 000	1.02
南京市	35	1.32	16	1.06	52	1.26	68	1.21	57 000	0.56
广州市	33	1.24	23	1.53	99	2.40	122	2.16	275 000	2.68
江苏省	56	2.11	55	3.65	112	2.72	167	2.97	270 000	2.63
浙江省	5	0.19	5	0.33	15	0.37	20	0.36	90 000	0.88
安徽省	5	0.19	23	1.53	27	0.65	50	0.89	24 000	0.23
山东省	7	0.26	537	35.66	324	7.79	861	15.24	4 055 000	39.48
河北省	17	0.64	325	21.58	199	4.84	524	9.30	1 550 000	15.08
山西省	13	0.49	9	0.60	32	0.78	41	0.73	15 000	0.15
绥远省	4	0.15	1	0.07	9	0.22	10	0.18	5 000	0.05
察哈尔省	3	0.11	3	0.20	8	0.20	11	0.20	7 000	0.07
河南省	16	0.60	13	0.86	73	1.77	86	1.52	205 000	2.00
湖北省	4	0.15	5	0.33	14	0.34	19	0.34	16 000	0.16
湖南省	6	0.23	5	0.33	23	0.56	28	0.50	24 000	0.23
四川省	8	0.30	10	0.66	45	1.09	55	0.98	95 000	0.92
江西省	3	0.11	5	0.33	10	0.24	15	0.27	120 000	1.17
贵州省	2	0.08	0	0	3	0.07	3	0.05	—	0
云南省	3	0.11	1	0.07	9	0.22	10	0.18	6 000	0.06
广东省	14	0.53	4	0.27	19	0.46	23	0.41	56 000	0.55
广西省	3	0.11	2	0.13	8	0.20	10	0.18	32 000	0.31
福建省	2	0.08	1	0.07	7	0.17	8	0.13	3 000	0.03
陕西省	3	0.11	2	0.13	5	0.12	7	0.13	7 000	0.07

省市	灾害发生情况		死伤情况						损失估计	
	发生次数/次	百分比/%	死亡人数/人	百分比/%	受伤人数/人	百分比/%	死伤总数/人	百分比/%	金额/元	百分比/%
甘肃省	2	0.08	9	0.60	10	0.24	19	0.34	18 000	0.18
宁夏省	1	0.04	2	0.13	8	0.20	10	0.18	7 000	0.07
青海省	1	0.04	0	0	2	0.05	2	0.04	2 000	0.02
其他	44	1.66	32	2.12	226	5.43	258	4.59	96 000	0.93
总计	2 655	100.00	1 506	100.00	4 126	100.00	5 632	100.00	10 272 000	100.00

资料来源：本表根据实业部中央工厂检查处编：《中国工厂检查年报》1934 年，第 804—806 页附录"民国二十四全国工业灾害各地方百分比""民国二十四全国工业灾害各地方统计"合制而成。

表 1-8   1936 年全国工业灾害省市统计

省市	发生次数/次	死伤统计/人			损失估计/元
		死亡人数	受伤人数	死伤总数	
上海市	2 200	141	2 278	2 419	874 000
天津市	47	25	93	118	55 000
北平市	35	26	65	91	25 000
青岛市	53	41	62	103	92 000
汉口市	47	55	78	133	83 000
南京市	26	19	26	45	36 000
广州市	38	27	123	150	67 000
江苏省	51	74	143	217	45 000
浙江省	7	6	19	25	5 000
安徽省	3	7	27	34	2 000
山东省	45	52	73	125	57 000
河南省	56	54	151	205	125 000
河北省	24	43	62	105	25 000
山西省	2	1	4	5	3 000
陕西省	1	0	2	2	2 000
绥远省	1	0	5	5	1 000

省市	发生次数/次	死伤统计/人			损失估计/元
		死亡人数	受伤人数	死伤总数	
察哈尔省	2	1	4	5	1 000
四川省	3	1	9	10	2 000
湖北省	14	5	18	23	15 000
广东省	27	24	37	61	50 000
湖南省	15	4	25	29	5 000
江西省	2	0	5	5	2 000
云南省	5	0	17	17	5 000
其他	20	20	24	44	32 000
总计	2 724	626	3 350	3 976	1 609 000

资料来源:《二十五年全国各省市工业灾变统计》,《国际劳工通讯》1937 年第 4 卷第 6 期,有改动。

表 1-9　1936 年工业灾害业别统计

业别	发生次数/次	死伤统计/人			损失价值/元
		死亡人数	受伤人数	死伤总数	
木材制造业	165	37	152	189	31 000
家具制造业	114	35	146	181	22 000
冶炼工业	257	56	352	408	165 000
机器及金属品制造业	315	72	554	626	224 000
交通用具制造业	93	26	102	128	65 000
土石玻璃制造业	151	35	125	160	193 000
建筑工程业	141	15	175	190	54 000
公用事业	68	18	66	84	60 000
化学工业	251	63	345	408	157 000
纺织工业	646	153	715	868	253 000
服用品制造业	152	42	210	252	45 000
橡革工业	83	17	85	102	108 000
饮食品及烟草制造业	125	25	125	150	35 000
饰物文具仪器制造业	50	10	72	82	42 000

业别	发生次数/次	死伤统计/人			损失价值/元
		死亡人数	受伤人数	死伤总数	
造纸及印刷业	73	4	84	88	73 000
其他工业	40	18	42	60	82 000
总计	2724	626	3350	3976	1 609 000

资料来源：孙本文：《全国工业灾变统计》，《时事月报》1937 年第 17 卷第 1 期，有改动。

表 1-10　1934 年全国工业灾害类型比较

灾害种类	灾害发生情况		死伤情况							损失估计	
	发生次数/次	百分比/%	死亡人数/人	百分比/%	受伤人数/人	百分比/%	死伤总数/人	百分比/%	金额/元	百分比/%
爆炸	27	1.1	932	49.4	562	18.0	1 494	29.8	3 885 000	67.7
火灾	145	5.9	323	17.1	685	22.0	1 008	20.1	1 852 000	32.3
跌伤	328	13.3	72	3.8	256	8.2	328	6.5	—	—
轧伤	363	14.7	56	3.3	307	9.8	363	7.3	—	—
触电	158	6.4	136	7.2	22	0.7	158	3.1	—	—
击伤	337	13.6	55	3.0	282	9.0	337	6.7	—	—
撞伤	265	10.7	45	2.4	220	7.1	265	5.3	—	—
压伤	322	13.1	74	3.9	248	7.9	322	6.4	—	—
灼伤	148	6.0	33	1.7	115	3.7	148	3.0	—	—
窒息	18	0.7	43	2.2	29	0.9	72	1.5	—	—
水灾	10	0.4	20	1.1	29	0.9	49	1.0	—	—
其他	348	14.1	99	5.2	368	11.8	467	9.3	—	—
总计	2 469	100.0	1 888	100.0	3 123	100.0	5 011	100.0	5 737 000	100.0

资料来源：王莹：《二十三年全国工业灾害总检讨（续）》（"二十三年全国工业灾害总统计""二十三年全国工业灾害百分比"两表合成），《劳工月刊》1935 年第 4 卷第 8 期。

民国时期工业灾害治理研究

表 1-11　1935 年全国工业灾害类型比较

灾害种类	灾害发生情况		死伤情况						损失估计	
	发生次数/次	百分比/%	死亡人数/人	百分比/%	受伤人数/人	百分比/%	死伤总数/人	百分比/%	金额/元	百分比/%
爆炸	65	2.45	267	17.72	546	13.24	813	14.44	2 277 000	22.17
火灾	142	5.35	140	9.30	633	15.35	773	13.73	3 695 000	35.97
跌伤	460	17.32	53	3.52	417	10.11	470	8.35	—	—
压伤	336	12.66	63	4.18	380	9.22	443	7.88	—	—
撞伤	313	11.75	31	2.06	297	7.20	328	5.82	—	—
灼伤	153	5.76	13	0.86	150	3.64	163	2.89	—	—
轧伤	398	15.01	39	2.59	392	9.51	431	7.65	—	—
击伤	426	16.06	55	3.65	544	13.20	599	10.64	—	—
触电	55	2.08	32	2.13	23	0.56	55	0.98	—	—
矿井水灾	2	0.07	542	35.99	467	11.25	1 009	17.89	4 200 000	40.89
矿井塌陷	1	0.04	160	10.62	—	—	160	2.84	100 000	0.97
溺水	5	0.19	75	4.98	14	0.34	89	1.58	—	—
其他	299	11.26	36	2.40	263	6.38	299	5.31	—	—
总计	2 655	100.00	1 506	100.00	4 126	100.00	5 632	100.00	10 272 000	100.00

资料来源：实数来自实业部中央工厂检查处编：《中国工厂检查年报》1936 年，第 799—800 页；百分比参见：《民国二十四年中国工业灾害统计》，《工商管理月刊》1936 年第 4 期。

表 1-12　1936 年工业灾害分类统计

工业灾害类型		发生次数/次	死伤统计/人			损失估计/元
			死亡人数	受伤人数	死伤总数	
机械方面	发动机	193	60	235	295	—
	动力传导装置	176	30	220	250	—
	金工及木工机器	242	30	267	297	—
	作业机	305	45	336	381	—
	轧轮及其他容易夹住身体之物件	174	24	174	198	—
	吊车、起重机及人或载物之升降机	117	2	132	134	—
	小计	1 207	191	1 364	1 555	—

工业灾害类型		发生次数/次	死伤统计/人			损失估计/元
			死亡人数	受伤人数	死伤总数	
危险性物体及火灾	锅炉及汽管	67	77	291	368	438 000
	爆炸物	94	50	188	238	254 000
	毒物及腐蚀性物体	89	—	89	89	—
	高热	97	—	97	97	—
	电气	131	34	144	178	338 000
	火灾	253	123	333	456	579 000
	小计	731	284	1 142	1 426	1 609 000
其他	处理物体	103	46	117	163	—
	运输器	92	35	106	141	—
	手用工具	201	13	215	228	—
	物体坠落	121	25	130	155	—
	倾跌	141	27	149	176	—
	践踏及碰撞	128	5	127	132	—
	小计	786	151	844	995	—
总计		2 724	626	3 350	3 976	1 609 000

资料来源：《二十五年全国工业灾变分类统计》，《国际劳工通讯》1937年第4卷第6期，有改动。

注：发动机包括各项原动机及电动机；动力传导装置包括传动所用带索链转轴、齿轮及附属物，金工及木工机器包括车床、铣床、冲床、砂轮等及锯、刨等；容易夹住身体之物件中不包括动力传导装置夹住身体。

表1-13　1933年上海工业灾害统计表

灾害种类	灾害发生情况		死亡人数/人	受伤人数/人	死伤统计		损失总额/元
	发生次数/次	百分比/%			总数/人	百分比/%	
火灾	68	41.21	13	37	50	12.04	2 000 000
倾跌	27	16.36	21	28	49	11.81	—
触电	22	13.33	23	0	23	5.54	—
爆炸	13	7.87	108	135	243	58.56	300 000
轧伤	12	7.27	8	4	12	2.89	—
击伤	9	5.475	8	7	15	3.62	—

灾害种类	灾害发生情况		死亡人数/人	受伤人数/人	死伤统计		损失总额/元
	发生次数/次	百分比/%			总数/人	百分比/%	
压伤	7	4.24	9	5	13	3.37	—
灼伤	6	3.63	4	4	8	1.92	—
撞伤	1	0.61	0	1	1	0.24	—
总计	165	100.00	194	221	415	100.00	2 300 000

资料来源：上海市工业安全协会：《去年工厂灾害统计死伤人数共四一五人》，《社会月刊》1934 年第 1 卷第 1 期，有改动。

表 1-14　1933 年火灾业别表

业别		次数/次	占全年火灾次数的百分比/%
纺织工业	纺纱厂	3	33.83
	轧花厂	7	
	织袜厂	4	
	织布厂	2	
	拉绒厂	2	
	丝袜厂	2	
	缫丝厂	2	
	纱布棉料厂	1	
化学工业	染炼厂	4	23.53
	汽油池	3	
	制药厂	3	
	自来火厂	2	
	其他	4	
食品工业	榨油厂	3	11.67
	面粉厂	2	
	酿酒厂	2	
	糖果厂	1	
机器工业	机器制造厂	2	5.88
	造船厂	1	
	铝器制造厂	1	
橡革工业		4	5.88
锯木业		4	5.88

业别	次数/次	占全年火灾次数的百分比/%
印刷造纸业	4	5.88
交通业	1	1.47
其他工业	4	5.88
总计	68	100.00

资料来源：田和卿：《一年来上海市工业灾害的回顾》，《工业安全》1934年第2卷第2期，有改动。

表1-15　1933年火灾原因表

原因			次数/次	占全年火灾次数的百分比/%
处置易燃原料不当	棉花（烘棉、扎棉）		12	51.47
	木材（烘干）		4	
	化学原料	汽油	5	
		柏油（热度过高、遗火于柏油中）	4	
		炼制植物油	3	
		柴油（试引擎）	1	
		松香（仿制翡翠）	2	
		制药用化学原料	4	
开动机器时火星爆出	磨子机		1	7.35
	弹花机		2	
	电动机		2	
因电所致	漏电导致着火		5	8.83
	电线爆裂		1	
因货物起火	栈房堆积货物		2	8.83
	酒及油布		2	
	杂物		2	
其他原因	香烟头		2	7.35
	邻居燃烧		1	
	邻居烧纸，火星飞入货栈		1	
	谎报火警		1	
原因不明			11	16.17
总计			68	100.00

资料来源：田和卿：《一年来上海市工业灾害的回顾》，《工业安全》1934年第2卷第2期，有改动。

表 1-16　上海工厂的工业灾害（1946 年 1—8 月）　　单位：次

业别	皮肤轧伤	火灾	灼伤	淹水	走电	手臂轧断	压伤	跌伤	水灾	其他
交通用具	2	—	—	—	—	—	—	—	—	—
机械及金属用品	9	2	3	—	—	—	—	—	—	—
饮食品	4	3	3	—	1	—	—	—	1	—
化学工业	4	1	3	—	—	—	1	—	—	—
土石制造	1	1	2	—	—	—	—	—	—	—
纺织	17	10	1	3	1	2	—	1	—	—
服装用品	1	1	1	1	—	—	1	—	—	—
造纸印刷文具	2	2	—	—	—	—	—	—	—	—
动力	2	—	—	—	1	—	—	—	—	—
其他	2	—	—	—	—	—	—	—	—	—
总计	44	20	13	4	3	2	2	1	1	—

资料来源：陈达：《我国抗日战争时期市镇工人生活》，北京：中国劳动出版社，1993 年，第 392 页，有改动。

第二章

工业灾害的调查统计

"国家政权建设"自美国社会学家查尔斯·蒂利等人率先提出以后，业已成为诠释中国政治变迁或政治现代化的重要范式。柯博文强调中国民族国家构建中的日本因素，葛凯重视消费文化与中国民族国家形成之间的复杂互动关系，黄金麟则关注近代身体的国家化与法权化等问题，而杜赞奇甚至提倡"从民族国家拯救历史"。[①]这些代表性成果尽管视点各异，论点亦不尽相同，但多已认定自清末新政以降，国家权力逐步深入地方这一"不可逆转"的进程与近代早期的欧洲经历大体相似，亦即"政权的官僚化与合理化"[②]。

1921年5月16日，《申报》载有《劳工之卫生》一文，提出了"增进劳工之幸福而预防职业上之疾病"的五大举措，分别为调查、法律、工厂检查、教育和处罚。[③]其所指对象虽然较窄，仅局限于职业病而言，但纵而观之，民国时期有关工业安全问题的思考，基本上是按照上述理念而展开或践行的。

[①] 参见〔美〕柯博文：《走向"最后关头"：中国民族国家构建中的日本因素（1931—1937）》，马俊亚译，北京：社会科学文献出版社，2004年；〔美〕葛凯：《制造中国：消费文化与民族国家的创建》，黄振萍译，北京：北京大学出版社，2007年；黄金麟：《历史、身体、国家：近代中国的身体形成（1895—1937）》，北京：新星出版社，2006年；〔美〕杜赞奇：《从民族国家拯救历史：民族主义话语与中国现代史研究》，王宪明、高继美、李海燕，等译，南京：江苏人民出版社，2008年。

[②] 〔美〕杜赞奇：《文化、权力与国家：1900—1942年的华北农村》，王福明译，南京：江苏人民出版社，1996年，第1页。

[③] 该文指出，"1、调查：非特为科学上之研究，经济社会二问题亦须注意者也。每一工业中心点须设一诊病所，俾其地之职业病可得研究而预防之；2、法律：大都人类自觉之改革，不如极有力法律之强迫改革为有效，故法律之成立及实行，颇为重要；3、工厂之检查：此法一行，工厂内之职业病，即可查得而加以预防，作工之钟点及妇孺劳工之情形，亦可洞悉而改良之；4、处罚：法律之实行，必须有一定之处罚条例加之厂主及劳工者，俾法律得收效果；5、教育：既有法律之建设，工厂之检查，人民必须有守法服从之智识，故教育为刻不容缓之根本办法"（参见丁锡康：《劳工之卫生》，《申报》1921年5月16日，第8版）。

本章试以"理性化"与"官僚化"为诠释工具[1]，从国家政权建设的视角，对南京政府的工业灾害调查统计问题进行初步探讨[2]，主要从上述两个层面展开讨论。在表格的处理上，则仍然按照上一章的做法，置于本章之后。

第一节　工业灾害调查统计思想

注重调查统计，可谓现代国家的基本特征。[3]近代中国社会学的兴起和发展，也为政府部门的调查统计工作提供了思想资源和人才支撑。当时调查统计方兴未艾，相关成果非常丰硕。学界注重工业灾害调查统计的理论思考或方法阐释，而政界则极力尝试对工业灾害进行调查统计，以期实现工业安全。

一、学界的认识

近代中国社会学虽然发展迅速，社会调查也取得了较大进展，但专文讨论工业灾害调查统计问题者并不太多。此处笔者仅对李景汉、林颂河和毛起鹬的相关讨论进行简单梳理，借以管窥一斑。

尝试建立社会调查与国家建构之间的关联，可谓李景汉的核心理念。他认为，社会调查具有十大功能，一是提供国家建设的具体办法，帮助寻找民族自救之出路。二是可以尽快使中国成为"有条理"的现代国家。三是帮助人们正确认清中华民族和中国社会的特点。四是奠定中国社会学的基础。五是帮助人们彻底了解中国的社会问题。六是使有志救国者，尤其是青年，"多用理智，少用感情"。七是使民众形成"相当的公民常识"，从而"不易受奸人的欺骗"。八是提高人民的"公共精神"，从而提高合作效率。九是帮助人民养成预防灾祸之习惯。十是可以免除一些国耻。对于社会调查在预防灾祸方面的功能，他分析说，通过调

---

① "官僚化"与"理性化"，可视为马克斯·韦伯思想体系的两个核心概念，参见〔德〕施路赫特：《理性化与官僚化：对韦伯之研究与诠释》，顾忠华译，桂林：广西师范大学出版社，2004年。

② 孙安弟的《中国近代安全史（1840—1949）》（上海书店出版社，2009年）对南京国民政府的工业灾害调查进行了历时性的梳理。周石峰的《南京国民政府职业病的防治困境》（《中州学刊》2016年第10期）以职业病防治为个案，对其历史困境进行了初步考察。

③ 立法院和社会部等均设有统计处，即可见一斑。

查灾祸"以往的经过和现在的事实"，即可"推知未来现象的发生"。社会调查是预防工作，目的在于"彻底地从根本上解决社会问题"，因此能够"消祸于无形，防患于未然"。①

享有"社会思想之冠冕"的韦伯②，曾将"价值无涉"视为学者的基本操守，强调以"知识上的诚实"，去"确定事实、确定逻辑关系和数字关系或文化价值的内在结构"。③20世纪30年代，我国的社会调查学说与韦伯的主张如出一辙。林颂河认为，社会现象具有时空差异性，任何社会学说都不可能拥有超越时空的普适性，也就是说，社会现象"既有时间的不同，又受地方的限制，无论怎样完善的社会学说，怎样广大的定义，并不是放之四海而不疑，推之万古而皆准的"。因此，唯有把握社会问题的实态，才能求得解决。他说，要解决一个社会问题，固然要知道社会学说、历史过程，但是尤其要知道"当时此地的实实在在的事实，才能得到解决的途径"。每一种社会事业在推进之前，必先调查真相，然后因时制宜而确定方法，如此操作方能顺利推进，从而避免"许多不合实情的、幼稚的损失"。在他看来，二十世纪一二十年代，欧美各国社会学研究已经发生重大转向，"科学的社会研究"逐渐兴起，其学术特点在于摒弃从前考察社会现象时采用的"粗糙和欠精密的方法"，而将自然科学领域的观察、归纳和推论等各种方法应用到社会现象研究上。五四运动以后，中国劳工运动发展迅速，但在林颂河看来，当时的劳工运动仅仅是"引起人们的兴趣，只是把复杂的重要的劳工问题提出，促起大家注意，使大家来谋划解决的方法"。至于劳工问题的解决，绝非通过劳工运动则能实现，而是有待于劳工问题"真相的分析、实际状况的研究"，也就是急需进行"科学的社会调查"，给研究中国现代劳工问题者提供参考材料。因此，林颂河对塘沽久大精盐工厂和永利制碱工厂工人生活的调查时，仅仅系统地记录其实况，或者说，"只是敷陈事实，不加评论。一切关于劳动问题的理论

---

① 李景汉：《实地社会调查方法》，北平：北平星云堂书店，1933年，第1—10页。

② 参见〔英〕麦克雷：《社会思想的冠冕——韦伯》，周伯戡译，上海：上海书店，1987年。

③ 〔德〕马克斯·韦伯：《学术与政治：韦伯的两篇演说》，冯克利译，北京：生活·读书·新知三联书店，2013年，第10页。

和政策，概不涉及"①。

林颂河对社会调查问题并未予以集中性探讨，他更加注重调查实践，仅仅是阐明其社会调查活动的理论视点和方法论基础。毛起鵕对其调查统计思想的阐述，相对而言更加细致。他主张，社会科学与其探寻社会现象的因果，不如推究其相互关系。因为自然科学的因果定律，已经证明不尽可恃，譬如牛顿的万有引力定律，因爱因斯坦的相对论出现而动摇。故而社会科学家不可仅谈因果，从而陷入"同样危险的途径"。基于此种理解，他强调，社会科学应当注重技术训练，将研究资料之搜集和社会事实关系之探讨作为中心。他明确表示，自己"只知搜集事实、研究事实，不谈哲理"。他不赞同社会科学家热衷于讨论唯物论、唯心论和多元论，因为此种讨论"除表现其玄虚和狂妄的本领外，研究的结果，可谓毫无所得"。也就是说，他不赞成价值优先的主张，而是主张"脑筋内不应当陈留着丝毫的偏见和玄理"。他也反对将学问的研究路径截然两分，则简单地划分为理论与技术两条道路，他认为各重一极，则难免其弊，"专谈理论，不顾事实，只是耍玄虚，不是谈学问。专谈技术，不尚推理，只是开机器，不是讲出产"。实际上，他并不反对理论的指导，只不过更强调理论"建筑在事实上"，强调要运用适当方法搜集事实、分析事实和诠释事实。②

毛起鵕在其《社会统计》一书中，专列章节探讨了灾害统计的一般性问题。他在回顾工业灾害统计简史的基础上，着重讨论工业灾害统计的意义和资料来源、统计资料的分析方法、灾害严重程度的测量方法等。在他看来，工业灾害统计的意义，虽因各国法律之不同而迥然有别，但是大体而言，系指"工业界一种因偶然的、意外的、外部的事变而发生伤害、损失或残疾的事情"。由此可见，他诠释的工业灾害统计意义，实际上是对工业灾害的界定。他根据美国的工业灾害统计，认为灾害事件仅限于三类，即"可报告的灾害"、"可表列的灾害、疾病和伤害"以及"应赔偿的灾害"。可报告的灾害包括一切可表列的和不可表列的灾害、疾病和伤害在内。可表列的灾害，系指一切在工作时间内因灾害、疾病和伤

---

① 林颂河：《塘沽工人调查》，上海：上海新月书店，1930年，"序言"、第1—2页。

② 毛起鵕：《社会统计》，上海：世界书局，1933年，第5—6页。

害以致死亡、永久残疾或在当日发生灾变之后不能工作的，认为有表列可能的种种灾害、疾病和伤害。所谓应赔偿的灾害，就是依据法律规定应该给予赔偿的灾害。工业灾害统计的资料来源，他认为主要有报纸和工厂报告。工业灾害发生之后，报纸上必有记载，但报纸记载之目的不在于统计，因此他强调，仅仅依据报纸记载进行灾害统计，"殊不可恃"。而工厂报告虽然比报纸记载可靠，但往往有所"隐蔽"，故仍需进行详细调查。[①]

关于工业灾害资料的调查统计和分析，毛起鹓介绍了美国劳工统计局工业灾害调查的做法。美国相关调查表表列项目多达 19 种，包括厂号、日期、时间、年龄、性别、婚嫁、依赖生活之人数、能否说英语、种族、工作部分、职务、在厂工作时期、受伤者曾否做过其他工作、做过其他工作的时期、灾害发生原因（内分机器、器具、机件、物体或其他各项）、灾害发生经过情形、身体受伤部分、伤害性质（内分擦伤、打伤、刀痕、裂痕、穿伤、火伤、烫伤、撞伤、脱骨、折骨、骨筋扭伤、拉伤、手足截断、脑部曾否受刺激，曾否中毒及其他等项）、伤害结果（内分死亡、永久残疾、暂时残疾及损失日数等项）。统计资料的分析，主要包括工业分类、原因分析、依照伤害的位置分析、依照伤害的性质分析、依照残疾的程度分析，依照残疾的等级分析、灾害严重程度测量。工业分类，他主要遵照国际劳工局的分类标准。他强调，原因分类应从客观事实方面着眼，灾害事件发生，不论咎在资方还是劳方，均应依照机器的种类和发生灾害的状态去分析原因，一般可以分为十大类型，即机器类、车辆类、爆发物和燃烧物、有毒性和锈损的物件和职业病、身体之倾跌、踏在或撞到物件上、物件之坠落、物件之使用、手用器具、牲畜。而每大类尚可细分为若干小类。依照伤害的位置，则可将人体分为头部、面部、颈部、躯干部、上肢部、下肢部五大部分，依照伤害的性质，可以分为十二类。依照残疾程度可分为死亡、永久性全部残疾、永久性局部残疾、暂时性全部残疾和暂时性局部残疾五类。关于灾害严重程度测量，他着重介绍了"常数率"与"严重率"两种常用方法。[②]

① 毛起鹓：《社会统计》，上海：世界书局，1933 年，第 150—153 页。
② 毛起鹓：《社会统计》，上海：世界书局，1933 年，第 154—163 页。

二、政界的看法

1931 年, 实业部部长孔祥熙曾经指出, 工厂安全卫生设备以及劳工教育设施, "在于改善工人生活及增进知能有重要关系"[①]。而据其继任者陈公博的看法, 劳工统计实为劳工行政计划之张本, 而统计材料则端赖调查报告, 虽然实业部对工厂安全卫生问题, 采取分派专员前往各地实地调查的模式, 但工人伤害则为"随时发生之事项, 非一时间之调查结果所能代表", 因此, 陈公博强调, 工人伤害问题, 必由地方主管机关按期上报。[②]

上海特别市社会局于 1930 年着手编制劳工统计计划, 对劳工统计的内涵与范围进行了界定。所谓劳工统计, 也就是用数字表示一切有关劳工问题方方面面的现象, 而其范围至少包括两大部分, 一是关于"个人以及个人与社会生活的关系", 二是关于"工人团体的结合和活动"。前一部分的统计涉及工人概况、失业统计、工资、工作时间、生活程度、生活费指数、工业灾害、劳工设施等, 后一部分则包括工会、罢工停业、劳资纠纷以及劳动协约等。[③]关于工业灾害统计问题, 上海特别市社会局强调, 在机器生产制度下, 工人工作期间的意外灾害几乎难以避免, 对工人而言, 固然是直接受到伤害, 但工厂损失也并非可以忽略, 如机器毁损、伤害赔偿、添换生手、生产效率减低等, 凡此种种, 间接也是社会损失。因此世界各国非常关注工业灾害问题, 力求改进防灾设备。但是, 为了准确分析工业灾害的根本原因, 进而进行预防, 必须借助于灾害统计。在上海特别市社会局看来, 工业灾害统计的项目, 应该涵盖各业发生灾害的次数、人数、发生原因、灾害性质、伤害部位、伤害程度、停工日数、因伤害而损失的工数、工资数、出产数及抚恤费等。[④]但是, 根据其设想, 劳工统计事业的推进必须与工业化进程和劳工事

[①] 孔祥熙:《咨各省市政府(劳字第六八六号)(中华民国二十年九月七日):咨送工厂卫生安全设备工人伤病劳工教育等项调查表式各一份请抄发转饬所属主管机关依式查填具报业转备查由》,《实业公报》1931 年第 36 期。

[②] 陈公博:《咨、公函各省、市政府(劳字第一二〇五号)(中华民国二十一年四月十四日):咨送工人伤害劳资纠纷工人失业调查表三种请转饬所属依式查填具报汇转以便统计由》,《劳工月刊》1932 年第 1 卷第 2 期。

[③] 上海特别市社会局:《劳工统计工作和计划》,《申报》1930 年 4 月 14 日, 第 12 版。

[④] 上海特别市社会局:《劳工统计工作和计划》(续),《申报》1930 年 4 月 15 日, 第 16 版。

业的发展相适应，因此劳动协约、工业灾害和劳工设施等统计的编制，只能延至劳工统计计划第三期，而如果财力和人力能够配合支持，则其整个劳工统计计划在三年内不难完全实现。①

上海特别市社会局有关工业灾害的统计思想，实际上与前述社会理论是一致的。上海特别市社会局在阐述相关统计工作的理念时指出，此前，劳资双方争执不断，但双方均无真凭实据作为解决分歧的标准和根据，之所以出现此种困境，实际上是由于科学落后，对"自然界和社会界的事事物物，觉得难于测度"，但随着时代的发展，相关问题却可以用数字来表示。政府和社会学家逐渐认识到，要想解决社会问题，首先必须研究社会，把各种社会现象"竭力用数字来说明和处理，以求适当的办法"，同样，欲谋解决劳工问题，必须先从研究劳工本身和劳工问题入手，只有弄清"病源"，才能"对症下药"。他们将劳工统计视为"诊断劳工社会病症的寒暑表"，认为相关统计能够真实反映劳工问题的实况，不仅提供"准确的数字概念"，而且可以指明适当的解决方法。②

工业灾害的调查统计，无疑是实现工业安全的首要前提。1934年，上海工厂检查所田和卿指出，随着上海工业日益发达，工厂里发生的灾害也相应增加，"厂方所受到的损失日重，工人所受到的痛苦也日厉"。为减轻厂方负担、减少工人痛苦起见，社会各界应该竭力提倡安全，设法消弭灾害。为了实现此目的，必须先有精密调查和统计，方能"对症下药"。③而《工业安全》杂志在刊布1935年工业灾害统计时，则同时呼吁：为求工业安全，中央与各省市首先应该切实调查工业灾害情形，加以精密统计，然后"对症下药"，方能收"药到病除"之效。④将工业灾害调查统计视为实现工业安全的前提，这与李景汉、林颂河的主张基本一致。

① 上海特别市社会局：《劳工统计工作和计划》（三续），《申报》1930年5月5日，第16版。

② 上海特别市社会局：《劳工统计工作和计划》，《申报》1930年4月14日，第12版。

③ 田和卿：《一年来上海市工业灾害的回顾》，《工业安全》1934年第2卷第2期。

④《民国二十四年全国工业灾害统计及估计》，《工业安全》1936年第4卷第1期。

第二节　工业灾害调查统计实践

一、北京政府农商部的调查统计

随着劳动问题的逐渐凸显和国际劳工局的影响，北京政府尝试对工矿灾变进行调查统计。首先是相关法规对此已有初步规定，1923 年 5 月，北京政府农商部颁布的《矿业保安规则》第 55 条规定，"矿场如有灾变，须即时设法救护，并呈报矿务监督"。第 56 条规定，"矿工如因工作负伤或死亡时，矿业权者除照矿工待遇规则抚恤外，应于次年 2 月以内，按照部定程序汇报一次"。[①]

北京政府农商部对工厂安全卫生调查问题进行了初步尝试。1923 年《暂行工厂通则》颁布之后，农商部曾派员分赴工业区域视察，编为报告，惜各省军阀，割据专权，政令不行，未着成效。[②]1926 年 3—4 月，为了参加国际劳工大会，农商部派员赴沪调查江浙两省工业状况。调查员分别为农商部工厂监察官包玉英，毕业于日本早稻田大学政治班的农商部工厂监察官汤鹤逸。调查内容包括50 多项，与工业安全卫生问题直接相关者有"职业病种类"、"有无灾害情形"、"预防危险方法"及"卫生设备"、"抚恤规则"和"有无劳动保险制度"。但由于人力所限，仅仅要求当地交涉署和总商会等机构就调查内容"填表逐项详细载明"[③]。

二、南京政府工商部、农矿部、实业部的调查统计

与北京政府比较而言，南京政府对工业灾害的调查统计更加重视。20 世纪 20 年代末至 30 年代上半期，工商部、农矿部以及实业部相继对工业安全卫生问题进行调查统计，着力颇多。1929 年，工商部为"保护劳工"起见，曾拟订"工业危险及预防方法问题" 15 条，要求各省市政府转饬所属工业机关逐条解答，"以资

---

① 中国第二历史档案馆编：《中华民国史档案资料汇编》（第 3 辑·工矿业），南京：江苏古籍出版社，1991年，第 108 页。

② 实业部中央工厂检查处编：《中国工厂检查年报》，1934 年，第一章第 1 页（该年报系分章编页，均同）。

③ 参见《农商部派员来沪调查江浙工业》，《申报》1926 年 3 月 23 日，第 14 版；《农商部委员调查工厂之项目》，《申报》1926 年 4 月 7 日，第 13 版。

考核"。第 1 条至第 3 条分别涉及工厂预防工业危险的方法和执行情况，以及是否配备相关研究机构和人才等。第 4 条包括工厂卫生、工厂安全以及安全教育三个方面，工厂卫生涉及工人饮食检查，工作场所的面积、空气、光线，以及浴室、厕所和更衣室的设置问题。工厂安全问题，则包括工厂建筑是否坚固、机件安放距离是否适合、有无防护栏杆、预防火险器具是否充分、有无救急组织及器具、有无医院或医生。安全教育方面，包括是否每周举行卫生演讲、是否应用图画或电影等手段演示工业疾病的成因，以及对新聘员工和童工传授预防危险方法及急救器具使用等知识。第 5 条是希望了解各工厂针对具体的工业危险有无预防方法，一是机械问题，包括机械动力超负荷、机械熔蚀、安保设备失效或不周密，二是工人不小心、疲倦、经验欠缺以及工作过度。第 6 条、第 10 条牵涉劳资双方在工业危险预防中的责任归属问题，亦即是否均负责任，以及厂方应否奖励工人提出预防危险之意见。第 7 条、第 8 条和第 11 条的核心内容，是社会各界在预防工业危险方面的角色和作用问题。一是慈善团体是否和如何协助劳资双方共防危险，二是相关学校开设预防工业危险课程，三是专门技术人才是否应该对工厂建筑兴建或改造之图样进行精密审查。第 9 条、第 12 条和第 13 条涉及政府的责任问题，亦即政府应否制定有关劳资双方预防工业危险以及工厂建筑取缔条例，对于科学家发明的预防危险方法，政府应否授予其专利抑或给予奖励。最后则要求详言劳动保险与预防危险之关系问题。[①]

民国时期工业灾害治理研究

　　部分地方政府和企业对实业部相关问题进行了有限的回应。天津特别市社会局长鲁荡平认为，当地并无直属工业机构可资查询，如果函饬各工厂逐条解答，又担心稽延时日，不能依限送齐，因此特派调查员分赴各大工厂逐条询问，其中永利制碱厂等 9 家企业的解答较为详细，其余均因生产设备简单，相关解释缺乏参考价值。调查结果由天津特别市市长于当月转送工商部。[②] 上海特别市社会局曾将有关结果转送工商部，但工商部认为结果尚未详尽，要求进行进一步调查。闸北水电公司、宝明电气公司及翔华电气公司先后呈复社会局，认为"考核所答情

① 《工商部令颁之预防工业危险问题》，《天津特别市社会局政务汇刊》1929 年第 2 期。

② 鲁荡平：《呈复市府检送永利制碱厂等工厂预防工业危险问题以备参考(中华民国十七年十二月二十日)》，《天津特别市社会局政务汇刊》1929 年第 2 期。

形，既不尽同，陈述意见亦互有异点"，"抄缮 3 份，呈报工商部"。[①]河北省工商厅要求各县政府转知各县工业机构遵实业部令，其中巨鹿等 8 县呈报，境内并无工业机构，有关问题无从解答，工商厅只好又令各县"嗣后境内如有工业机关成立，期间预防工业危险转知遵照"[②]。

同年，农矿部试图对矿业灾害进行调查统计，曾发布训令 606 号，谓："近年以来，各矿灾变，层见迭出，每次工人伤亡之数，多则数百，少亦数十。惨酷情状，闻者酸鼻。察其原因，大都由于矿内一切危险情事未能先事预防，甚至险象已兆，仍令工人继续工作，冒险进行，以致酿成巨变。该厅负实施监督之责，对于所属各矿应随时派员严加检查，分别取缔。其有危险隐伏情事者，并应详为指导，限令预防，以符国家爱护劳工、改进矿业之至意。至因灾变伤亡之工人，或身后家属无依，或残疾无以自存，非有详尽之调查，难有相当之抚恤。兹随令发交矿山灾变调查要目及遇险工人调查表二纸，嗣后如遇有矿山灾变情事，仰即逐项详查，分别填列具报。"[③]

农矿部有关矿山灾变调查的范围非常广泛，其"要目"包括灾变种类、灾变发生地点、灾变范围、灾变原因、灾变地点事前之状况、灾变发生时刻及当时景象、灾变中经过时间及救护情形、灾变终止时刻及终止原因、被灾范围内事后之状况，灾变发生地之工作人数、受灾范围与未受灾范围面积之比、受灾范围与未受灾范围内工作人数之比，灾变范围内死亡人数、受伤人数、残疾人数，死亡矿工待遇、家族抚恤，受伤矿工待遇，灾变发生地点于发生灾变前负责巡视人员姓名，灾变范围内于发生灾变时负责巡视人员姓名，灾变范围内于发生灾变前负责巡视人员姓名，巡视人员于何时将危险状况报知技术总管，技术总管得报知后有预防危险命令否，技术总管得报知后何时将危险状况报告官厅，曾用何种方法预防，预防何以无效，预防方法应如何改良，有救护设备否，救护设备如何，有救

---

① 《致国民政府行政院工商部函：为函送公用局呈送调查各工厂预防工业危险问题答案由》，《上海特别市政府市政公报》1929 年第 19 期。

② 《本厅十八年度重要工作报告表》，《河北工商月报》1929 年第 1 卷第 10 期。

③ 《通知各矿商奉农矿部令调查矿山灾变遇有灾变仰即分别填报文（附表）》，《江苏省农矿厅农矿公报》1929 年第 12 期。

护队否，救护队之组织如何，曾用何种方法救护，救护之结果如何，救护方法应如何改良，救护之训练应如何改良，灾变前有无灾变抚恤金之准备，灾变后抚恤死伤工人实支总数，灾变后营业全部所蒙损失额，灾变后恢复工程原状尚需若干，其他善后计划如何，对于以后产额有无重大影响，目前经济是否可以维持恢复，工作日期是否可以能预定。[①]

农矿部还随文下发了"遇险工人调查表"（表 2-1）。其中除了遇险工人姓名、年龄、籍贯、婚姻、家庭等基本信息之外，重点涉及工作种类、服务年月、遇险时日、遇险地点、遇险前工作地之状况、遇险时所作之工作、遇险情形、遇险原因、遇险前身体之状况、遇险后身体之状况、遇险人伤病时日、遇险人死亡日期、遇险人伤病期中之待遇、遇险死亡者之待遇、死亡者家族之抚恤、指定代领恤金之人等。

1930 年，国民政府撤销工商、农矿两部，成立实业部，相关工作转由后者执掌。当年上半年，工商部曾对劳工问题及工业状况进行了大规模的调查统计。1929 年 6 月 17 日召开的国民党第三届中央执行委员会第二次全体会议，决定改良工人生活、规定工人工作时间、增进工作效率以及改良工作制度，并以"全国工人生活及工业生产调查统计为入手办法"[②]。遵奉此项决议，工商部即拟订调查实施计划，编制调查表册，训练调查人员，并选定无锡县举办实验调查，1930 年 4 月分派调查人员前赴指定各省区开始工作，历时 4 月，将制定各区工人生活及工业生产状况调查完竣。调查范围涉及各地各业职工生活概况、工资、工人生活费、男女童工之工作时间、夜间工作时间及假期规定、工厂之物资设备、工厂职工待遇及福利事业之设备、工厂经营及管理、工厂之技术技能、工厂之技术效率以及工业危险状况等。[③]由于各个工厂有关工人"虽间有设备，然多不完善"，故未列成统计表。[④]

1929 年 12 月 30 日，南京政府公布了《工厂法》，其中第 3 条规定工厂伤病

民国时期工业灾害治理研究

---

① 《矿山灾变调查要目（附表）》，《实业杂志》1929 年第 139 期。

② 《全国工人生活及工业生产调查统计总报告书·序》，工商部编印，1930 年。

③ 《工商部调查各区工厂情形》，《申报》1930 年 1 月 23 日，第 8 版。

④ 《全国工人生活及工业生产调查统计总报告书》，工商部编印，1930 年，第 8 页。

种类及原因必须呈报主管部门。第 4 条规定工厂每 6 个月应将"工人伤病及其治疗经过"和"灾变事项及其救济"呈报主管部门。第 45 条规定工厂发生灾变，导致工人死亡或重大伤害，应于 5 日内将其经过及善后办法呈报主管部门。[①]因此，工业安全卫生问题的统计工作不仅具备了法律依据，而且成为实业部行政工作的重要内容。

《工厂法》及《工厂法施行条例》定于 1931 年 2 月 1 日施行。[②]与此紧密配合，国民政府行政院命令实业部执行相关条文。1 月 28 日，实业部制定了"工人伤病报告表"和"工厂灾变事项报告表"，咨请各省市政府饬属印发各工厂遵照执行。[③]"工人伤病报告表"中，除了填报姓名、性别等基本要素之外，包括伤害与患病两大类别，具体涉及伤害和患病的原因、时间、部位，诊治时间、医药费支付、津贴，以及丧葬费和抚恤费等内容。工厂"灾变事项报告表"主要调查灾变的时间、种类、原因、场所，灾变的直接影响，如人员伤亡、财产损失、停工时间，以及救济过程和日后的防灾举措，并且须有具体的相关责任人（表 2-2，表 2-3）。

同年 9 月 7 日，实业部制定"工厂卫生安全设备调查表"、"工厂工人伤病调查表"和"劳工教育"三种调查表式，分发各地主管机关调查，"以凭督促进行"，并且要求"文到一月内依式查填具报汇转备查"。[④]其中"工厂工人伤病调查表"与年初拟制的样表完全一致。"工厂卫生安全设备调查表"非常细致（表 2-4），其中托儿所问题，一般划归为工人福利设施。工作场所的地板面积、工厂建筑的构造、避险设备、消防设备、保护设备、机器防护等内容，大致属于《工厂法》有关工厂安全设备方面的规定。工厂工作情形、光线、浴室、食堂、更衣室、厕所、工人宿舍以及防疫设备等问题，则与《工厂法》有关工厂卫生设备的

---

① 顾炳元：《中国劳动法令汇编》（三版续编），上海：会文堂新记书局，1937 年，第 55—67 页。

② 由于社会压力，后延至 8 月 1 日施行。

③ 孔祥熙：《咨各省市政府：劳字第六七号（中华民国二十年一月二十七日）：为遵工厂法施行条例第三条二项规定依照工厂法第三第四第三十五各条制定工人名册等式样咨请照饬属印发各工厂遵照由（附表）》，《实业公报》1931 年第 4 期。

④ 孔祥熙：《咨各省市政府（劳字第六八六号）（中华民国二十年九月七日）：咨送工厂卫生安全设备工人伤病劳工教育等项调查表式各一份请抄发转饬所属主管机关依式查填具报业转备查由》，《实业公报》1931 年第 36 期。

内容基本吻合。实际上，调查表可以视为相关法规所涉工人伤病问题的细化，或者说法规相关内容的表格化。

1932年，实业部着重对工人伤害、劳资纠纷、工业失业问题进行调查。4月，部长陈公博签发"劳字第一二〇五号"文件，强调相关调查统计在劳工行政方面的重大意义，要求各省市政府转饬地方主管机关和市县政府遵令"依式制表，按期查填"，于每年6月终和12月终"汇报送部"，以便统计。①实业部有关1932第三季度的行政计划办理经过报告指出，各区劳工状况调查员呈送表册及各省市政府转来各地工厂工人伤害等三表，"现正分别审查整理，以备统计"②。督促各地工厂对于工人伤病及工厂灾变依法具报，也是实业部1933年度行政计划纲要的要目之一。③

国民政府于1936年才制定颁发《矿场法》，此前数年，矿场安全问题遵照《工厂法》办理。因此，实业部在注重工厂灾变调查统计时，亦试图将统计范围扩展到矿场。1933年5月，实业部认为矿场灾变事项与"矿业矿工前途"关系甚巨，特通令各省矿业主管厅及北平特别市、青岛特别市社会局，"嗣后各矿厂遇有灾变发生，应遵《修正工厂法》第48条，呈报主管官署，将肇事原因、救护情形及伤亡人数转报到部，以备查考"④。同年7月，实业部再次通令各省主管厅局，强调矿场灾变关系到矿业盛衰与矿工安危，"至为重要"，要求地方当局"随时呈报，以便统计查考"⑤。

三、中央工厂检查处的调查统计

成立于1933年8月的中央工厂检查处，虽然隶属于实业部，但其成立背景，本来是实业部鉴于自身主持的相工作难于推进，而向行政院申请成立专门机构。⑥

① 陈公博：《咨、公函各省、市政府（劳字第一二〇五号）（中华民国二十一年四月十四日）：咨送工人伤害劳资纠纷工人失业调查表式三种请转饬所属依式查填具报汇转以便统计由》，《劳工月刊》1932年第1卷第2期。

② 芝：《实业部民国二十一年度（第一期七八九三个月）行政计划办理经过报告》（四续），《实业公报》1933年第150期。

③ 蒋：《实业部民国二十二年度行政计划纲要》（四续），《实业公报》1933年第141—142期。

④《实部注意矿厂灾变》，《申报》1933年5月14日，第6版。

⑤《矿厂灾变应随时呈报》，《申报》1933年7月10日，第9版。

⑥ 实业部中央工厂检查处编：《中国工厂检查年报》，1934年，第二章第1—3页。

中央工厂检查处成立之后，在工业安全卫生问题方面亦颇有作为，其总体情况笔者将在后面章节再行讨论，此处将其工业灾害调查统计工作单独论列，而不与实业部主持的相关工作混为一谈。

具体而言，中央工厂检查处一是沿袭实业部的相关工作，继续进行工人伤害和工厂灾变的调查统计。二是举办中国历史上第一次政府层面的职业病调查统计。

1934 年下半年度，工厂检查处试图"明了各地工人伤病情形及工厂灾变概况"，制定了"工厂工人伤病调查表"和"工厂灾变调查表"，函请各省市政府转饬主管官署，"依式填报转处"。据其总结，先后转报到处者，计有南京市、威海卫特区、青岛市和北平特别市等十余处。[①]"工厂工人伤病调查表"包括工人伤害与疾病两大类别，前者涉及伤害原因、伤害时期、伤害部位、停工日数、诊治日数、诊治结果六大内容，后者包括患病原因、患病时期、患病种类、停工日数、诊治日数、诊治结果六大内容，两种样表在结构上大体一致。"工厂灾变调查表"除了相关基本信息之外，主要有灾变发生的时间、原因、经过和结果，灾变结果则细化为人员死伤和财产损失两大内容（表 2-5，表 2-6）。与此前实业部的调查统计样表相比，检查处拟制的样表相对简洁。尤其是对工人伤害抚恤等问题，不予调查统计。此举显然是为了降低调查统计的难度和阻力。此后的两三年期间，调查统计工作持续进行，直到日本全面侵华战争爆发才被迫中断。并且将材料上报时间，从实业部的每半年一次，改为每季度一次。[②]1934—1936 年，检查处连续编制发表了全国性的工业灾害统计数据，这些成果构成本文第一章讨论工业灾害的重要资料。

1934 年工厂检查处组织的职业病调查统计，堪称中国政府的首次尝试。检查处将"督促各省市政府转饬办理职业病之调查及统计"作为当年度 28 项行政工作之一。[③]检查处认为，职业病种类"恒视工业性质而定"，因此拟就"主要工业毒

- 63 -

---

① 实业部中央工厂检查处编：《中国工厂检查年报》，1934 年，第三章第 76 页。

② 熊式辉：《江西省政府训令：建二字第六九五八号（中华民国二十四年六月十九日）：令各区行政督察专员、南昌九江市政委员会：准中央工厂检查处函送工厂灾变调查表及工人伤病调查表请饬属填报等由令仰转饬遵办（附表）》，《江西省政府公报》1935 年第 222 期。

③《中央工厂检查处行政计划》，《申报》1934 年 7 月 28 日，第 7 版。

品及职业病简表"，函送各省市政府，"转发管辖境内各工厂参考，并饬将发生职业病之种类及患病工人数目，详细列表，报处备查，拟俟各地报告汇齐，加以统计后，再行详细研讨，以求得适当之救济方案"①。

"主要工业毒品及职业病简表"将34种工业毒品可能引发的疾病症状、分属行业，进行了清晰罗列和对照（表2-7），无疑具有较强地参考价值。各地方当局亦多随文下发。察哈尔省主席宋哲元命令建设厅"翻印转发，并依照来函所指列表具报"②。河北省主席于学忠训令实业厅"遵办具复"③。山东省主席韩复榘命令山东建设厅遵照办理④，建设厅厅长张鸿烈即训令济南市、各县县长以及烟台特区行政专员"转饬所属各工厂遵照办理"⑤。广东省建设厅于8月1日发出相关训令，"迄今日久，尚未具报"，10月29日再令县属各公安分局和九江市政局，"分赴境内各工厂查明发生职业病之种类及患病工人数目，于文到10日内，列表2份，汇报本府"，"如查无表列工业毒品及职业病种类患病工人等事实发生，亦当专文依限具报备查"。⑥即使是在比较偏僻的重庆，上述文件也下发到了民生机器厂。⑦

此举并非全无成效。仅以职业病为例，据1934年《中央工厂检查处年报》收录的各地报告，北平声称尚未发现职业病，江西九江裕生厂3名工人因氯酸钾中毒而患皮肤溃疡。广西的报告较为详尽，分别调查了广西印刷厂、宾阳瓷器厂和

民国时期工业灾害治理研究

① 实业部中央工厂检查处编：《中国工厂检查年报》，1934年，第三章第72—76页。

② 宋哲元：《省政府训令：建字第二〇九号（中华民国二十三年五月二十四日）：令建设厅：为准实业部中央工厂检察处函送主要工业毒品及职业病简表一份翻印转发具报由》，《察哈尔省政府公报》1934年第457期。

③ 于学忠：《河北省政府训令：第三四七九号（五月二十五日）：令实业厅：准实业部中央工厂检查处函送工业毒品及职业病简表请予饬属印发管与害境内各厂参考从事防范并饬将所发生职业病之种类及患病工人数目列表报处查考写由仰遵办具复由》，《河北实业公报》1934年第38期。

④ 韩复榘：《山东省政府训令：实字第四七八六号（二十三年六月二日）：令建议厅：准实业部中央工厂检查处函送工业毒品及职业病简表请予饬属印发从事防范并将发生职业病种类及患病工人数目列表送处查考等因仰饬遵由》，《山东省政府公报》1934年第288期。

⑤ 张鸿烈：《山东省政府建设厅训令：第二三七九号（六月十八日）：令济南市市长、后列各县县长、烟台特区行政专员：计抄发主要工业毒品及职业病简表一份（附表）》，《山东建设公报》1934年第196期。

⑥《分令各公安分局九江市政局迅即填报工业毒品及职业病表于文到十日内查填缴府由》，《南海县政月报》1934年第15期。

⑦《重庆市政府训令第8839号中央实业部工检处检字841号查职业病发生种类主要工业毒品及职业病简表一份……仰该厂即便遵照迅将该厂工人发生职业病之种类及患病工人数目造报来府，以凭汇转勿延为要。》，"民生机器厂档"027—1—25—1，第40页，重庆市档案馆藏。

南宁制革厂。1934年5—8月，印刷厂工人头晕96人、头痛和便秘27人、头重3人、痧气3人、肚痛37人、口干6人，身热发冷6人，肚痛8人，感冒16人，手痛6人，脚痛6人，肺管炎6人，心气疼痛7人，其他15人。同年1—9月，瓷器厂工人头晕发冷12人、手痛7人、脚痛8人、肺管炎12人；制革厂头痛（便秘）2人，肺管炎1人，急性气管炎1人。而其他各省"尚未报处"。[①]

除了依靠各地上报职业病调查数据之外，中央工厂检查处还派员督查职业病调查统计工作。1934年10月，检查处派专员秦宏济赴镇江、无锡和杭州等处，督促完成第一期工厂检查工作，"该处为研究工厂职业病之种类与发生原因起见，拟在无锡纺织缫丝等10余种工厂抽出工人1500名，实地检查其有无辣毒醛亚尼林等10余种中毒疾病，及因卫生不良发生之慢性病"[②]。同时，卫生科长陆涤寰及专员秦宏济，奉令赴无锡督办工厂检查，检查各工厂发生之职业病种类及实际状况，决定先从检验工人体格入手。[③]根据1934年的中央工厂检查处年报对于此事的相关记载，为实地研究职业病发生之情形起见，于1934年10月派员到无锡调查，经先后抽查者，有庆丰第二纱厂，申新第三纱厂，干牲、民丰和永盛三丝厂，茂新和九丰二面粉厂，利用造纸厂，恒德油厂，工艺机器厂，丽新染织厂等11处，检查工人578名。"在筹备检查工人职业病以前，曾拟定检查表2份，全身各部均有详细检查之规定，但当实地检查时未能达此目的。"[④]

在实业部中央工厂检查处的倡导下，一些地方政府也试图进行相关调查工作。1935年，杭州市政府认为，"际此社会经济衰落之时，生产技能之增进，实关重要，而欲生产技能之增进，则首宜注意工人健康"，因此由卫生科分别调查各工厂工人之职业病，"列为统计，以资改善"。[⑤]

中央工厂检查处于1936年底制定的"工厂设置卫生室办法"，亦试图对职业病问题进行调查统计。关于该办法之缘起和初衷，检查处指出，"查工厂卫生关

---

① 实业部中央工厂检查处编：《中国工厂检查年报》，1934年，第三章第55页。

② 《中央工厂检查处派员促成首期工作》，《申报》1934年10月18日，第8版。

③ 《部委莅锡检查工厂》，《申报》1934年10月28日，第9版。

④ 实业部中央工厂检查处编：《中国工厂检查年报》，1934年，第三章第55—66页。

⑤ 《杭州市府调查工厂职业病》，《国际劳工通讯》1935年第9期。

系劳工健康及生产效率至为重大，而工厂卫生之能否办理完善，则全视工厂中有无健全之卫生组织以为断。盖工厂中苟无健全之卫生组织，则虽欲讲求，亦苦无措手之方也。惟查各工厂实际情形，其能依照修正工厂法施行条例第十七条之规定设置药室聘请医师办理医药卫生事宜者，已属少数，即便设置，亦多因袭已往一般习惯，只为诊疗疾病之备，未作讲求卫生之谋，谓之为医疗设备则可，谓之为卫生组织则不可。以是举凡工厂环境卫生之改善，传染职业等病之预防，工人卫生教育之指导训练，以及工人保健工作等各重要事务，悉少注意，且各工厂之有是项设置者，其名称亦至为不一，称医药室者有之，称疗养室者有之，称医院者亦有之，杂乱纷歧，莫准一是，指导督促，困难多端。本处为求正名定义，明示范畴，一矫已往积习，革除杂乱纷歧，俾工厂人员有所遵循、行政机关便利指导起见，特依据法令规定，本诸事实需要，指定工厂设置卫生室办法十三条"①。

"工厂设置卫生室办法"第 3 条第 4 款规定，"工厂卫生室受厂主之命办理""传染病及职业病之研究及预防事项"，第 12 条要求工厂卫生室制定各种规则，并于"适当场所揭示之"，其中包括工作场所卫生规则、工人诊病规则、工入宿舍卫生规则、工人食堂卫生规则、工人厨房卫生规则、工人盥洗沐浴室卫生规则、工人厕所卫生管理规则、工人体格检查及缺点矫治规则以及各种职业病及传染病预防规则。第 13 条要求工厂卫生室编制统计，即"伤病统计"、"职业病统计"、"预防注射统计"、"死亡统计"、"健康检查统计"、"伤病分类统计"、"传染病统计"，以及"环境卫生改善统计"。②

而早在 1936 年初，上海市社会局试图通过医院对劳工伤病和职业病进行调查统计。该局认为，"工人在工厂工作，致遭遇伤害，或患各种职业病者，为数甚伙。此事关于劳工健康及产业经济颇为重大，厂方遇有上项情事，依照工厂法之规定而向社会局呈报者，固属不少，惟隐匿不报犹占多数"，调查极其困难，因此该局有鉴于此，"特制订调查表格，向本市各大医院接洽。凡遇工人伤病投院

　　①《河南省政府训令：建二字第二五九四号（十二月十九日）：令各区行政督察专员公署：准实业部中央工厂检查处函送工厂设置卫生室办法合印发仰即转饬所属各县政府通知境内各工厂一体遵办由》，《河南省政府公报》1936 年第 1825 期。

　　②《工厂设置卫生室办法（实业部中央工厂检查处颁行）》，《南京市政府公报》1936 年第 172 期。

求诊，即将受伤及患病情形依表详为填明，按日报告，以资统计，俾得汇集材料，妥筹防弭方法"。①次日的《申报》报道称："社会及卫生两局为保护劳工健康及产业经济起见，特会同举办工人伤病调查。为推广此项工作，特于昨日下午，假座八仙桥青年会招待该局特约医院代表，详细讨论。兹将其办法录下：选定本市规模较大医院若干家为特约医院，协助办理本项调查，邀请特约医院负责人举行茶话会一次，共商进行事宜。拟定'工人受伤'及'职业病'两种报告表，向各医院负责人征求意见，并决定该两表之最后形式。上项两种纪录表，分别印成邮政信片式，分发各特约医院及其他各大医院等，请各特约医院就该院原有职员中指定一人负责担任填表工作，如遇工人伤病投院求诊，应即随时依表填明邮寄本局，若遇工人重伤，应立即用电话通知社会局，以便派员迅往厂方调查。前项填表员由本局酌致酬金，特约医院暂定如下：上海医院、宾隆医院、沪东医院、仁济医院、广慈医院、浦东医院、吴淞卫生实区、圣心医院、骨科医院、上海劳工医院、上海公济医院、红十字会第一医院、红十字会第二医院。继即开始讨论，对社会局所拟定办法一一接受。"②1936—1937年，上海社会局按照既定计划，发布工业灾害的月度和年度统计。工业灾害等数据的统计，不能完全依赖工厂依法自动上报，上海社会局认为，工人遭遇伤害或患各种职业病者为数甚多，而厂方依照《工厂法》之规定而向社会局呈报者，"固属不少，惟隐匿不报犹占多数"，因此制订调查表格，与各大医院接洽沟通，要求医院"凡遇工人伤病投院求诊，即将受伤及患病情形依表详为填明，按日报告，依次统计，俾得汇集材料，妥筹防弭方法"。③1937年2月发表的"一月份工业灾害统计"，其资料来源大部分由市立迟南总院吴淞卫生事务所、劳工医院、中国红十字会第一医院、圣心医院及沪东医院等供给，由厂方呈报者为数极少，"似不足以代表本市一般工业灾变，深望嗣后各工厂厂医及公私立医院源源供给"④。

- 67 -

① 《社会局举办工厂工人伤病统计，今日下午招待各医院代表会》，《申报》1936年1月10日，第11版。
② 《社会卫生两局昨招待特约医院代表榷伤病工人调查方法，拟于二月一日开始进行》，《申报》1936年1月11日，第12版。
③ 《社会局举办工厂工人伤病统计，今日下午招待各医院代表会》，《申报》1936年1月10日，第11版。
④ 《一月份工业灾害统计总数百零八起》，《申报》1937年2月21日，第14版。

四、工业灾害调查统计的尾声

抗日战争时期，我国政府层面的工业灾害调查统计中断了。抗战胜利后，社会部曾经重启相关统计工作。1948 年 6 月 24 日，社会部发布"社（37）检字第17449 号训令"，声称"近来各地工厂矿场不时发生灾变，影响工人生命安全至巨，本部为明了灾变发生原因，藉谋补救，以期减少损害起见，特订颁工厂矿场灾变调查表，由各省市社政机关于各矿厂发生灾变时填报"[1]。调查表涉及灾变发生时间、种类、发生部分、发生原因与责任、灾变影响及经过以及善后办法等。仅从调查表本身而言，此次调查与 30 年代初期实业部的调查意图基本一致，不同之处在于，将工矿人员划分为工人与职员两大类型。[2]

抗战胜利后，社会部的调查训令扩展至台湾。同年 7 月 29 日，台湾省社会处代电"叁柒午艳社丙字第五一〇一号"谓："奉颁工厂矿场灾变调查表，希查照办理。"其转印的调查表，直接标记为"台湾省县市工厂矿场灾变调查表"，与社会部样表稍有差异的是，台湾复制的表格增加了编号、调查人和调查时间，表格下方印制了县长、市长栏目，也就是要求随表填报县市长姓名（表 2-8）。[3]

日本全面侵华，再次中断了中国的现代化进程，南京政府的工业灾害调查统计这一个案，亦可证明。1934—1936 年，实业部中央工厂检查处编制了全国性的工业灾害统计，但自 1937 年开始，相关工作即陷于停顿。在后现代主义语境下，官僚制、理性化、数目字化等"现代性"，在学理上一度遭到无情解构。此种解构的最大意义，主要在于揭示现代性过度发展带来的新型宰制。虽然"将科学还原为技术—方法的操作，或者片面追求数字化的定量狂"，可以视为实证主义对数学的误用[4]，并且官僚层级制在处理自下而上的信息时，甚至有可能造成超载或

---

① 《奉社局令发工厂矿场灾变调查表函请遵办具报由》，《工商法规》1948 年第 12 期。

② 《奉社局令发工厂矿场灾变调查表函请遵办具报由》，《工商法规》1948 年第 12 期。

③ 《台湾省社会处代电（叁柒午艳社丙字第五一〇一号（中华民国卅七年七月廿九日）（不另行文）：奉颁工厂矿场灾变调查表希查照办理》，《台湾省政府公报》1948 年秋字第 26 期。

④ 成伯清：《走出现代性：当代西方社会学理论的重新定向》，北京：社会科学文献出版社，2006 年，第87 页。

阻塞，"既承受信息短缺之苦，也遭受信息泛滥之害"[1]，但是，无论是南京政府的工业灾害治理，还是工业灾害史的学术研究，明显属于"信息短缺"[2]。对于21世纪的社会科学而言，或许正如沃勒斯坦所言，作为现代性的基本先决条件，确定性的信念"令人蒙蔽、为害不浅"[3]，但是对于民族危机时代的近代中国而言，寻找确定性比抵制确定性更加迫切，创建民族国家则远比反思其"暴力"更合历史实际。换言之，工业灾害调查统计无疑是工业灾害防治的基本前提。

本 章 表 格

表 2-1　遇险工人调查表　　　　　年　月　日

姓名				
年龄				
籍贯				
结婚否				
子女几人				
供养几人				
指定代领恤金之人	姓名		姓名	
	与工人之关系		与工人之关系	
工作种类				
服务年月				
遇险时日				
遇险地点				
遇险前工作地之状况				

---

① 〔英〕戴维·毕瑟姆：《官僚制》，韩志明、张毅译，长春：吉林人民出版社，2005年，第10页。

② 作为"事故共和国"的美国，19世纪末至20世纪有关工业事故的进程，离不开法律和政策中统计方法的兴起，尤其是"精算师"群体的扩大。（参见〔美〕维特：《事故共和国：残疾的工人、贫穷的寡妇与美国法的重构》，田雷译，上海：上海三联书店，2013年）而据实业部中央工厂检查处统计，1934年上海工业灾害次数几乎占全国一半，而1935年则将近85%，社会舆论对其真实性与完整性表示怀疑，认为全国工业灾害的数量可能要扩大8倍（参见《民国二十四年全国工业灾害统计及估计》，《工业安全》1936年第1期）。

③ 〔美〕伊曼纽尔·沃勒斯坦：《所知世界的终结——二十一世纪的社会科学》，冯炳昆译，北京：社会科学文献出版社，2003年，第2页。

遇险时所作之工作	
遇险情形	
遇险原因	
遇险前身体之状况	
遇险后身体之状况	
遇险人伤病时日	
遇险人死亡日期	
遇险人伤病期中之待遇	
遇险死亡者之待遇	
死亡者家族之抚恤	
备考	

资料来源：《矿山灾变调查要目（附表）》，《实业杂志》1929 年第 139 期，有改动。

表 2-2 某地某厂工人伤病报告表（由某年某月某日至某年某月某日）式样

民国时期工业灾害治理研究

姓名	性别		年龄	籍贯		住址		
伤害	原因			患病	原因			
	时间		年 月 日 午 时 分		时间		年 月 日 午 时 分	
	部位				种类			
	停工日数				停工日数			
诊治日数			日	诊治日数			日	
诊治结果				诊治结果				
厂方给予之医药费			元	厂方给予之医药费			元	
厂方给予之津贴费	额数		元	厂方给予之津贴费		额数		元
	受领人					受领人		
厂方给予之丧葬费	额数		元	厂方给予之丧葬费		额数		元
	受领人					受领人		

续表

<table>
<tr><td rowspan="2">厂方给予之抚恤费</td><td>额数</td><td>元</td><td rowspan="2">厂方给予之抚恤费</td><td>额数</td><td>元</td></tr>
<tr><td>受领人</td><td></td><td>受领人</td><td></td></tr>
<tr><td colspan="3">备注</td><td colspan="3">备注</td></tr>
<tr><td colspan="2">总经理</td><td></td><td>协理</td><td colspan="2"></td></tr>
</table>

资料来源：《实业公报》1931 年第 4 期，有改动。

注：1. 伤害栏内原因指受伤之所由，部位指受伤肢体之部位；2. 诊治日数制受医士约束之日期；3. 患病栏内原因应据医士诊断书所载之病原以为记载，其无诊断书者，以据病者所报告之病原记载之；4. 津贴系统指伤病与残疾两种；5. 在津贴栏应将报告期间所给津贴总数填入，如在此期间曾给前项两津贴时，应分别填入，并注明其起止日期；6. 医药津贴、丧葬、抚恤等费，悉以国币计；7. 本表应以长二公寸[①]半宽三公寸之本国白纸制之。

表 2-3　某地某厂灾变事项报告表（某年某月某日）式样

<table>
<tr><td rowspan="4">灾变</td><td colspan="2">种类</td><td colspan="3"></td></tr>
<tr><td colspan="2">场所</td><td colspan="3"></td></tr>
<tr><td colspan="2">原因</td><td colspan="3"></td></tr>
<tr><td colspan="2">日期</td><td colspan="3"></td></tr>
<tr><td rowspan="4">直接影响</td><td rowspan="2">停工</td><td>日数</td><td colspan="3"></td></tr>
<tr><td>人数</td><td colspan="3"></td></tr>
<tr><td>死伤人数</td><td colspan="2">死亡人数</td><td>伤害人数</td><td>总计人数</td></tr>
<tr><td>财产损失估计</td><td colspan="4"></td></tr>
<tr><td>救济经过</td><td colspan="5"></td></tr>
<tr><td>以后预防方法</td><td colspan="5"></td></tr>
<tr><td>备考</td><td colspan="5"></td></tr>
<tr><td>总经理</td><td></td><td colspan="2">协理</td><td colspan="2"></td></tr>
</table>

资料来源：《实业公报》1931 年第 4 期，有改动。

注：1. 种类系指火灾、水患、锅炉、爆裂、房屋坍塌等类；2. 场所系指灾变发生之地方；3. 停工日数及人数系指自灾变发生时起至恢复工作止曾停止全部或一部分工作之日数及未死伤之人数；4. 财产损失估计指直接受灾变损失者，其因灾变停工所受营业上之损失不在其内；5. 救济经过栏填明灾变发生后何时发觉如何救济何时息止等情事；6. 以后预防方法栏，不仅填明此次发生灾变场所之预防，即其他工作场所亦应一并注入；7. 本表应以长三公寸宽二公寸半之本国白纸制之。

① 1 公寸=1 分米。

表 2-4 工厂卫生安全设备调查表

地点：		工厂名称：		工场或分厂：		

制造物品：		工厂人数：___人		男：___人；女：___人；童：___人		

工作场所之地板面积：___平方公尺			工厂构造：甲. 钢筋泥；乙. 砖；丙. 水筋泥			

光线	甲. 窗户之总数：___个；乙. ___高；___宽；丙. 窗之面积总数：___平方公尺；丁. 灯之总数：___盏；戊. 灯之总光力：___烛力
工厂工作情形	甲. 每日开窗次数：___次；乙. 开窗时间：___时___分至___时___分；丙. 火炉数：大. 中. 小；丁. 每室是否有寒暑表；戊. 全长寒暑表总数：___个；己. 热气炉发热面积：___平方公尺
浴室	甲. 设何处：厂内、宿舍内。乙. 淋浴位、盆浴位。丙. 冷水、热水。丁. 肥皂浴巾供给：厂方；自备。戊. 有无女浴室
食堂	甲. 设何处：厂内、宿舍内。乙. 是否与厕所隔近/隔远。丙. 可容男、女、童；丁. 厨房：有纱窗；无纱窗
更衣室	甲. 衣柜：___个；乙. 坐凳：___个；丙. 保管浴者衣服人：有无
厕所	甲. 容人：___位；乙. 每星期洗扫次数：___次；丙. 消毒每日：___次
医院	甲. 全院地板面积：___平方公尺；乙. 窗数：___个；丙. 床位：___具；丁. 医师：驻厂：___人；外来：___人。戊. 看护：___人。己. 无医院者是否与医院订有办法。庚. 厂中医室护士：___人；外来医师每日：___次
托儿所	甲. 可容孩童：___人。乙. 保姆：___人。丙. 最低限制孩童岁数：___月
工人宿舍	甲. 地板总面积：___平方公尺；乙. 间数：___间。床位：___具；丁. 水泥、木板、砖或泥
避险设备	甲. 太平门之总数：___扇。乙. 太平门向内开：___扇；向外开：___扇。丙. 太平门宽：___公尺。丁. 梯数：___座。戊. 梯子有扶手：___个；无扶手：___个。己. 工作时是否开锁。庚. 避嫌标示：___处。辛. 平日练习排队出工厂每年：___次。壬. 电流防护：铁管包线；绝缘线
消防设备	甲. 自来水龙头：___个。乙. 太平桶：___个。丙. 消防手机或灭火机：___具。丁. 帆布水带：___条，共：___公尺。戊. 驻厂消防队：___人。己. 平日值班消防员：___人。庚. 火壁：___面
防疫设备	甲. 各室每星期消毒：___次。乙. 注射是否强制
保护设备	甲. 特种工衣：___件。乙. 手套：___副。丙. 特种鞋：___双。丁. 护目眼镜：___副。戊. 口罩：___个。己. 护头帽：___顶
机器防护	甲. 车轮挡栏有无。乙. 皮带挡栏有无。丙. 锅炉检验每年：___次。丁. 负责机师出身：大学；中学；经验：___年

资料来源：张难先：《浙江省政府训令秘字第七〇五七号（中华民国二十年九月十六日）：令建设厅：准咨送工厂卫生安全设备工人伤病劳工教育等项调查表由（附表）》（表后附有填表技术说明 21 项），《浙江省政府公报》1931 年第 1312 期，有改动。

表 2-5 工厂工人伤病调查表

厂名				厂址		
工人姓名			性别		年龄	
伤害		伤害原因		伤害时期		伤害部位
		停工日数		诊治日数		诊治结果
疾病		患病原因		患病时期		患病种类
		停工日数		诊治日数		诊治结果
备考						

资料来源：熊式辉：《江西省政府训令：建二字第六九五八号（中华民国二十四年六月十九日）：令各区行政督察专员、南昌九江市政委员会：准中央工厂检查处函送工厂灾变调查表及工人伤病调查表请饬属填报等由令仰转饬遵办（附表）》，《江西省政府公报》1935 年第 222 期，有改动。

注：该表由实业部中央工厂检查处制，所填伤病情形以二十三年度为限。

表 2-6 工厂灾变调查表年月调查

厂名		业别		工人数目	男	女	童	总数/人
厂址								
工厂灾变	发生日期							
	原因							
	经过							
	结果	有无死亡		死亡人数/人		有无伤害		伤害人数/人
		损失估计/元						
备考								

资料来源：熊式辉：《江西省政府训令：建二字第六九五八号（中华民国二十四年六月十九日）：令各区行政督察专员、南昌九江市政委员会：准中央工厂检查处函送工厂灾变调查表及工人伤病调查表请饬属填报等由令仰转饬遵办（附表）》，《江西省政府公报》1935 年第 222 期，有改动。

注：该表由实业部中央工厂检查处制，所填伤病情形以二十三年度为限。

表 2-7　主要工业毒品及职业病简表

工业毒品	症状	工业名称
辣素醛	结膜炎、喉头炎	肥皂工人、熬油工人
氨	急性气管炎、肺水肿等	人造冰工人、人造丝工人、炼糖工人等
五烷醇	头胀、呼吸困难、昏厥	制造戊烷醇工人、染色工人等
亚尼林(苯胺)	食欲减退、贫血、肌肉痛等	洋漆匠、橡皮厂工人、染色工人等
锑	口腔咽喉发炎、消化力减退、肾脏炎、肠炎痛等	锑矿工人、火药工人、橡皮厂工人等
砒（砷）	末梢神经炎、麻痹、肾脏炎、黏膜炎、失眠、头疼等	制皮帽者、制皮毛者、制陶器者、橡皮厂工人等
木炭困（苯）	头痛、呕吐、贫血、肝脏肾脏心脏油质退化	橡皮厂工人、漆匠、干洗工人等
二氧化碳(碳)	头痛、呕吐、贫血、精神不振	铁匠、烧砖瓦工人、烧窑工人、烧锅炉工人、炼糖工人
一氧化碳(碳)	头痛、神志不清、呕吐、软弱、赤血球增多	烘面包工人、烧锅炉工人、铁匠、制炭工人、扫烟囱工人、烧窑工人、烧砖瓦工人、冶铁工人、开矿工人、银匠等
二硫化碳(碳)	头痛、四肢痛、耳聋、心跳、呕吐、消化力减退、消瘦、视神经纷乱、性情躁急、性欲过度、意志消失等	人造丝工人、橡皮厂工人、干洗工人、制造火柴工人、炼石油工人、制无烟火药工人、开硫磺矿者等
漂白粉	呼吸困难、气管炎、吐血、结膜炎、汗分泌增多、眼分泌增多	漂白粉制造者、消毒员、染色工人、洗衣者、鞣皮工人
一烷醇	头痛、呕吐、腹痛、耳响、虚弱、失眠、谵妄、呼吸困难、喉头气管黏膜炎、结膜炎、眼底及眼神经损坏、眼盲、肝脏油化	人造丝工人、装订书本者、橡皮厂工人、干洗工人、染色工人、制皮帽工人、制电灯丝工人、制橡具工人、漆匠、人造皮工人、制香水工人、制铜板工人、制肥皂工人、清洁铅字工人等
石油精(汽油)	头痛、呕吐、呼吸困难、心跳、失眠、希司忒利亚	汽车夫、揩金属者、漆匠、炼石油者、橡皮厂工人、制油布者、制雨衣者等
硝基碳困（硝基苯）	皮肤发青黄色、身体软弱、贫血、血尿、蛋白尿、视神经错乱、呼吸困难、口有杏仁气味	香水工人、无烟火药工人、制肥皂工人、颜料工人等
硝酸甘油	剧烈头痛、呕吐、头部眼部及四肢肌肉麻痹、脸发青红、咽喉及胃灼痛、呼吸及心跳缓慢、腹痛、脚底干燥破裂	应用炸药工人及制造炸药工人
硝酸	气管刺激、呼吸困难、牙齿剥蚀、鼻隔穿孔、结膜炎	制造人造皮者、漂白者、制皮帽者、制无烟火药者、珐琅磁工人、火药工人、制人造肥料者、制毛皮者、制假珠者、制电灯泡者、制铜板者、冶金者、制造硫酸工人

工业毒品	症状	工业名称
石油	皮肤发炎、脓化、溃疡、头痛、知觉失常、呼吸器失常、乳头状瘤	石油厂工人、石油井工人、炼石油工人、制羽毛工人、揩家具工人
石炭酸	皮肤侵蚀、湿疹、消化阻碍、呼吸器刺激、肾脏炎、黄疸消瘦	染色者、橡皮厂工人、无烟火药工人、制造外科敷料工人、应用柏油工人
光气	肺气肿、肺水肿、气管炎、支气管扩张、呼吸困难	制光气者、制颜料者
氯（气）	颜色灰白、消瘦、牙齿剥蚀、气管刺激、气喘、消化阻碍	漂白粉制造者、消毒员、洗衣工人等
铬	皮肤剥蚀性溃疡、鼻隔穿孔、结膜炎、弱度局部肺炎、肾脏炎、慢性胃病、贫血	制电池工人、制有色洋烛工人、橡皮厂工人、染色工人、制墨水工人、制火柴工人、制颜色铅笔工人、照相者、鞣皮工人等
氰	头痛、呕吐、战力不定、消化减退、蛋白尿	铁匠、染色工人、电镀工人、冶金冶银者、熏烟消毒员等
二一烷硫	腐蚀皮肤、黏膜、眼泪增多、嗓哑、水肿、畏光	二一烷硫制造工人、染色工人、制香水工人
盐酸	结膜炎、喉头气管黏膜炎、龋齿	染色工人、烧珐琅磁工人、制人造肥料者、制窑器者、橡皮厂工人、鞣皮工人
（氢）氟酸	剧烈之结膜炎、喉头气管炎、鼻孔牙龈口腔黏膜腐烂	染色者、用人造肥料者、制造花玻璃者
铅	口有金属味、呕吐、食欲缺乏、便秘、头痛、关节痛、手足无力、并震颤、末梢神经萎缩、手足麻痹	制水电池者、烧窑者、制电线者、制罐头者、橡皮厂工人、电镀者、造珐琅磁者玻璃厂工人、冶金者、制电灯泡者、漆匠、冶铅者、制铅笔者、制铅管者、铅矿工人、制火柴工人、制反光镜者、制铅字者、制人造皮者、炼石油者、制砂皮者、染皮者、制锡纸者等
水银（汞）	牙齿肿胀流血发炎并有蓝色线、消化阻碍、四肢无力并震颤、牙齿剥蚀、口臭、精神萎靡、神志不清失眠等	制干电池工人、制皮帽者、染色者、制皮毛者、冶金者、制电灯泡者、制造太阳灯者、开水银矿者、制反照镜者、漆匠、制寒暑表者等
磷	下颌骨与骨膜发炎及败坏、牙齿摇动或脱落、消化阻碍、消瘦	人造肥料、火柴制造工人、炼磷者、开掘化石工人等
二氧化硫	刺激气管黏膜、气管发炎、黏膜炎、消化不良	烧瓦砖者、染色者、制人工肥料者、熏烟消毒者、冶铅冶水银者、制硫酸工人、鞣革者、烧陶器者

工业毒品	症状	工业名称
硫酸	肺管发炎、牙齿磁面损坏	制人造皮者、制石炭酸者、制颜料者、制炸药者、制皮帽者、制人造肥料者、制火药棉花者、制盐酸者、制硝酸甘油者、炼石油者、橡皮厂工人、制水电池者、鞣革者
松黑油	呕吐、腹泻、头痛、蛋白尿、水肿、结膜炎、肺管炎	制干电池者、造刷子者、扫烟囱者、制炭者、漆匠、炼石油者、炼松黑油者
松节油	鼻眼气管黏膜发炎、头痛、表皮硬化、肾脏刺激	橡皮厂工人、印字者、干洗者、制珐琅磁者、制羽毛者、漆匠、制松节油者
炭疽杆菌	面部红肿疼痛脓化、体温增高、神志不清	制羊毛者、制猪毛刷者、制马鬃刷者、制地毡者
石屑（粉尘）	咳嗽、吐血、消瘦（与肺病同）	石匠、洋灰匠、建筑匠等

资料来源：《主要工业毒品及职业病简表》，实业部中央工厂检查处编：《中国工厂检查年报》，1934 年，第三章第 73—76 页，有改动。

表 2-8　省（市）社会处（局）工厂矿场灾变调查表（呈报时间：　　年　月　日）

厂矿名称		地址		业别		负责人	
工人总数		职员总数			灾变发生时间		
灾变种类				灾变发生部分			
灾变发生原因与责任							
灾变影响及经过	职员工人伤亡共计　人（死亡　人，轻伤　人，重伤　人）						
	财产损失共计				停工日数		
	经过情形						
善后办法	预防办法						
	伤亡员工津贴抚恤						
备考							

资料来源：《台湾省社会处代电：叁柒午艳社丙字第五一〇一号（中华民国卅七年七月廿九日）（不另行文）：奉颁工厂矿场灾变调查表希查照办理》，《台湾省政府公报》1948 年秋字第 26 期，有改动。

第三章

法制建设与安全检查

本章主要围绕工业安全的立法与执法两个问题展开讨论。第一次世界大战结束后，国际劳工保护运动勃兴，相关立法思想深刻地影响了中国。北京政府和南京政府相继制定《工厂法》，劳动安全卫生问题是其中的重要内容。为了贯彻执行相关法规，工矿安全卫生检查成为南京政府的重要政务之一，日本全面侵华战争打断了工矿安全卫生检查工作，但20世纪40年代又继起续接。本章首先梳理有关立法方面的内容，再历时性地检讨工矿安全卫生检查行政的展开。

第一节　工业安全立法

一、北京政府的工业安全立法

随着产业革命兴起、工业化发展与国际市场日益形成，劳工问题逐渐演化成为世界性问题，而各国合作解决劳资纠纷遂成世界潮流。作为国际保护劳工运动的产物，国际劳工组织之目的，则在于通过国际合作促进国际保工立法运动，运用和平手段解决世界劳工问题。[1]《凡尔赛和约》之"劳工编"不仅规定了国际常设劳工机关的组织法，同时制定了改善劳动状况的一般性原则。[2]根据《凡尔赛和约》，国际劳工组织于1919年在日内瓦成立，国际联盟会员国即为国际劳工组织会员国。因此，中国成为国际联盟之原始会员国，同时也成为国际劳工组织之会

---

[1] 田彤：《民国劳资争议研究：1927—1937年》，北京：商务印书馆，2013年，第217页。

[2] 国际劳工局特撰：《国际劳工组织的目的及其历年成绩（附表）》，张明养译，《东方杂志》1930年第27卷第23期。

员国。

1923年3月29日，北京政府农商部根据第一次国际劳工会议特别国委员会之主张，制定颁布《暂行工厂通则》，共计28条。其适用范围：一是雇用工人人数超过100名的工厂；二是工厂生产具有"危险性质"或者"有害卫生"。对于安全卫生问题，规定厂内对工人卫生以及预防危险，应有"相当之设备"。行政官署必须随时派员检查。如果行政官署认为工厂附设建筑物和生产设备容易产生危险，厂主应遵令予以改良。《暂行工厂通则》比较重视童工问题：一是禁止童工从事机械运转或传导动力装置等危险环节的相关工作，包括扫除、注油、检查、修理及带索之调整上卸等；二是禁止童工处理毒药和爆炸性物品；三是禁止童工在有害卫生或危险处所工作。值得注意的是，关于工人抚恤问题，《暂行工厂通则》要求厂主拟定抚恤规则，呈请行政官署核准。[①]

1923年5月，北京政府农商部围绕矿业或煤矿安全问题，相继颁布《矿业保安规则》和《煤矿爆发预防规则》，二者均超过50条，规定极其琐细。《矿业保安规则》对矿场预防水患和倒塌的措施进行了专业性规定，而对矿场灾变问题，仅仅规定矿场必须设法补救和救护，而矿工如因工作负伤或死亡时，则仅要求矿方按照《矿工待遇规则》抚恤，并于次年2月以内按照部定程式汇报。[②]《煤矿爆发预防规则》旨在预防煤矿爆炸，其中第7章关于灾变问题的规定，与《矿业保安规则》保持了统一，但对救护问题，要求矿方斟酌情形组织救护队，而救护队可由矿方共同组织，亦可单独组织，"悉听其便"，相关组织方法以及救护机器之种类和数量，须呈报矿务监督备查。[③]

《矿业保安规则》中涉及的《矿工待遇规则》，亦由农商部于1923年5月公布。除了涉及矿场卫生问题之外，则系矿工医疗和抚恤问题的规定。一是矿工如因工作受伤，矿方应承担医治费用，同时不能扣除矿工伤病期内应得之工资。二

---

① 《暂行工厂通则（十二年三月农商部令公布）》，《上海总商会月报》1923年第4期。

② 中国第二历史档案馆编：《中华民国史档案资料汇编》（第3辑·工矿业），南京：江苏古籍出版社，1991年，第103—109页。

③ 中国第二历史档案馆编：《中华民国史档案资料汇编》（第3辑·工矿业），南京：江苏古籍出版社，1991年，第112—115页。

是因工作受伤致残者，分两种情况进行抚恤，终身失去全部工作能力者，发放两年以上之工资；终身失去部分工作能力者，给予一年以上之工资。三是因工作死亡者，给予 50 元以上的丧葬费，并给予其遗族两年以上之工资。四是有关矿工负伤、患病、死亡及受伤程度问题，矿务监督因当事者要求，必须加以审查并进行裁决。[①]

1926 年冬，国民革命军克复武汉，工潮继起，湖北政务委员会为使劳资双方"同受公平法律之制裁起见"，乃制定《临时工厂条例》，计 23 条，规定童工及女工不得从事夜工及含危险性或有害卫生之工作，劳工伤害医药、抚恤金等，须得工会同意。次年春，湖北政务委员会为实施该条例，制定《湖北产业监察委员会条例》，将考察工厂主是否遵行政府法规及工厂工会双方协定之条件作为产业监察委员会的任务之一[②]，"近于工厂检查，而职权过之"[③]。

1927 年 10 月 27 日，北京政府将《暂行工厂通则》修订为《工厂条例》，共50 条，内容较前者详备，由张作霖以大元帅名义公布。《工厂条例》明确指出，自该条例公布之日起，前农商部公布的《暂行工厂通则》"应即废止"。《工厂条例》的适用范围为雇用工人超过 15 名，或者"含有危险性质，或有害卫生者"的工厂。其中第 16 至第 27 条有关禁止童工涉及危险性工作的规定，与《暂行工厂通则》完全一致，工厂安全卫生检查问题，仍由地方行政官署负责，但规定由农工部派遣的工厂监察官拥有最高职权。《工厂条例》中创新性地规定，厂主对工人应实行灾害保险，但对厂主违反《工厂条例》，则仅科以 300 元以下罚金。[④]

同年 11 月 2 日，《监察工厂规则》第 27 条由张作霖以大元帅名义指令备案，由农工部颁布公布。监察工厂事宜，它由农工部工厂监察官执行，工厂监察官得由部派，令分驻国内各工业区域执行职务，并设立办事处。与安全问题有关的监察事项包括各工厂之安全设备及处理灾变事项、改善劳工待遇事项、劳工教育及

---

① 中国第二历史档案馆编：《中华民国史档案资料汇编》（第 3 辑），南京：江苏古籍出版社，1991 年，第 109—112 页。

② 刘巨壑：《工厂检查概论》，上海：商务印书馆，1934 年，第 99—100 页。

③ 实业部中央工厂检查处编：《中国工厂检查年报》，1934 年，第一章第 1—2 页。

④《工厂条例（十六年十月农工部呈准）》，《司法公报》1927 年第 243 期。

卫生事项、劳工保险及储蓄事项、劳工救济及抚恤事项、关于工时及危险工作之限制事项。无论何种工厂，每年至少检查一次，对于"发生变故被控有案，或安全设备未尽完善，以及危险工作有碍工人健康之工厂，应特别勤加检查，以昭慎重"。厂主或管理人如违反该规则或奉行不力，经警告而不悔改者，由工厂监察官"酌量议罚"，并呈部核办。监察官施行检查后，将必须改良事件通知厂主或管理人，限期改革之，并随时呈部查核。工厂若存在妨害工人健康、影响地方安全、违背法律命令、机械安设不合法或将来可能发生灾变这五种情形之一，工厂监察官将令其停止全部或一部分工作。①

《暂行工厂通则》虽然未经国会通过，"不能视为国法"，然而"已开我国工厂法规之先声"。该通则颁布以后，北京政府农商部曾派员分赴各工业区域视察，编为报告，"惜各省军阀，割据专权，政令不行，未著成效"②。国际劳工局则认为，由于中国持续不断的内战、"收回外国租界的纠纷"以及1928年7月国民革命军占领北京的胜利，《暂行工厂通则》成了一种"死的文件"③。

二、南京政府的工业安全卫生立法

南京政府建立初期，可谓"踌躇满志"，对外谋求国家独立自由，废除不平等条约，对内注重塑造"扶助农工"的新形象④，努力消弭劳资冲突，以便实现社会安定和促进经济发展。与此相适应，出台了以《工厂法》为核心的一系列劳动法规，而工业安全卫生问题，即系其中重要内容。

1929年12月30日，南京政府公布了《工厂法》。第3条规定工厂伤病种类及原因呈报主管部门。第4条规定工厂每6个月应将"工人伤病及其治疗经过"和"灾变事项及其救济"呈报主管部门。第7条规定童工和女工不能从事的7类工种，"处理有爆发性引火性或有毒质之物品；有尘埃粉末或有毒气体散布场所之工作；运转中机器或动力传导装置危险部分之扫除、上油、检查、修理及上卸

① 刘巨墼：《工厂检查概论》，上海：商务印书馆，1934年，第101—104页。

② 实业部中央工厂检查处编：《中国工厂检查年报》，1934年，第一章第1页。

③ 国际劳工局特撰：《国际劳工组织的目的及其历年成绩（附表）》，张明养译，《东方杂志》1930年第27卷第23期。

④ 田彤：《民国劳资争议研究：1927—1937年》，北京：商务印书馆，2013年，第220页。

民国时期工业灾害治理研究

皮带绳索等；高压电线之衔接；已溶矿物或矿滓之处理；锅炉之烧火；其他有害风纪或有危险性之工作”。第41条至第44条集中于工厂安全与卫生设施，详细要求工厂必须配置有关工人身体、工厂建筑、机器装设以及预防火灾水患4类安全设备，配置空气流通、饮料清洁、盥洗室及厕所、光线以及防卫毒质等5类卫生设备。工厂应对工人进行预防灾变之训练，主管部门发现工厂安全卫生设备不完善，必须令其限期改善。第45条至第48条集中于工人津贴与抚恤问题，规定“劳动保险法”施行前，工人因执行职务而致伤病或死亡者，工厂应支付医药补助费或抚恤费，细分为3种情况，因伤病暂时不能工作者，厂方负担医药费，并每日支付平均工资三分之二之津贴，如6个月尚未痊愈，每日津贴降至二分之一，以1年为限；因伤病致残，或永久性失去全部或部分工作能力者，根据不同残疾程度承担残疾津贴，但总额不能超过3年平均工资之和，不能低于1年平均工资之和；死亡工人享有50元丧葬费，其家属享有300元抚恤费以及2年平均工资。平均工资之计算，以工人在厂最后3个月之平均工资为标准。丧葬抚恤费一次性支付，而伤病津贴、残疾津贴则分期支付。工厂发生灾变，导致工人死亡或重大伤害，应于5日内将其经过及善后办法呈报主管部门。《工厂法》第12章“罚则”规定，工厂违背第45条规定者，处以50元以上200元以下罚金。[①]

《工厂法》颁布之后，反响强烈，争议不断。[②]国民政府搜集了社会各界的相关意见，吸纳了一部分社会建议，于1933年颁行《修正工厂法》。与前一《工厂法》比较，有关安全卫生方面的条款基本一致，其中第45条有细微修订，也就是关于工人因执行职务而致伤病或死亡时，工厂承担的医药补助和抚恤费问题，仍然细分为3种情况，但是规定了资本在5万元以下的工厂，相关补助及抚恤标准“得呈请主管官署核减其给与数目”[③]。

1942年12月24日，国民政府公布了《修正工厂法》，第3条规定工厂伤病种类及原因呈报主管部门。第4条规定工厂每个月应将“工人伤病及其治疗经过”

---

① 顾炳元编：《中国劳动法令汇编：三版续编》，上海：法学编译社，1947年，第55—67页。

② 可参阅朱正业，杨立红：《试论南京国民政府〈工厂法〉的社会反应》，《安徽大学学报（哲学社会科学版）》2007年第6期。

③《市府公布修正工厂法全文（续）》，《申报》1933年2月6日，第13版。

和"灾变事项及其救济"呈报主管部门。与1929年《工厂法》相比,从半年一报告改为每月一报告,其中死亡工人丧葬费不变,但抚恤费金额由两年平均工资改为三年。其余安全卫生方面的规定完全一致。[①]1947年,国民政府社会部亦有修正《工厂法》之议,但颁布与施行的机会已经不多了。当年9月,社会部认为《工厂法》施行已久,其内容多有不合实际需要之处,社会部分别予以修正,并呈行政院核示。修正要点主要有:一是扩大适用范围,将《工厂法》第1条修正为"凡用发动机器之工厂,平时雇用工人在三十人以上者,或未用发动机器,而平时雇用工人在六十人以上者之工厂,亦可使用本法",使未用发动机器工人,亦能同样获得法律保障。二是确定主管官署,《工厂法》第2条原为"本法所称主管官署,除有特别规定者外,在市为市政府,在县为县政府",将这一表述修正为"本法所称主管官署,在中央为社会部,在省市县为其主管行政官署",其余为工资给付和工人入厂检查问题。[②]

以上是国民政府《工厂法》有关工业安全卫生方面的规定。下面笔者再对1929年《工厂法》的配套法规进行梳理。

1931年秋季来华的国际劳工局专家波恩、安得生[③],在密呈我国实业部的"备忘录"中曾经指出,《工厂法》第41条和第42条的规定过于笼统和概括,必须予以明确,因此建议国民政府尽快公布各种工业及工作卫生安全的详细规则,实业部应该从速聘请专家(至少有医生与工程师各1人)预备此项规则,并且声称国际劳工局愿意提供相关材料作为参考。[④]而实际上,《工厂法施行条例》对《工

---

① 《修正工厂法》(三十一年十二月二十四日国民政府公布),《吉林省政府公报》1946年第24期。

② 《社部呈请政院修正〈工厂法〉:扩大适用范围列入工厂检查》,《商业月报》1947年第23卷第10期。

③ 亦译为安德森、安特生或安得森,曾任英国工厂女检查长。1923年12月曾受中华全国基督教协进会委托,并获国际劳工局赞同,来华研究工厂情况。在上海,她与中外厂商代表人物及社会团体就《暂行工厂通则》等问题进行了广泛交流,协助上海的基督教工业委员会另定"通则",次年3月访问北平时,受到农商总长颜惠庆博士和农商部劳工司司长颜鹤林博士的接见。参见刘明逵、唐玉良主编:《中国近代工人阶级和工人运动·第一册——鸦片战争至大革命时期工人阶级队伍和劳动生活状况》,北京:中共中央党校出版社,2002年,第798页;《工业委员会讨论工厂通则、邀请安特生女士共同研究》,《申报》1923年12月20日,第15版;《工业委员会开会纪》,《申报》1923年12月21日,第14版;《工业会讨论工厂通则》,《申报》1923年12月27日,第17版。

④ 实业部中央工厂检查处编:《中国工厂检查年报》,1934年,第一章第24页。

厂法》中的安全卫生问题进行了细化。

1930 年 12 月，国民政府公布了《工厂法施行条例》，共 38 条，1932 年 2 月予以修正。有关工业安全方面的规定，主要包括工厂对有毒工业原料的使用，视其性质与数量，进行过滤、沉淀、澄清及分解，不能将其随意散布或抛入江河池井。危险性制造场所严禁儿童进入，工厂内严禁吸烟及携带引火物品，聘请专家定期对机器和锅炉进行安全检查，建筑物及其附属场所设置一定数量的安全门梯，门窗设置向外，工作时间不能锁闭。工厂建筑，应由注册工程师按照《工厂法》有关规定进行计划，而产品和原料具有危险性，或者生产过程外溢气体或液体危害公众卫生，其建筑物和建筑地点须由主管官署核定。①

1931 年 2 月，国民政府又颁布《工厂检查法》，同年 10 月 1 日起施行②，1935 年予以修正。③《工厂检查法》共 20 条，将《工厂法》所规定的工厂安全、工厂灾变和工人死亡伤害等作为工厂应检内容。第 3 条涉及行政机关和权责问题，规定工厂检查事务由中央劳工行政机关委派工厂检查员办理，必要时由省市主管厅局派员检查。省市所派工厂检查员受中央劳工行政机关之指导监督。第 4 条划定了工厂应检事项的范围，与工厂安全卫生问题有关者为"工厂法第八章及其他劳动法规所规定之工厂安全及卫生设备事项""关于工厂灾变、工人死亡伤害事项"。第 5 条是工厂检查员的任职资格，具体分为三种：一是国内外工业专门以上学校毕业，并经训练合格；二是曾在工厂工作 10 年以上，具有相当学术技能并经训练合格；三是毕业于国内外工业专门以上学校并取得技师证书。相关资格审查及训练，由中央劳工行政机关办理。工厂检查员应依中央劳工行政机关之规定，赴管辖区域内工厂及其附属工作场所进行定期或不定期之检查，每 3 个月将其所检查区域内有关工厂灾变统计、工人伤病统计、安全状况等详报主管官署。对于工厂存在《工厂法》第 44 条规定的情况，检查员应即报告主管官署核办。对于工厂安全或卫生事项，如有必须立时纠正者，工厂检查员应加以纠正。工厂检查员得向厂方和工人就"增进安全，杜防危险"提出意见，并设法促进双方合作，实现改

---

① 《工厂法施行条例》，《立法专刊》1933 年第 4 期。
② 《定工厂检查法施行日期令》，《法令周刊》1931 年第 65 期。
③ 《公布工厂检查法第三条第五条第十五条修正条文令》，《法令周刊》1935 年第 251 期。

进工厂卫生和安全之目的。[①]

　　根据《工厂检查法》第 5 条之规定，实业部于 1931 年 4 月公布了《工厂检查人员养成所规则》，明确规定工厂检查员训练事项，包括工人各项统计、工厂安全卫生检查、工人待遇及福利检查和推行劳动法令。同时规定训练人员由省市政府选送，训练期限 3 个月。稍后又颁布《工厂检查人员养成所办事细则》，其中课程内容有劳工问题、劳动法规、中国工业概况、比较工厂检查法、工厂安全、工厂卫生、公文程式、工业会计、工厂管理、工业伦理、工业统计、工厂参观等。[②]

　　1936 年 6 月，国民政府公布了《矿场法》，适用范围是同时雇用坑内工作之矿工超过 50 名的矿场。关于《矿场法》与《工厂法》的关系问题，明确规定“矿工之工作及待遇、矿场之安全及卫生，除依本法规定外，适用《工厂法》及其施行条例之规定”。此外，《矿场法》第 24 条规定，对“多量粉尘飞散之选炼场”，必须保证场内充分供给新鲜空气，配置“避免粉尘混入饮料之设备”，食堂和盥洗室设于距离选炼场较远之处，存在有害气体或粉尘飞扬之选炼场，除前项规定之外，还应常备碱或其代用品，“令矿工于食前盥漱”。第 25 条集中于矿工医疗急救问题，规定“聘请或特约有经验之医师”、常备必要的救急及医疗药物和器具，以及设置诊疗所，矿工超过千者则设立医院，同一地域若有多个矿场，则合设医院。第 26 条明确规定矿场职业病的预防设施，即配备防范职业病发生的设备，并将预防方法告知矿工，“限其遵守”。对违反上述规定者，处以 100 元以下罚金。[③]有学者从立法史的意义上肯定了《矿场法》的先进性，认为其中“很多规定也是我国有史以来的首次”，同时指出，从法律角度看，《矿场法》只有公布日期，没有施行日期，因此“一直到 1949 年也没有在中国执行”[④]。

　　韦伯曾经指出，现代国家系以专业官僚阶层与“合理的法律”为基础，此种合理的法律具备形式主义的特征，或者说有如“机械般可以计算”，“礼仪的、

民国时期工业灾害治理研究

---

　　① 《工厂检查法》，《湖北建设月刊》1931 年第 3 期。

　　② 《实业部工厂检查人员养成所办事细节》，《法令周刊》1931 年第 53 期。

　　③ 《矿场法（转录六月十三日大公报）》，《新中华》1936 年第 16 期。

　　④ 参见孙安弟：《中国近代安全史（1840—1949）》，上海：上海书店出版社，2009 年，第 237 页。

宗教的、巫术的观念都得清除掉"。①虽然韦伯对中国能否发展成为"合理的国家"并不肯定，但就清末以降的社会转型而言，则无疑渐趋于现代理性国家建设的方向②，而有关工业灾变的法规，其形式理性的特质则比较明显。

第二节　工矿安全检查

工厂检查是近代工业国家不可或缺的行政职能，在工业安全与人道关怀方面，意义至为重大。③曾任实业部中央工厂检查处检查员的刘巨壑，在其《工厂检查概论》一书中，对工业安全立法与执法之间的关系，进行了扼要阐述。他说：

"自工业革命以来，劳资两方，鸿沟相对，冲突纷纠，几遍世界。其影响国家治安，社会秩序，实业，经济，教育，卫生，法治，人种，国防诸端者甚大。固不仅劳资两方利害已也。于此而欲保持国家社会之安宁，及实业，经济……诸端之发展；必自调和其冲突，解释其纷纠始。调和解释之道：首在立法，次在行法。立法：如《工厂法》《劳资仲裁法》及其他《劳工保护法》等是也。行法；除属普通司法者外，如督促劳资各法之施行，消弭劳资法争之背景，建议劳资法令之补充，则工厂检查责任也。执行工厂检查者，则工厂检查官吏也。发布工厂检查之命令；处理检查所得之事项者，则工厂检查行政官署也。命令之根据，检查之轨范，准诸《工厂法》《工厂检查法》及其他有关法令也。立《工厂检查法》，设工厂检查机关官吏以行之者，正如国家司法行政中之检察官署也。工厂检查官吏，除监督法令施行外，尚有融洽劳资两方感情之责任，亦犹司法机关人事调解之意也。故工厂检查官吏：一方受上级之命令，执行其职务；一方受劳资各方之信任，坚强其协调：倘设置完备，办理得人，固不仅劳工之福，抑亦资方之利，国家社会之幸也。"④前已指出，北京政府相关法规，确系一纸具文。因此，此次

---

① 〔德〕马克斯·韦伯：《经济通史》，姚曾廙译，韦森校订，上海：上海三联书店，2006年，第217—225页。

② 1930年前后，"合理化"在我国曾一度成为时髦新词，浙江省建设厅成立了"实业合理化研究会"（《浙江省建设厅招考实业合理化研究会研究员通告》，《申报》1930年11月9日，第5版），何应钦则将政治合理化解释为优化政治组织和提高政治效率（《何应钦报告节约运动》，《申报》1930年2月5日，第9版）。

③ 张遵时：《工厂检查平议》，《纺织时报》1931年第836期。

④ 刘巨壑：《工厂检查概论》，上海：商务印书馆，1934年，第1—2页。

主要讨论南京政府的工矿检查行政。

一、南京十年时期的工厂检查

以《工厂法》为核心的一系列法规条例的颁布，虽然基本上确立了法制基础，但要实现工业安全，尚需进行工厂检查，也就是刘巨壑所谓的"行法"。1929 年《工厂法》颁布之后，工厂检查工作主要由实业部劳工司等部门执掌，并于 1931 年设立工厂检查人员养成所，训练工厂检查人才，在部内组织工厂检查研究及辅助机构，以期工厂检查切实推行，但历经两年有余，"成效殊鲜"。因而实业部认为，检政之推进必须在中央设立专管机关，担负指导监督责任，方可收统一之效。1933 年 6 月，时任实业部部长陈公博向行政院提议"从速组织中央工厂检查处"。其提议声称："《工厂法》暨《工厂检查法》，早经公布施行，而工厂检查工作，迄未普遍推进，盖以工厂检查行政，事属创举，劳资双方，多昧本旨，易滋误会：资方则以工厂检查纯为保护劳工，而劳方则以工厂检查反足限制自由，殊不知保护劳工，即所以增加生产，而限制劳工自由，即所以改进其生活……两载以来，切实推行者实不多观，即已经举办者，亦各自为政，无统一监督机关，未能臻全国于一致，是以进行每多阻碍，而成效未易表现也……或为切实施行工厂检查，与统一工厂行政起见，则中央工厂检查处，似有从速组织之必要。"行政院第 107 次会议议决通过，当年 8 月 6 日正式成立。①

1933 年 8 月至 1934 年 6 月，工厂检查处完成的主要行政工作包括制定地方工厂检查所组织简则；拟定初期检查计划，督促尚未实施工厂检查之各省市切实施行；函请各省市政府转饬各主管官署报告实施工厂检查报告；编撰二十三年度工厂检查年报；编译工厂安全卫生各方面之书报小册。1934 年 7—12 月，完成的主要行政工作有督促各省市政府切实施行工厂检查程序第一期各项工作；督促各省市政府转饬所属检查员将施行检查经过每三个月报告一次并转本处以凭考核；摄制有关工厂安全卫生影片；督促各省市政府组织各地工厂安全卫生委员会；编印《工厂检查员须知》；呈请实业部转请修改《工厂检查法》；调查全国工厂卫生状况；督促各省市

民国时期工业灾害治理研究

---

① 实业部中央工厂检查处编：《中国工厂检查年报》，1934 年，第二章第 1—3 页。

政府转饬办理职业病之调查统计；督促各省市政府转饬各工厂定期训练急救并置办急救设备；督促各省市政府转饬各工厂对于带有传染病菌之原料施以适当之消毒；训练工厂检查员之工厂卫生检查技术；拟定工厂诊疗设备标准预算；与各国工厂检查机关及有关安全卫生团体进行联络。编辑工厂检查之书报小册。此外还有组织工厂安全卫生研究会、制定主要工业毒品及职业病简表、调查各地工厂医疗设备状况、调查各地工厂伤病情形及工厂灾变概况、规定工业分类标准等。[①]

国际劳工组织专家波恩、安得生两人根据西方各国工厂检查的经验和在沪实地调查劳工状况的特点，向国民政府提出了实施《工厂法》和进行工厂检查的对策。他们认为，欲求工厂检查能顺利迅速，则必按部就班进行，使工厂检查逐渐发展，从而最终实现完全能够督察《工厂法》之执行。他们警示说，如果设立伊始即求实施《工厂法》之全部条款，则检查员之工作恐有全部停顿之虞。因此，他们主张在预备期间，工厂检查员之工作，应仅限于重要事项，"取其特殊急切而在雇主与工人组织方面不致发生任何反感者"。他们具体设计了工厂检查的三个时期，第一时期截止到1931年底，检查员应至本地各工厂参观，与工厂经理接洽，收集有关雇用工人人数的材料，并发放登记簿，要求厂方登记法定必须具载之详情。第二时期，检查员当以工厂卫生与安全为重点，如果发现工厂存在危险环境或者疏忽之处，应请厂方立即加以改善。检查员应对所遇见之灾害进行调查，且须考察工厂是否依照《工厂法》第48条规定，立即呈报工厂灾变。同时着重考察有关童工不得从事之危险工作的法律条款是否尽力执行。第三时期检查休假等问题。[②]

波恩、安得生关于工厂检查的渐进式策略，基本上被中央工厂检查处采纳。1934年上半年制定的"工厂检查实施程序"共分为五个时期：第一期为工厂纪录事项，如工人津贴及抚恤事宜、灾变死亡伤害事项等；第二期为安全与卫生设备事宜，工厂安全与卫生设备依照《工厂法》第41条及第42条之规定办理，工厂对工人预防灾变之训练，应依《工厂法》第43条之规定办理，工厂安全或卫生设备不完善时，工厂检查员应依《工厂法》第44条之规定，呈报主管官署办理；第

---

① 实业部中央工厂检查处编：《中国工厂检查年报》，1934年，第三章第1—89页。

②《中国工厂检查报告》，《国际劳工消息》1932年第2卷第6期。

三期是关于工作时间事项；第四期是关于童工年龄事项；第五期亦为工作时间事项，但与第三期已不完全相同，并且继续检查第一期至第四期所规定的应检事项。工厂检查处颁发实施程序时，特别声明："《工厂法》《工厂检查法》相继颁布，且已付诸施行，本处职司指导及监督全国工厂检查，自当依法执行，用观成效。但我国工厂生产，不仅落后，且复衰敝，爰经详审劳资双方之环境与需要，制定工厂检查实施程序，秉循序渐进之原则，将《工厂法》各条款，按其缓急与难易而厘定实施之先后。惟列在本程序第一期之条款，在第二期仍应继续检查，余以类推，毋得间断，至每期所规定应检查之事项，必须于后一期未实施时办理完竣，以利整个程序之推进。"[1]

尽管时间上有先后之分，力度上有大小之别，但各省市基本上都能遵照中央工厂检查处的实施程序进行工厂检查。值得特别指出的是，工业中心——上海由于租界工厂检查问题的梗阻，直到1937年上半年方才制订工厂检查计划。其检查工作亦分五期实施，第一期自4月1日至6月底。第二期集中于安全与卫生设备事项，其余均与中央工厂检查处的实施程序一致。[2]

二、工厂检查的中断与继起

上海工厂检查程序第一期完成之时，全面侵华战争即将爆发，其后即为全面抗战时期。1938年1月，经济部取代了实业部，尽管其职能并无太大变动，但工厂检查处由于无法执行检查工作，遂随实业部改组而撤销。[3]抗日战争胜利后曾任社会部工矿检查处处长的包华国[4]总结说，"七七抗战发生，因租界内工厂检查交

---

[1]《中央工厂检查处决定工厂检查程序》，《申报》1934年4月4日，第11版。

[2]《沪市工厂检查决分五期实施，第一期已开始六月底截止，第二三四五期程序已规定》，《申报》1937年4月15日，第10版。

[3] 社会部工矿检查处：《我国工矿检查实施概况（附表）》，《社会工作通讯月刊》1947年第4卷第11期。

[4] 包华国（1902—1963），四川成都人，祖籍广东。1926年毕业于清华学校。1927年留学美国斯坦福大学。1932年任国民政府实业部劳工司科长，主管国际劳工事务。1934年派赴日内瓦国际劳工局，任中国常驻代表并出席历次国际劳工大会。1937年全面抗日战争爆发后自动请调回国，奉委为第三战区司令长官政治部主任秘书。1938年7月，任三青团中央团部宣传处副处长，并历任三青团重庆支团主任、国民党重庆市党部委员、国防最高委员会秘书、社会部福利司司长。1941年10月，任重庆市社会局局长，组织重庆空袭服务总队，自兼副总队长。1944年改任重庆市参议员。1947年当选为立法院立法委员。1949年去台湾。1963年12月15日病逝。（参见中国第二历史档案馆、《中国抗日战争大辞典》编写组：《中国抗日战争大辞典》，武汉：湖北教育出版社，1995年，第204页）

涉权未能顺利解决，业务之进展大受影响，复因矿场法颁布未久，尚未明令规定实施之日期，即遇抗战发生，因以亦未能发生实效。抗战发生，实业部改组为经济部。原有工矿业比较发达之地区先后沦陷，多少工矿机器设备，迭经千辛万苦，方始迁移至后方从事生产。为客观环境所限，欲求增加生产，以争取最后胜利，自不能彻底实施工厂法矿场法，工矿检查之停顿，自在意中"①。

随着内地工矿企业的逐步发展，工矿检查逐渐提上日程。经济部认为，实业部既已改隶，经济部则依法接管劳工行政，而实施工厂检查不仅关系劳工福利之促进，且可鼓励生产效率之提高，"经济部以我国工厂检查事宜，查经由实业部筹划实施，该部改隶以后，依法接管劳工行政，当以实施工厂检查，不仅关系劳工福利之促进，且可鼓励生产效率之提高"。因此，经济部将工厂检查事宜纳入其 1941 年度行政计划，并经行政院核准，拟先就川、黔、桂、陕、渝等省市试行工厂检查。对于工厂检查的范围，经济部充分考虑抗日战争期间的实际情况，认为"际兹抗建期中，一般工厂设施自难完毕"，因此为了推行顺利，对于检查事项，仅限于《工厂法》所规定之较易推行者，如童工、女工及学徒事项，工人津贴及抚恤事项，灾变死亡伤害事项，尤其着重于安全卫生问题，以期减少工人疾病及伤亡事件，而达到提高生产效率之主旨。对于工厂检查的方式，经济部强调，检查员实施检查，"遇有工厂设施，尚未尽合规定时，以采取劝导方式为原则，循序渐进，务使政府与劳资双方，获取密切合作，而劳工福利与生产建设，得以兼筹并顾，相成而不相妨"②。

经济部尝试沿袭实业部的工厂检查行政，甚至检查的范围和方式亦如出一辙。但是，抗日战争时期重新启动的工厂检查工作，主要是由社会部主导。1940 年 11 月，社会部改隶国民政府行政院。12 月，社会部确定由其社会福利司二科负责工矿检查工作。1942 年春，社会福利司专设工矿检查室。根据包华国的看法，进行工矿检查，保护劳工大众，乃系实施"三民主义之社会政策所必需"③。而张天开则认为，战时推行工厂检查更有必要。他根据英国的经验，认为战时环境下人力

---

① 包华国：《工矿检查制度》，《社会工作通讯月刊》1947 年第 4 卷第 7 期。

② 《经济部试行工厂检查制》，《资源委员会公报》1942 年第 2 卷第 1 期。

③ 包华国：《工矿检查制度》，《社会工作通讯月刊》1947 年第 4 卷第 7 期。

更加缺乏，而生产水平则更当提高。如果推行工厂检查，厂主在检查员劝导与督促之下，逐渐遵守工厂法令，不再任意压迫或虐待劳工。他特别强调，如果对工厂安全卫生问题进行检查，督促厂家遵照工厂法令条文，工人健康便可增进，工厂灾害事件亦可因机器与场所的安全而减少，那么工厂检查者解决了战时人力减少与必须增进生产之间的矛盾。①

1942 年开始推行的工矿检查仅限于重庆一隅。自 1942 年 2 月至 1943 年 1 月，检查了重庆一带的工厂 200 余家。对于安全卫生设备较少的工厂，检查员"多半是鼓励他们，希望他们能够精益求精，努力不懈"。而根据第一次详查的结果，检查员再以安全卫生太差的工厂为督促重点，劝告厂主加以改善的，"厂主多半是接受的"。检查员的工作目标，是努力促使各厂设备和待遇"都够得上工厂法令所规定的标准"②。随着检查人员增加，检查范围也逐渐扩大，涉及成都、昆明、贵阳、桂林、西安、宝鸡、兰州等后方重要工业城市。而根据各地工厂检查员的报告统计，1942—1944 年，分别检查重庆、西安、南京等市以及四川、陕西、甘肃、贵州、云南、广西和湖南等省。1945 年上半年，工厂检查工作扩展到江苏无锡、苏州和南通等地，同时尝试进行矿场检查，涉及嘉陵江煤矿、威远煤矿、云南个旧锡矿、云南明良煤矿、玉门油矿、贵州筑东煤矿、甘肃阿干区煤矿等。③因此从工矿检查的效果，"虽为环境所限，距工矿法规之要求尚属遥远，但经各工作人员之努力，已使各厂当局，明白保护劳工之需要与利益，对工人之生活，已有相当之改善"④。

毋庸讳言，战时环境的工厂安全卫生问题，肯定与相关法规的标准相差尚远，工厂检查的目标亦难以完全实现。1945 年 7 月 12 日，社会部部长在参政会的口头报告中就劳工福利问题指出，"关于厂矿安全卫生及福利设备，后方各厂矿因种种条件要与法定标准相较，当然相差甚远。政府一面体会战时厂矿各种的困难，一面仍应顾及劳工的基本福利，故对工厂检查仍积极进行，上年及本年原定在后

① 张天开：《推行工厂检查的主旨与步骤（附表）》，《经济建设季刊》1942 年创刊号。
② 张天开：《重庆市工厂检查一周年》，《社会服务周报》1943 年第 11 期。
③ 社会部工矿检查处：《我国工矿检查实施概况》，《社会工作通讯月刊》1947 年第 4 卷第 11 期。
④ 包华国：《工矿检查制度》，《社会工作通讯月刊》1947 年第 4 卷第 7 期。

方各省普遍推行，后因战局关系豫湘两省暂时停止，总共检查工厂 956 家。检查结果，国营厂矿及若干较进步的民营厂矿的福利设备较好，而一般民营小厂矿的福利设备，相差太远，其中以矿工及童工的待遇为最坏。政府现正一面劝导，一面取缔。惟政府因念在战时及劳工行政方面在推行之始，故对各厂矿劳工福利有不合法或违反政策之处，均仅采取劝导纠正的态度，尚未积极采取强制执行的手段"[①]。

与抗日战争以前中央工厂检查处的做法一致，抗日战争时期社会部仍以安全卫生检查为重点。根据张天开[②]的看法，其中理由有三：一是有关工厂安全卫生的法律规定相对富有弹性，不像工资、工时有关条文那样富于刚性，他说，8 小时工时制的规定，超过 8 小时即违法，检查员的工作犹如警察一般，毫无弹性。但安全卫生部分的条文，既包罗颇广，又有伸缩性，可以逐步实施，检查员的工作角色系技术指导员，"凡百事宜，只要能够促进工人的安全与卫生，检查员能够看到想到的，均可向厂主或工人善意的提议，委婉劝导，务使彼等遵照法规，积极改进，以达到保护工厂提高生产的目的"；二是推行阻力较小。在他看来，初步的安全设施所费不多，而收效甚宏，如机器防护网，成本低廉，安全效果显著，这种设施，不致遭到厂主或工人反对，容易对检查员产生信任，再进一步推行其他条文，就一帆风顺了；三是工业灾害损失人力、财物，无疑是极大浪费，与抗战建国的节约精神不符。张天开将实业部规定的检查理解为解释、劝导、警戒或惩罚四个步骤，为了进一步降低工厂检查的阻力，他主张采用更加务实的做法，

---

① 《谷部长 7 月 12 日在参政会报告〈社会部施政要点〉》，《社会工作通讯月刊》1945 第 2 卷第 8 期。

② 张天开，生于 1913 年 1 月 10 日，广东梅县人。1933 年毕业于国立清华大学。1937 年赴英国留学，获伦敦大学政治经济学院哲学博士学位。回国后在社会部任职。1949 年 3 月 11 日任社会部工矿检查处处长。1950 年 3 月去台湾，任台湾省工矿检查委员会专任委员及劳工保险管理委员会委员等职。1962 年去日内瓦，任国际劳工局局长特别助理。1979 年返台湾后任台湾中国文化学院教授，兼劳工系主任、劳工研究所所长、社会科学院院长。后任"行政院"劳工委员会委员。著有《英国工厂检查制度》《各国劳资关系制度》《劳工行政比较研究》《台湾工业与劳工》等书（参见刘国铭主编：《中国国民党百年人物全书》（上册），北京：团结出版社，2005 年，第 1168 页）。1942 年，张天开可能是社会部专员，据陈达记载："1942 年 10 月 7 日晨，程海峰来约往马家堡中央训练团社会工作人员训练班（厂矿检查组）演讲。余择'劳工问题的起源'为题，讲两小时。该组今年有五人，由社会部专员张天开（前清华学生）负责。去年已毕业一班，计六人，现分赴重庆附近的工厂工作，业已调查 200 余工厂。"（参见陈达：《浪迹十年之联大琐记》，北京：商务印书馆，2013 年，第 335—336 页）

也就是仅仅执行前两个步骤。之所以如此选择，这与他对工厂检查的性质密切相关。他指出，从根本上而言，工厂检查并非以高压手段将一劳资双方均不了解的工厂法令，"硬叫他们去切实奉行"，而是期望厂主"自动合作"，以实现保护工厂和增加生产之目的，而且事实上要将工厂法令全部强制执行，"也万万办不到"。因为厂主随时可以触犯《工厂法》，而政府无法随时监控。基于此种理解，他认为，唯有通过解释与劝导，使厂主和工人彻底了解工厂法令的主旨是"善良"的，然后自动奉行法令。[①]

三、抗日战争胜利后至中华人民共和国成立的工矿检查

1946 年 8 月，实业部工矿检查处正式成立，包华国、张天开分别担任正、副处长。抗日战争后期的工矿检查继续举办。

社会部部长谷正纲在阐述 1947 年度社会行政方针时，认为工矿检查既是推行劳工政策的应有之义，也是推行工业政策的必然要求。在他看来，实业部必须大力推进劳工福利事业，从而改善劳工生活，同时，实业部更须实施工矿检查制度，以此保障劳工安全。他进而指出，改善劳工生活与保障劳工安全，虽然是为了落实国民党中央既定的劳工政策，但是改善劳工生活以及保障劳工安全，能够增进劳工的生产效能，从而将大力促进工业政策的推行。因此，1947 年社会部有关劳工福利问题的工作思路，并非运用政府财力举办各种劳工福利事业，而是行使和发挥社会行政主管部门的职权，依据相关法令，指导公、私营厂矿举办各种劳工福利事业，同时取缔各厂矿危害劳工安全卫生的设施。[②]在有关 1948 年下半年度社会行政施政方针问题上，谷正纲强调，劳动条件改善问题，关系劳工生活能否安定，"自然要积极的推行"，但是必须推行工矿检查，实现工厂矿场安全，同时重视施工矿法规中有关劳工福利条款的落实，特别是筹办伤害保险，使劳工伤病残疾等医药所需"有所着落"。[③]

抗日战争胜利以后，"政治民主化"和"经济工业化"一度甚嚣尘上。1946

① 张天开：《推行工厂检查的主旨与步骤》，《经济建设季刊》1942 年创刊号。
② 谷正纲（原文标为谷部长）：《三十六年度社会行政的方针》，《社会工作通讯》1947 年第 1 期。
③ 谷正纲：《三十七年下半年度社会行政施政方针》，《社会建设》（重庆）1948 年第 1 卷复刊第 4 期。

年，工矿检查处处长包华国撰文《保护劳工促成我国工业化，应亟建立工矿检查制度》，强调工矿检查制度乃系我国实现工业化的前提。在他看来，工矿检查之目的，在于谋求工人福利之保障、工业灾害之预防、生产效率之增进、工厂发展之辅导，并促进劳资双方之协调，以共谋国家工业之发展。对于劳工立法与工矿检查的关系问题，他分析说，欲保护劳工，须有完善的劳工法规以为准绳，而劳工法规能否实行，则有赖于真正建立工矿检查制度。"若无健全之检查制度，即保护劳工之法规等于具文。"在他看来，安全与卫生设备与工厂本身的利害关系更加直接，如果设备缺乏或不完善，一旦发生灾害，其损失"或将千百倍于其设备所需之费用"，"此乃常识"。因此，"今后我国非工业化不足以立国，而工业化之成功，则有赖于劳工生活之保护与改善，欲保护改善工人之生活，则非由政府厉行工矿检查制度，以监督各项劳工法规之彻底实行不为功"。他大力呼吁："今政府既决意开办此项新制，尚望劳资双方，及社会人士多予协助，期此新制度能有健全之基础，将来发扬光大，当可与英伦媲美，使中国之工业发展，不至再步欧美各国痛苦之后尘。"①

　　工矿检查处副处长张天开，曾经细致地探讨了工矿检查与防灾灾变之间的关系。他将工矿检查分为定期检查与灾变检查两种类型，前者由工矿检查员每年定期分赴全国各地，一面检查各工厂劳工福利事项，一面检查安全与卫生设施。若有违法事项，立即劝其改善，俾可消弭劳资纠纷，确保工业安全。后者是工厂矿场灾变业已发生，事后派员检查，督促厂方对善后事项之处理，探求灾变发生原因，以期预为防范。他形象地指出，检查制度对工矿之作用，好比医药卫生制度与人类的关系，具有预防与病后拯救之不同效果。恰如公共卫生与个人卫生，其作用是确保民众健康，消除疾病，这与工厂矿场之定期检查相似。而灾变检查则与人们生病以后就医诊断相似，目的虽然在于追求病患因治疗而康复，但医生必须对各种病人进行病理上的个案探讨，冀图求得病源所在，以期达到预防之效，此种思路与工业灾变检查中探求灾变原因，以策安全，尤为相似。他总结说，定期检查之目的，在防患于未然，灾变检查之目的，在探求灾变原因，二者配合推

---

① 包华国：《保护劳工促成我国工业化，应亟建立工矿检查制度》，《中央周刊》1947年第9卷第19期。

行，双管齐下，虽不能将灾变完全防止，但如属人力可能预防者，即可不致发生。

与包华国类似的是，张天开也在工业化背景下审视工矿检查问题。他说，工矿检查对于使用机器进行生产的国家而言，其必要性已经不言自明，但对当时的中国来说，则尤为迫切。因为中国致力于工业化虽数十年，但生产事业迄未步入正轨，"因劳工福利之不讲求，劳工条件之不改善，以致劳资纠纷层出不穷。因工厂建筑之不安全，工厂设备之不周密，以致工业灾变，时有所闻"。因此不能不预谋改善和进行预防。他进一步论证说，"今后国家，一面动员戡乱，一面力图建设"，而工业化乃是生产建设之要图，在工业化进程中，因生产技术改进，更易引起各种灾变之发生，"工业先进国家之教训，可为殷鉴"。因此，他强调，需要对工业灾变加紧预防，显然确毫无疑义，而其预防，又端赖工矿检查之加紧实施。他甚至将工矿检查视为"劳工界之保姆"和"工业界之摇篮"，亦即工矿检查系劳资两利之举，因此他竭力呼吁劳资双方与政府密切合作，完成工矿检查任务，庶几"工人幸福、工矿安全、社会繁荣"。[①]

第二次世界大战以后，社会安全思潮盛行一时，社会安全运动实践亦蓬勃展开。[②]值得注意的是，张天开还将工矿检查与社会安全联系在一起。在他看来，中国宪法有社会安全专章，英国在实行全民社会保险，美国也朝着社会安全的方向积极改进与努力，苏联也有社会主义社会的安全制度。因此，各国不论其政治体制有何差别，都在分别设法力求社会安全。因此，社会安全制度可谓"一个极时髦的名词"。但是，要达到社会安全这一目标，并非轻而易举，张天开认为须有四个先决条件，即职业训练与指导、工矿检查、社会保险以及公共救助。他解释说，职业训练与指导，目的在于解决就业问题，但有了适当的工作以后，政府尚需给予种种保护，尤其是健康不因工作而受损，或者危及生命安全。因此，国家订立《工厂法》《矿场法》等，借以保障工矿工人的安全和卫生，而工矿检查在社会安全制度中占很重要的地位。在他看来，四个先决条件性质不同、功能有别。

民国时期工业灾害治理研究

---

① 张天开：《从近六个月来工矿灾变看中国工矿检查》，《社会建设》（重庆）1948年第1卷第8期。

② 早在20世纪30年代上半期，国人即已关注西方国家的社会安全立法，可参阅《美国之社会安全法（附表）》，《国际劳工通讯》，1935年第15期；马季廉：《社会安全问题》，《国闻周报》1935年第12卷第36期；潘金：《美国及英法德的社会安全（附图）》，高植译，《时事类编》1935年第3卷第10期等。

职业训练与指导是一种"基本的工作"，如果失业而欲求安全，无异缘木而求鱼。工矿检查是一种"经常的工作"，而社会保险与公共救助是"处理意外事件的工作，使受灾难的人及早回到安全圈内"。对现代国家而言，只有四个条件兼备，社会安全制度才能不断演进。[1]

1948年，利民、天府和开滦煤矿相继发生灾变，杨竹琳分别考察了三大煤矿灾变的原因，指出矿场灾变，"十九皆由于主管与员工双方疏忽"，"一次较大之灾变往往使整个矿场毁灭，千百员工之生命牺牲"。为减少矿场灾害起见，坑道内通风、照明、支柱、运输、排水等各种安全设施，应力求完善，并应指派专人从事坑内各种安全检查工作。但是"我国矿场对于法令所规定之安全设备，大都视为具文，即使有重视之者，亦多因陋就简，不全不备，冀图侥幸，以致灾变时起"。他进一步指出，政府负有保障社会安全之责任，对于矿场安全，自更有其积极之义务。他强调，"为人道计，为社会安全计"，我国政府应该严加督促，实施有关矿场安全法令，加强各种安全检查，充实检查机关，以期灾害逐渐减少，从而达到矿场安全"理想之境地"。[2]

---

① 张天开：《工矿检查与社会安全制度》，《协济》1949年第1期。

② 杨竹琳：《利民天府开滦等煤矿灾变情形检讨》，《社会建设》（重庆）1949年第1卷第9期。

第四章

工业灾害防治之宣传教育

为了减少工业灾害，南京政府时期比较重视工业安全方面的宣传和教育，其中包括组建工业安全协会、创办《工业安全》杂志、举办工业安全卫生展览会以及积极进行国内外交流等。上海公共租界工部局的工厂检查虽然有违中国法律和损害中国主权，但其工业安全培训，也仍然值得梳理。其中诸多举措，都是我国工业安全史上的创新性尝试。

第一节　组　建　团　体

一、工业安全协会

工业安全宣传教育的最重要团体，无疑当推"工业安全协会"。该协会成立于 1933 年 6 月 17 日。倡导者主要有家庭工业社、天厨味精厂、康元制罐厂、永和实业公司、大中华橡胶厂等。[①]该团体成立的直接背景是 1933 年 2—3 月上海正泰、永和两个橡胶厂相继发生重大安全事故。前者汽缸爆炸，导致百余名工人死亡。[②]筹备委员田和卿在汇报筹备经过时，明确阐明了该会发起之动机在于"本年正泰、永和两厂事变之后，天厨、家庭及其他各橡胶厂，鉴于目前工业之危险至大，且工业安全之组织，各国均有此项团体"。因此，成立大会明确了工业安全协会之目的在于"谋工厂设备之安全，减少工人之危险"。该团体的业务范围主

---

① 《工业安全协会定期成立》，《申报》1933 年 6 月 15 日，第 6 版。
② 《俞鸿钧与费信惇磋商两案》，《申报》1933 年 2 月 22 日，第 11 版；《李廷安谈工厂卫生之重要》，《申报》1933 年 2 月 24 日，第 9 版。

要有四项：一是工厂卫生等设施之研究、设计及指导；二是会员工厂委办安全设备之检验及卫生状况之改善；三是工业安全、工业卫生知识之普及；四是其他有关工业安全之应办事项。[①]

根据国货运动提倡者的理解，工业安全协会的成立，足以表明国货厂家以"集思广益的长处来鼓起各工厂注意工业安全的兴味，拿整个团体的力量，来协助各工厂规划工业安全的设施"，该团体无异于"一盏引导各工厂大有裨益于工业福利的明灯"，甚至认为南京政府推行的"调和劳资利益、保障劳工福利的权力和法规"，终究属于"泛远的治标方法"，而治本之策在于工业界自觉谋求劳动者"生活的改善、身心的调节"，从而实现劳资双方"相辅协调"。[②]

纵观工业安全协会成立之后的作为不难发现，大致围绕其既定的四大范围而展开。譬如，第三次理事会讨论通过了《橡胶业安全卫生设施建议书》，决定对各会员工厂各种设备实行严格检验，拟定检验表格，聘请各种专家赴各厂检验，将检验结果及改进建议书面载明，送存各厂以资参考。决定聘请梁钟坚为锅炉专家顾问、朱懋澄为安全教育顾问。[③]第四次理事会决定举办工业灾害统计，与市卫生局、工务局卫生处洽商，定期招待各大医院，并就工人受伤及职业病之统计进行了商讨，决定制定表格分发各大医院，按期汇总。[④]1933 年 9 月，工业安全协会制定九项安全计划：一是征求基本会员 100 家；二是创设图书馆，向各国购买各种工业安全卫生方面的书籍杂志及报告书等，搜集各国政府有关工厂安全卫生、劳动保险、劳工待遇等法规，以供各会员参考；三是提倡整洁运动；四是锅炉检验方法；五是举办灾变统计；六是印制标语，分发各厂张贴；七是制作危险警示牌；八是出版《工业安全》月刊及其他必要之宣传品；九是开办工人急救训练班。[⑤]

二、其他团体与工业安全

1933 年 5 月 6 日，工业福利协会筹备会在上海法租界召开。出席成员包括企

---

① 《工业安全协会成立会》，《申报》1933 年 6 月 18 日，第 13 版。
② 周成勋：《工业安全与国货》，《申报》1933 年 7 月 13 日，第 18 版。
③ 《工业安全协会昨开第三次理事会》，《申报》1933 年 8 月 4 日，第 13 版。
④ 《工业安全协会理事会》，《申报》1933 年 9 月 8 日，第 16 版。
⑤ 《工业安全协会制定安全计划九项》，《申报》1933 年 9 月 25 日，第 10 版。

业界和政界代表 10 余人。前者如义和橡胶厂苏公选、大新橡胶厂冯云初、家庭工业社李新甫等，后者如实业部代表朱懋澄等。朱懋澄在致辞中指出，该会之发起，不仅可以改善中国工业前途，而且能够改善工人劳动状况。①此组织的发起者，虽然主要是上海工业界的代表性人物，但是得到了李平衡、李廷安、陈公博、陈宗城、徐佩璜和潘公展等官方人士的支持。组建工业福利协会的动机和缘起，主要是有鉴于各厂灾害事故层见叠出，对劳资双方均造成重大损害，换言之，不仅劳工有"断胫绝足、横遭非命之惨"，而且厂方"亦遭受重大之损失"，因此组建协会，以便联络各公团、学术团体和专家，从事"防御工业灾害，改善工厂卫生状况以及提倡其他工业福利设施等事务"。②

国货运动的积极提倡者潘仰莽曾经撰文《工业福利》，对其重大意义进行了阐释。他认为，中国工业幼稚已无可讳言，资本与技术均落后，根本无法承受"意外之损失与非当之灾害"，因此提倡国货自属当务之急，而工业福利则为先决条件。他强调，工业福利从表面上看，是劳工福利，但从根本上而言，实为厂方之福利，因有健全之工人，始能制造精良产品；有安全之设备，"始能安慰工人之身心"。欧美及日本等工业发达国家对工业福利都极其重视，诸如安全设备、职工保险、职工卫生、职业病预防等，"无不有极完备之办法"，对福利费用"决不计较，更决不吝惜"，因而能够提高工作效能，生产精良商品。反观中国，多数国货工厂对福利事业未能注意，各厂灾害事件频繁即可证明。在他看来，国货工业"幼稚若此，苟于福利事业，再不加以注意，前途至堪殷忧"。他疾呼道，福利事业乃是工厂发展之基础，"急应放远目光，积极注意，每年应有正当预算，或就盈余项下提出若干数额，专作福利事业之经费，俾厂方劳方交受其利"。基于此种理解，潘仰莽对工业福利协会之筹组赞誉有加，对其前途充满期待。③

中国人事管理学会亦关注工业安全问题。1937 年 5 月 29 日，该学会在上海康元制罐厂召开工厂组讨论会，计有信谊、天府、五和、新亚、章华等 20 余个工

民国时期工业灾害治理研究

---

① 《工业福利协会筹备会》，《申报》1933 年 5 月 7 日，第 13 版。

② 《本市各工厂发起组织工业福利协会》，《申报》1933 年 5 月 1 日，第 14 版。

③ 潘仰莽：《工业福利》，《申报》1933 年 5 月 4 日，第 13 版。

厂的代表，以及人事管理学家何清儒①等 30 余人参会。此次会议主题是职工训练问题，但决定于次月中旬，在商务印书馆召开第 3 次工厂组讨论会，并将专题讨论"工厂卫生及安全设备问题"。②

中国工厂检查协会关注工业安全问题，即属应有之义。在 1934 年 9 月 4 日召开的举行第二届年会上，先由各地会员报告各区工厂检查工作概况及工厂灾变实况，然后再依次讨论相关议案。③

上海工厂检查问题受阻于租界，历经反复交涉，未能取得实际性进展，而上海机械工业联合会（简称机联会）制定了《自动检查法》，号召各工厂自动检查安全设备，并聘请工业安全专家张仲杰协助进行。张仲杰指出，我国工业遭受工业先进国家之压制，"实无发展之余地"，因此一般国货工厂之创办及设施，"俱在艰苦卓绝中奋斗，资本及人才均感缺乏。资本既然短少，设备就不得不因陋就简。人才既缺乏，即不知何从改善其设施"。他认为，国货工业改善卫生安全设备，可以从两个方面入手：一是联合聘请相关领域专家制定规则；二是与安全工业产品制造厂家协商，购置相对经济划算的安全设施。此外，政府当局应该体谅商艰，进行工厂检查时采取扶持而非压制的立场，而厂家应该自觉行动，为生产安全问题而努力。他认为，如果工业界按照机械工业联合会制定的"工厂安全设备自动检查法""认真做去"，在工业安全问题上必定收效宏大。④

1933 年 8 月，工商管理协会邀请工业安全问题专家兴德⑤女士赴会演讲。她

---

① 何清儒，1901 生于天津。国立清华大学毕业后，赴美半工半读，获安提亚大学学士学位，后转哥伦比亚师范学院，获硕士学位。专攻职业心理、职业指导及人事管理科目，获博士学位。返国后历任齐鲁大学教授、青年协会职业指导主任、国立清华大学秘书长。1933 年任上海职业教育社研究股兼编辑股主任，并兼任上海职业指导所副主任，曾发起组织人事管理学会。著有《人事管理》、《现代职业》。抗日战争胜利后，曾在天津协助宋棐卿掌管东亚毛纺厂人事工作，后去美国（可参阅李银慧：《从"无业可指"到"有业可指"：何清儒的职业指导思想探析》，《中国教育学会教育史分会第十三届学术年会论文》，长沙，2012 年）。

② 《人事管理会昨开工厂组讨论会》，《申报》1937 年 5 月 30 日，第 15 版。

③ 《中国工厂检查协会昨举行第二届年会》，《申报》1934 年 9 月 5 日，第 14 版。

④ 《机联会协助各工厂自动检查安全设备，张仲杰谈工业安全之重要》，《申报》1936 年 2 月 8 日，第 11 版。

⑤ 亦有译为邢德、辛德等，有学者指出此人在上海租界工厂检查案中扮演了双重角色："工部局雇员辛德扮演了特殊角色，即在整个交涉过程中，在一定程度上具有两面性，一方面作为一个受过现代有关专业训练的实际工作者，她能够遵循工厂管理的一般规律，另一方面作为一个受工部局雇佣并享受高薪的雇员，利益所趋又使她不能不千方百计地为维护工部局的权益出谋划策。"（马长林：《上海租界内工厂检查权的争夺——20 世纪 30 年代一场旷日持久的交涉》，《学术月刊》2002 年第 5 期）

精准地指出中国民族企业在生产安全方面存在的五大弊端：一是工人上工以后，工厂即紧闭大门，甚至用封条封住，不许任何人进出；二是工厂出入口堆积许多货物杂件，往来不便；三是建筑物因陋就简，或破损不堪；四是容易肇祸之危险物品任意堆置；五是消防器具不全。而潘仰荛认为，此类问题尚未受到厂方足够重视，多数工厂未能切实加以改进，以致惨剧层见叠出。正泰橡胶厂等"浩劫"则系明证，"思之尤觉心悸"。潘仰荛指出，"国货年"期间，工厂安全设备实为"最切要最应注意的事件"。而各国货工厂厂主多数出席兴德的演讲会，至少表明对工厂生产安全问题的一致关注。[①]

第二节　创办期刊

1933 年，中国创办了第一份工业安全的专业性期刊，刊名即为《工业安全》。工业安全协会成立大会讨论通过了"出版刊物案"，定名为《工业安全》[②]，第一次理事及财务委员联席会议决定聘请李树德为月刊总编辑[③]，次年改由工业安全协会总干事田和卿兼任主编。1933 年，按照预定计划每月出版 1 期，由于稿源受限，次年仅出版 6 期，1935 年则改为双月刊。因此，该杂志系由工业安全协会负责编辑，而由天厨味精厂负责出版发行和提供经济支持。[④]

[①] 潘仰荛：《国货事业与安全设备》，《申报》1933 年 8 月 31 日，第 18 版。

[②]《工业安全协会成立会》，《申报》1933 年 6 月 18 日，第 13 版。

[③]《工业安全协会昨开联席会议》，《申报》，1933 年 6 月 23 日，第 12 版。但据天厨味精厂档案"工业安全杂志创办计划书（1933 年）"记载，编辑由工业福利协会担任，并且规定"天厨厂及工业福利协会之广告不取费，但以底面一面为限，超过则照章取费"（参见上海市档案馆编：《吴蕴初企业史料·天厨味精厂卷》，北京：档案出版社，1992 年，第 128 页）。

[④] 1933 年 8 月 1 日《申报》第 2 版载有《工业安全》创刊号的广告，除了有关篇目和作者之外，关于订阅和价目问题，"零售每册一角五分，半年六册，国内连邮一元五角，国外二元五角，全年一册，国内二元七角，国外四元八角"。并有"工业安全协会编辑，天厨味精厂出版"字样。而在天厨档案"工业安全杂志创办计划书"中，对该杂志出版发行曾有细致规划和预算，第二条为印刷，"每月出一期，约六十页，十六开本，五号字横印，文字用报纸，图尽用桃村纸（必要时用铜版纸），封面用铜版纸。每期暂印一千册、印刷费约为一百三十，铜版纸费在外"。第三条为发行，规定"每月一期须准时出版，勿使愆期。每期只售一角，特刊加倍，定阅全年一元，国内邮费在内。创刊号酌量赠送各省市政府，赠阅一年"。四是广告问题，"广告费以销数为比例最为合理。广告一有折扣，往往使其厚此薄彼之疑虑，故应一列实收。根据此二原则，并假定销数为一千份，订定最低廉之费用，如以后销数增强，费亦随涨，但已订定者不加"（参见上海市档案馆编：《吴蕴初企业史料·天厨味精厂卷》，北京：档案出版社，1992 年，第 128 页）。

《工业安全》杂志的目标，主要是"介绍知识、启发热忱、和交换意见"。其《发刊词：工业安全运动的基调是情感的，同时也是理智的》首先总括性地描述了工业灾害对劳资双方的威胁和伤害，然后逐一分析该杂志的三大使命或目标。一是生产技术繁复，工业安全并非易事，因而有关工业安全的专业性书籍日趋增多，"竟有成为各种应用科学中一个重要分科的趋势"。工业安全知识错综复杂，极有必要进行介绍，以便工厂管理者以及相关人员有所参考。二是工业灾害防御须有"始终不懈的热忱，方有效果"，反之，一时懈怠或一人疏忽，均可酿成重大灾变。因此，除了介绍知识之外，当尽力激发各方热忱，共同担负灾害防御之责。三是出于"前车之覆，后车之鉴"以及"它山之石，可以攻玉"之考虑，希望社会各界对工业灾害事故以及与工业安全有关的材料，通过该刊贡献给社会大众，从而使该刊成为各方"交换知识、商榷意见的公共机关"。[①]

天厨味精厂吴蕴初之所以支持杂志出版发行，据他自己所言，是因上一年赴欧美游历，对其工业安全问题予以特别关注，同时加入了美国国家安全协会（National Safety Council），回国后从美国国家安全协会出版物中选择"简要可行"则进行翻译，除了作为厂内职工的读物外，拟印若干小册子，作为我国工业界之参考。他认为，安全问题在我国业已紧迫，发行相关刊物对工业界不无裨益。[②]为了实现办刊初衷，扩大全国影响力，该杂志在上海和其他重要工业城市设立了经销处，除上海3处外，尚有苏州2处、常州1处、镇江1处、南京2处、杭州2处、南昌2处、广州1处、四川1处、成都1处、重庆1处。而为了实现创刊时确立的三大目标，该刊确立了征稿的范围：一是工厂灾害记事；二是工业灾害或劳工伤病方面的统计材料；三是各国工业安全和工业卫生方面的译文；四是工业安全和工业卫生方面的技术性论著；五是提倡工业安全之文字。

《工业安全》杂志存续四年的全部内容，基本上围绕上述五个方面进行。具体而言，主要包括如下类别。

一是着重刊载工业安全领域官员和学者的文稿。譬如，1933年第1期刊载了

---

① 《发刊词：工业安全运动的基调是情感的，同时也是理智的》，《工业安全》1933年第1卷第1期。

② 吴蕴初：《发行〈工业安全〉之动机》，《工业安全》1933年第1卷第1期。

实业部劳工司司长李平衡的《苏俄劳工行政》、劳工司前司长朱懋澄的《工厂安全》，以及上海社会局局长潘公展的《工业安全与工厂检查》、社会局工厂检查股主任田和卿的《工业安全运动的实施方案》等文稿。此后，对工厂检查人员的理论探讨和经验总结的文稿非常重视，如《橡胶业安全卫生设施建议书》《为什么要提倡工业安全运动：工业安全的意义》《工业安全教育》《工人卫生和工业安全》《工业安全之科学管理》《新工人之安全训练》《工厂灾害视察论》《怎样做一个安全检查者》《工厂建筑与安全》《工厂安全常识》《工业安全卫生的真义》等。

二是重视西方工业安全知识的传播。几乎每期均有相关译文，或者介绍国外工业安全卫生实况，或者介绍国外工业安全卫生法律法规，或者介绍各国预防工业灾害的经验成就，或者介绍国外的安全技术、安全设备等。

三是汇集工业灾害消息。将相关消息划分为上海市、外埠以及国外三个类型，予以汇总，同时，也重点关注较大的工业灾害事故，注重重大灾害的调查，如《山东淄川鲁大矿井惨剧之详情及社会一斑之舆论》《大中华赛璐珞厂爆炸惨剧之经过及本会之感想》《上海公共租界工部局调查大中华赛璐珞厂火灾情形报告》等。值得注意的是，该杂志还设置相关"专号"。譬如，1933年，上海正泰、永和两厂发生重大事故。当年第3期设定为"橡胶工业专号"，刊载了江之永的《橡胶厂之静电及其防范方法》、田和卿的《橡胶工业中之化学中毒》、杨永年的《橡胶工厂安全设施之我见》、卢济沧的《橡皮滚筒车之安全设备概说》、李崇朴的《橡皮工业中溶剂的灾害防止》等文稿。1935年，山东淄川鲁大矿井发生重大透水事故，《工业安全》推出"矿场安全专号"，刊载了《矿场安全的实施问题》《我国四大煤矿公司对于灾害预防设施之概要》《矿工受灾害而致伤亡之救济办法》《淄川鲁大矿井惨剧之善后》《历年来我国煤矿灾害统计之一斑》《矿业保安规则》《煤矿爆发预防规则》等，还翻译了《美国克兰佛兰冶铁厂所实施之矿场安全办法》与《捷克斯拉夫矿场检查条例》。1934年第4期是"工业卫生专号"。其中有李廷安和杨建邦所撰《地毯工业中职业性疾病之研究：北平协和医学校卫生学及公共卫生学科》，原文系用英文写成，再由他人中译刊于此。该文以北京某一地毯厂999名工人和学徒的体检结果，以及1927—1932年该厂诊疗所的疾病统计资料作为数据来源,对该厂工人患病状况以及职业与疾病之间的关联进行了统计分析,呼吁医学界关注工业疾病,是近代中国屈指可数的职业病研究论文。田和卿撰发两文,分别概述了德国的工业卫生工作与英国、美国、日本、意大利等四国的工人医学研究工作。王世伟探讨了工厂的环境卫生设施,李宜果则介绍了国外的工厂卫生管理标准。另外还对工业中有害尘埃之种类及其危害性、工作环境对工人健康的影响等进行了简单介绍。

第三节　举办展览

一、南京工业安全卫生展览会

1936 年 1 月 21 日至 2 月 5 日,南京举行了为期半个月的工业安全卫生展览会。

举办工业安全卫生展览会,既可强调工业灾害的巨大危害,又能宣传工业灾害的防范知识。时任实业部部长吴鼎昌指出,我国工业"幼稚",工业灾害虽然没有达到工业先进国之严重程度,但是 1935 年山东淄川鲁大公司矿井透水事故,死伤工人竟然超过 830 人,可见工业灾害"亦足令人惊心动魄"。他认为,我国工业"固落人后",但凭借丰富资源与勤俭劳工,"倘能朝野一心,从兹努力,一方谋旧有工业之救济,一方图新兴工业之发展,自不难追踪列强,工业前途,正未有限"。因此,举办工业安全卫生运动,以便预防灾害和保护劳工,从而发达生产,这绝非"小补"。[1]实业部中央工厂检查处处长赵光庭认为,现代国家"不有工业,不足以图存",而工业除了依赖资本之外,即为依附于劳工身体之劳力。因此,对于工人身体之安全与健康,"讲求所以保障维护之道,其为不可忽视之举,盖已彰彰明甚"。他根据我国 1935 年的工业灾害统计指出,在"国势垂危急待振兴工业力图挽救之际",举办工业安全卫生运动实属刻不容缓,而举办展览会,目的在于"唤起全国工业界及一般社会人士之注意"。[2]

---

① 实业部中央工厂检查处编:《工业安全卫生展览会报告·序一》(吴鼎昌),南京:南京青年印刷所,1936 年。

② 实业部中央工厂检查处编:《工业安全卫生展览会报告·牟言》(赵光庭),南京:南京青年印刷所,1936 年。

对于筹办首次工业安全卫生展览会的大致经过，实业部中央工厂检查处指出，"工业安全卫生运动，对于促进生产，保障劳工，关系至为重大。故在工业先进国家，举办工业安全卫生检查，远在数十年或百数十年之前，其成效亦已大著。然在我国因工业发达较迟，安全卫生运动，尚为一种新兴事业，一般社会人士无论矣，即劳资双方对于工业安全卫士之重要，与夫工业如何始能安全，如何始合卫生，亦多不能明了。本处有鉴于此，为使劳资双方及社会人士充分了解起见，爰有筹开工业安全卫生展览会之举。盖开展览会，既可使观众触目惊心，悚然于安全卫生之重要，同时就实物模型图画照片等之指示，复可使观众知改善安全卫生设备之途径也"。但是展览会的举办一波三折、多次延滞。展览会动议起于1934年春，是年7月呈报实业部核准，拟于1935年春举行，但计划虽经核定，而经费却无着落，故未能如期举行。1935年7月，奉令核准经费，筹备工作方才启动，而展览之期遂延至1936年1月。①

展览会经费核准之后，工厂检查处鉴于"人才经验两感缺乏"，与工业安全卫生研究委员会详加研讨，拟定了筹备办法9条，除了展览日期、地址、经费、人员等之外，详细确定了展品的12大类别，包括照片、挂图、统计图表、模型、仪器、实物、安全卫生及工厂检查之刊物、安全卫生和工厂检查之报告、法令条例、幻灯片和影片，以及安全卫生及工厂检查机关的组织、历史、工作概况及其成绩等。同时确定了展品征集的对象，包括国内外有关政府机关、社会团体、工商业研究机关、工厂等。展品分为免费赠送、免费送展后原物发还、应征物品酌偿成本、免费赠送展品但收取运费四种形式，由送展者自主选择。②筹备办法制定之后，又根据筹备工作的性质加以细分，对15小类筹备工作分别指定检查处职员各负专责，期收"分工合作之效"。工厂检查处征集展品工作得到国内外广泛响应。国外应征展品者有美国、英国、德国、日本、意大利等23个国家，以及国际劳工局和日本、巴西、印度等国劳工分局，还有中国部分驻外总领事馆和美国、德国等国洋行，其中美国数量位居首位，多达35个，次为英国，为11个，第三

① 实业部中央工厂检查处编：《工业安全卫生展览会报告》，南京：南京青年印刷所，1936年，第1页。
② 实业部中央工厂检查处编：《工业安全卫生展览会报告》，南京：南京青年印刷所，1936年，第2—5页。

位是加拿大，为 6 个。中国机关团体应征展品者有南京、杭州、汉口、北平、青岛、济南等市政府，江苏、浙江、河北、河南、山东、湖南、陕西、四川等省政府，以及数百个社会团体和工厂。^①

上海是工厂最为集中的城市，无疑是检查处征集展品的重点区域。检查处不仅函请上海工业安全协会、机制国货工厂联合会等团体配合支持^②，还派员亲赴上海商讨相关事宜。1935 年 9 月 18 日，特派工厂检查科长王莹、工厂检查员秦宏济抵沪，当日中午即至机联会与该会总干事程守中以及工商管理协会总干事曹云祥等接洽合作事宜。^③随行人员尚有身兼中央党部中央宣传委员会成员、中央电影摄影场导演徐心波，以及摄影师、演员和工人等 10 余人，次日即赴永安纱厂、康元制罐厂、华成烟厂、闸北水电公司、永和实业公司、新中公司、中华铁工厂、天原电化厂、天利淡气厂、南洋烟厂、开利厂等工厂摄制影片，重点关注企业的机械、电机、锅炉、火险急救以及卫生设备等内容，然后返京剪接，而影片中的锅炉则采用模型与"卡通"形式。电影胶片长达 8000 尺，剪接后为 6000 尺，可放映一个半小时。^④

筹集而来的展品计有八大类型，其中照片 733 张、附有标语的挂图 663 张、统计图表 130 张、各种模型 102 件、仪器 14 件、实物 316 件、矿场安全卫生物品 67 件、工厂安全卫生及工厂检查刊物 85 种、工业安全卫生和工厂检查报告 22 种、有关法令条例 25 种、幻灯片 180 张、电影 1 部、工业安全卫生及工厂检查组织的历史及成绩报告 15 种，其他有关工厂安全卫生物品 27 种，总计 2300 余件，其中征集得来者 1500 件，由工厂检查处自制者 800 余件。^⑤

根据检查处的说法，所送展品除一小部分为机械仪器外，大部分是照片、图表以及书籍、法令等类，其弊端在于"国外照片图表既不尽适我国之用，统计数字复未尽切合我国实情，而极其重要之模型一项则几付阙如"。因此筹备之始，

---

① 实业部中央工厂检查处编：《工业安全卫生展览会报告》，南京：南京青年印刷所，1936 年，第 7—14 页。
②《中央工检处筹开工业安全卫生展览会定七月举行》，《申报》1935 年 5 月 9 日，第 10 版。
③《实部派员来沪征工业安全展览品》，《申报》1935 年 9 月 19 日，第 10 版。
④《中宣会实业借员来沪摄制工厂安全影片》，《申报》1935 年 9 月 20 日，第 10 版。
⑤ 实业部中央工厂检查处编：《工业安全卫生展览会报告》，南京：南京青年印刷所，1936 年，第 17—20 页。

即决定自制展览物品，其中有关卫生设备的部分模型、图画和照片，因人才有限而委托卫生署代制，其余安全挂图、机械挂图、重要照片、统计图表及其他模型实物等类，则悉由该处自行设计与制作。①

南京展览会于1936年1月21日举行开幕典礼，各界代表100余人参加。②开幕后，赴会参观者非常踊跃，除普通市民及工匠、工人之外，组团参观者有上海机制国货工厂联合会、青岛工业安全观摩团、金陵大学工业化学社、卫生署卫生稽查班、卫生署医师班、蒙藏学校卫生科、南京健康教育委员会、江南汽车公司、宏业砖瓦公司、军政部军械人员训练班、军政部兵工专门学校、军政部军医学校公共卫生训练班、中央护士学校、三友实业社杭厂、三民印务局等数十团体，各省市政府派员赴会参观者，有山东、河南、河北、江苏、湖北、安徽、上海、汉口、北平、南京、威海卫等，此外，上海公共租界工部局辛德等人。每日参观人员有签名可查者，从1月21日至2月5日，分别为307人、372人、239人、261人、296人、360人、306人、348人、342人、414人、407人、413人、422人、293人、332人、287人，总数超过5300人。③

参观展览人数之所以众多，这与检查处的行政安排密切相关。以上海为例。检查处饬令上海市政府派员赴京参加展览会，而上海市政府则训令社会局执行。社会局除了安排工厂检查股主任田和卿等赴京参加外，并转令康元制罐厂、家庭工业社、天厨味精厂等各大工厂遵照办理。④此外，上海机制国货工厂联合会也是重要组织者，邀集其会员工厂组织参观团，如美亚织绸厂、亚浦耳电器厂、天厨味精厂、五洲固本厂、开成造酸厂、三友实业社、家庭工业社、五和织造厂、章华毛绒纺织厂、振兴纺织厂以及康元制罐厂等20余人赴京参观。⑤

上海社会局代表田和卿详细记载了展览会的盛况和展厅的布局。据他描述，展览会会旗以黄布为底，上半部为一"十"字，下半部是一齿轮。进入之后，有

民国时期工业灾害治理研究

---

① 实业部中央工厂检查处编：《工业安全卫生展览会报告》，南京：南京青年印刷所，1936年，第14页。

② 实业部中央工厂检查处编：《工业安全卫生展览会报告》，南京：南京青年印刷所，1936年，第61页。

③ 实业部中央工厂检查处编：《工业安全卫生展览会报告》，南京：南京青年印刷所，1936年，第63—64页。

④《社会局令各工厂参观安全卫生展览》，《申报》1936年1月16日，第13版。

⑤《机联会组织工业安全卫生参观团》，《申报》1936年1月28日，第5版。

一屏风形状的镜子，名曰"反省镜"，镜面上有"安全为先"、"安全的工作"和"快乐的回家"等字样。展厅分为十一个部分。第一和第十一陈列馆主要为消防设备，如震旦机器厂所产灭火器、增盛麻线厂自制的绳梯。第二馆模拟工厂生产场景，突出圆锯和带锯等安全装置。第三馆主要陈列上海中华铁工厂所产冲压机安全装置，以及通风扇和安全梯等。第四馆为工厂卫生设备模型及幻灯片，"最为引人注目者"，是两具蜡制人体模型，分别示意工人铅中毒和面部炭疽病象。第五馆有起重机安全载重指示器，第六馆挂有各种安全表格，如爆炸安全距离表、煤矿灾害分类表等。第七馆包括卫生署所制各种职业病蜡质模型、有关工厂环境卫生的各种木制模型以及急救室简易设备。第八馆为安全卫生照片、挂图及表册等，第九馆陈列多种灾害实物，如绝缘体损坏的电线等，"颇能引起观众之注意"。第十馆主要为矿场安全设备，如安全灯、面罩和呼吸装置等。[①]

南京展览会结束次日，《申报》发表《工业安全》一文，认为工商业人士在新年之际祝福"如意"等"未能免俗"，强调："工商界之可以恭喜者，莫过于工业安全；可以认为如意者，亦莫过于工业安全。盖经营一工厂，果能无灾无难，平安稳渡，此为最可恭喜最是如意之事。此则应准备于平时，非注意于一日。准备者何，厂房建筑，是否适宜，一旦有警，可否隔绝，而不致蔓延？机器排列，是否匀称？实地工作，有否妨碍？危险事项，能否避免？消防设备，已否完全？平时实习，已否熟练？尤其于汽锅之检验、电线之检查以及容易着火之处。所有品物，均应以科学之方法，作严格之考查……故恭喜如意不必叫，而工业安全却不容忽。"文章认为沪上国货工厂领袖联袂参观南京展览会，"极有心得"，并且援引上海机联会秘书程守中的说法，认为展览会陈列之安全物品，均属各大工厂不可或缺之设备，对于改进国货工业具有"极大助力"。[②]

1月31日，上海《泰晤士报》撰发一文，对南京展览会做出了精彩而全面的评价：

"南京工业安全卫生展览会为目前非常之创举。由此证明全国之组织，已有极

---

① 《参观工业安全卫生展览会纪（附图）》，《工业安全》1936年第4卷第1期。

② 潘仰荛：《工业安全》，《申报》1936年2月6日，第17版。

大之进展，其功用为使全国各地之执政者，彼此有联络合作之机会。且本次之展，已表显全国各地之执政者对于本问题已有更深切之了解，共同协力改良工业之状况。最显著者，本展览会之筹划，非但为少数工业发达之大城市而设，乃为应付全国整个之需要，如展览会中工厂卫生部分之清洁用水，在大城市中并非最要，因该处已有在公共卫生处督促下之水源供给，又如大城市中救火设备亦甚完备，毋需多加注意，工业卫生展览，对于大城市及其附近区域均有极大之功用。会中所用之蜡像及幻灯，所显示之各种职业疾病，唤起该工作人员之注意，往昔虽甚稀少，而今亦极盛行。又如完美工友起居场所及洗涤设备之模型等，在表示中国之某处已经实现，由此可知达到完善之地步，并非空想，而有极大实现之可能。工业安全展览会所陈列之五彩工厂安全挂图，若能印就分发各处，唤起民众注意之功效，实可超出展览会范围之外。会中照相之收集，亦有惊人之成绩，该照片解释各项之安全设施，以第一次展览会由如此之成绩，实为意外之创举。该片中有中国工厂发生危险实际情形之描写及如何防止之发生两种，前类在比较上极为重要，而二者皆有其特殊之价值，但机械之安全、工厂门户之出路、爆发物之使用、拥挤工作场所之安排，在小城市中，虽不成为重要之问题，在大都会中，却为极其严重而待解决者，故展览会对于此类问题，亦不可不稍加以注意。此次展览会规模之计划，实已费尽心计，足为今后之借镜。以后若能将该展览会推广至上海及其他各地城市，作为辅助公共教育之一种，以改良一般工作之情形及标准，则工人在健康及愉快方面，将受益无穷。"[1]

二、工业安全卫生展览会的扩展

与《泰晤士报》期望一致，南京工业安全卫生展览会闭幕之后，即拟举行巡回展览，陆续将展品运往无锡、武汉、青岛和上海各大工业区展览。[2]

无锡工业发达，丝厂、纱厂和面粉厂为数甚多，全县人口30万，工人几占三

---

① "SAFETY FIRST" IN FACTORIES, Instructive Exhibition Is Well Attended In Nanking, 1936 年 1 月 31 日上海《泰晤士报》，转见实业部中央工厂检查处编：《工业安全卫生展览会报告》，南京：南京青年印刷所，1936 年，第 66—67 页。

②《工业安全卫展闭幕》，《申报》1936 年 2 月 6 日，第 7 版。

分之一，工厂安全卫生成为该县行政上的重大问题，筹办工业安全卫生展览会，改善工厂安全及卫生设备，可谓当务之急。[①]南京展览会得到劳资双方及国内外人士好评，为扩大宣传，中央工厂检查处先后派员分赴各地接洽，与江苏建设厅商妥在无锡首先举行，由无锡县政府负责筹备。[②]1937年1月16日，检查处处长赵光庭由沪赴锡，与县政府第一科长李寿萱接洽，并会同县建设局积极筹备，展览物品一由当地征集，二由实业部运锡。[③]2月间，无锡县政府召集各工厂代表召开筹备会，决定展览会的时间、地点。为了扩大宣传效果，展览会开幕时，由工业安全卫生委员会组织宣传团分向各工厂及民众公开讲演，并举行全县工厂安全卫生状况"大检阅"，同时放映工业安全卫生影片，由县政府印发参观券3万张，俾便各业工人及一般民众能够"普遍观览"。县政府还决定依照《各省市工业安全委员会组织大纲》，改组成立无锡县立工业安全卫生协会，实际管理安全卫生事宜，由县政府统筹策进。[④]

同年4月1日，无锡工业安全卫生展览会于无锡大戏院举行开幕典礼，各工厂及各机关均派代表参加，先由陇体要报告筹备经过，次由检查处处长赵光庭以及当地机关代表等训词，12时"礼成散会"。展览物品共分两室陈列，同庚厅是安全室，多寿楼为卫生室，即日开放参观，会期七天。[⑤]据报载，无锡展览会"规模宏大，盛况空前"[⑥]。

武汉工业安全卫生展览会的筹备工作，几乎与无锡展览会同时进行。湖北建设厅及汉口市政府奉实业部令办理武汉工业安全卫生展览会之后，即成立筹备会，决定于5月间粤赣湘鄂4省特产赴鄂展览时同时举行。2月20日召开的第二次筹备会，有建设厅王博干、市政府包君远、市政处李友芳参加，制定了工业安全卫生展览会组织章程，决定受汉口市政府、武昌市政处之指挥监督及湖北建设厅之

---

① 季南：《无锡工业安全卫生运动宣传周感言》，《医事公论》1937年第4卷第13期。

② 《中央工检处续办工业安全卫生展览会》，《国际劳工通讯》1937年第4卷第3期。

③ 《无锡举办工业展览》，《申报》1937年1月17日，第10版。

④ 《无锡举办工业安全卫生展览》，《国际劳工通讯》1937年第4卷第4期。

⑤ 《无锡工业展览开幕》，《申报》1937年4月3日，第10版；《无锡工业安全卫生展览会开幕》，《国际劳工通讯》1937年第4卷第5期。

⑥ 季南：《无锡工业安全卫生运动宣传周感言》，《医事公论》1937年第4卷第13期。

指导，办理武汉工业安全卫生运动周及展览会。筹备会设委员 13 人，除湖北建设厅、汉口市政府、武昌市政处所派筹备员为当然委员外，其余分别函聘湖北省立医院、汉口私立医院各 1 人，汉口市工厂 4 人，武昌市工厂 3 人，省矿场 1 人，并互推常务委员 5 人。筹备会中之工厂矿场筹备委员来自汉口市福新第五面粉厂、既济水电公司、应城石膏物品制造厂、南洋烟厂、武昌市大成纱厂、周恒顺机器厂，武昌水电厂、武昌矿厂、富源煤矿公司。规定会务有四，即总务组办理文书会计庶务以及不属于其他各组事项；征集组办理征集展览品；宣传组办理运动周及展览会宣传事项；布置组办理展览会会场布置事项。筹备委员会会址设于汉口市政府北一路粤湘鄂赣特产联合展览会湖北筹备委员会内。[①]

武汉工业安全卫生运动周及展览会于 5 月 22 日上午在世界影戏院开幕，首先放映中央摄影场摄制的工业安全卫生影片。展览品在中山公园五权堂陈列，供各界参观。[②]

1937 年 6 月 15 日，是上海机制国货工厂联合会成立十周年纪念日。该会在举行庆祝的同时，并举行为期一周的工业安全统计展览会。展览会设于洽卿路的宁波同乡会。是日，各界名流云集，除商界精英以外，其中有中央民训部部长代表王延松、实业部政务次长程天固、中央工厂检查处秦宏济、国际劳工局程海峰，上海市党部、警备司令部、社会局、公用局、地方协会均有代表与会，甚至上海代市长亦已委派代表郑学海参加。展览会场分为工业安全及工业统计两大部分，其中安全展品系由实业部中央工厂检查处移来，而工业统计则由该会自行绘制。每日上午 10 时至 12 时、下午 1 时至 5 时、星期日自上午 9 时至下午 6 时为开放时间，无需门票。[③]

据记者描述，工业安全展览会陈列了数百件图画、模型、照片及表格。图画方面，有"注意电流图"，画一工人触电情形；"注意头发图"，画一女工头发卷入机器的情况；"注意中毒图"，画一工人中毒后的惨况；"工作时不要说话图"，

民国时期工业灾害治理研究

---

① 《武汉工业安全卫生展览会筹备情形》，《汉口商业月刊》1937 年第 10 期；《中央工检处续办工业安全卫生展览会》，《国际劳工通讯》1937 年第 4 卷第 3 期。

② 《汉口工业安全卫生展览会开幕》，《国际劳工通讯》1937 年第 4 卷第 6 期。

③ 《上海机联会昨十周纪念会，党政代表王延松等致词勖勉，并举行工业安全统计展览会》，《申报》1937 年 6 月 16 日，第 13 版。

画一工人因工作时说话而手指被锯断的情形，如此等等，均能给予观众深刻印象，尤其是工人看了这些"警惕的图画"，收获必定良多。模型方面，包括工人浴室模型、宿舍模型、检查身体室模型、工作场所模型、坐位模型以及受伤后急救模型等，都符合科学管理的原则。而"最令人警惕而注意者，莫如蜡制受伤工人二具，栩栩如生，异常逼真"。照片方面，陈列有工人上工情形、工作情形、散工情形以及娱乐休息等，能加深参观者对工人生活实况的认识和了解。表格方面，有工厂灾害发生的原因、上一年全国工业灾害统计等多种。记者认为，总而言之，工业安全展览和统计展览会的举行，对国货生产者和消费者均有"不可磨灭的意义和价值"。①

　　1937 年 7 月 7 日，上海市政府成立十周年，工业安全展览会成为此次纪念活动的重要组成部分。②展览会设于政衷路实验小学，由上海工厂检查所主持。相关展品征自中央工厂检查处、无锡工业安全卫生展览会、武汉工业卫生展览会、国际劳工局，以及上海各国货工厂、工业安全协会、公共租界工部局、各洋行、各大医院，还有上海市工厂检查所自制的有关工厂安全各种仪器、模型、实物、照片、挂图和统计图表等，总数超过千种。展览会分为七个陈列室，第一室是机械安全室，有发动机演示、马达皮带隔离、马达防灾设备、铡刀机装置软网等。第二室是模型室，有防火的铁司林壶、外加铁套上装玻璃的磨粉机、皮带自楼下至楼上的套管、大皮带铁网。第三室有消防器具，如软梯、活梯、跳布、斧、铜帽、各种灭火药水、灭火药粉。第四室是电器部，指示马达开启及避电方法。第五室是锅炉部，指示锅炉清洁与防患。第六室是卫生部，防毒面具使用法，铅中毒、硝中毒及各种防毒模型。第七室是工厂医药部，如体重测量及急救方法指示。最后陈列工厂灾变实物，如工厂未装安全器具致遭失事之电线、工业安全杂志等。每种展品均有详细说明，"以供中外厂商改进工业安全之借镜"。③

---

　　① 田心：《工业安全展览会参观记》，《申报》1937 年 6 月 23 日，第 13 版。

　　② 此次纪念活动包括七大展览会，即防空展览会、市政展览会、文献展览会、手工艺品展览会、机制工业展览会、工业安全展览会及卫生展览会。参见《昨晨隆重典礼声中市府十周纪念会启幕》，《申报》1937 年 7 月 8 日，第 14 版。

　　③《市府十周纪念今晨行开幕典礼》，《申报》1937 年 7 月 7 日，第 14 版；《市府成立十周纪念七展览会将同时开幕》，《申报》1937 年 7 月 5 日，第 13 版；老凯：《市政府十周纪念会中的工业安全展览》，1937 年 7 月 7 日，第 21 版。

除防空展览于 7 月 13 日先行闭幕外，其他六大展览会均于 18 日闭幕，"迄今旬余，成绩极佳"①。展览期间，潘仰荛撰文《注意工业安全》，认为各种展览会都很有价值，但是最富意义，"为工厂中人不可不往一看的，要算工业安全展览会"。他在陈述中国工业灾害的基础上，认为上海市政府举办工业安全展览，促使劳方资方都能明了工业安全卫生的重要性以及工业安全卫生的实现方法，力求相关问题之改善，从而消弭工业灾害，减少损失，扫除工业发展的障碍，"实在是助长民族工业的最好举动"。他呼吁工厂经理、厂长以及所有相关人员，"无论怎样忙，都抽出些工夫来，费去一二小时，仔细去看一看，把自己所办的工厂，有什么地方不对的，或容易发生危险的，急急改良起来"，果能如此，不但自己事业可以稳固，而且对于民族工业之前途，亦有莫大利益。②展览会结束后，时人认为，作为新兴事业的工业安全展览，"十年前尚为意想不到"，希冀从事工业者特别重视，"其有益于今后工业的进展，更不在小"③。

青岛组成了工业安全卫生观摩团，赴南京参观展览会，并计划与实业部接洽，将全部展品运青展览，以期"唤起普遍之注意"。④而中央工厂检查处亦有扩大宣传的计划，青岛成为续办展览会的既定城市之一。⑤1937 年上旬，青岛市社会局决定将工业安全卫生展览会与当地工业联合会 7 月 24 日举行的国货出品展览会合并举行，为此拟定了 21 条筹备办法。⑥但是，8 月 1 日，仅有国货出品展览会如期在青岛太平路小学举行，而工业安全卫生展览会虽然"各种办法及委员均已聘定，积极筹备"，但展品是"在沪商借"，原拟 8 月初由沪运青，"嗣因时局关系"不能运达，逼迫停止举行。⑦众所周知，其中所言"时局关系"，系指 7 月 7 日爆发的卢沟桥事变。

① 《市府十周纪念各展会昨闭幕》，《申报》1937 年 7 月 19 日，第 14 版。

② 潘仰荛：《注意工业安全》，《申报》1937 年 7 月 14 日，第 12 版。

③ 潘文安：《从上海工业展览会说到今后工业之动向》，《申报》1937 年 7 月 26 日，第 12 版。

④ 《青岛组观摩团下周出发来沪转京，目的在考察工业安全卫生》，《申报》1936 年 1 月 13 日，第 9 版；《青岛组织京沪观摩团考察安全卫生情形》，《申报》1935 年 12 月 29 日，第 8 版。

⑤ 《中央工检处续办工业安全卫生展览会》，《国际劳工通讯》1937 年第 4 卷第 3 期。

⑥ 《青岛市工业安全卫生展览办法》，《国际劳工通讯》1937 年第 4 卷第 8 期。

⑦ 《青市工业安全卫生展览会停止举行》，《国际劳工通讯》1937 年第 4 卷第 9 期。

1949 年，社会部工矿检查处曾有在上海举办一次工矿安全卫生福利展览会的设想，不过，其时间设定在 1950 年。[①]众所周知，此计划落空了。

第四节　国内外交流

一、国际交流

上海工业安全协会派员参加了首届"国际工业交通安全会议"。1935 年 4 月，英国安全第一协会、美国国家安全协会，以及法国、意大利、荷兰和德国等国安全团体在伦敦发起成立"国际工业交通安全协会"，并决定 1937 年 4 月在荷兰阿姆斯特丹召开第一届国际会议，邀请各国政府以及工业或交通安全团体推派代表参加，中国上海工业安全协会亦在被邀之列。[②]

上海工业安全协会认为，由于我国工业交通事业日趋发达，每年灾害损失极大，影响国计民生至深且巨，但灾害预防工作"纯属专门技术，国内对于此项技能，尚乏相当知识"，因此该协会接受邀请，并召开专题会议推选代表与会。[③]上海工厂检查所所长兼工业安全协会总干事田和卿成为最佳人选。田和卿于 4 月 2 日乘俄轮"北方号"至海参崴，转乘西伯利亚特快列车，赶赴荷兰阿姆斯特丹。此次会议于 4 月 26 日召开，会期 3 天，分工业安全、公共安全、家庭安全三组进行讨论。具体议题集中于如何促进各国安全运动，并研究安全卫生设施及其有效之实施方法。与此相对应，会议讨论灾害及职业病之预防、职工伤病保险、研究雇主对灾害之责任问题等。除了参会之外，田和卿会后还计划顺道赴英国、德国、法国、意大利、瑞士、捷克等考察工厂检查行政与工业安全卫生设施，并拟搜集各项有关文献、模型、用具及影片等，以供我国厂主及工人借鉴参考。[④]

中国积极参加国际劳工会议。自 1919 年国际劳工组织成立至 1937 年 5 月，即召集大会多达 22 次，制定公约草案 58 个，建议书 49 个，举凡工业生活之方方

---

① 张天开：《工矿检查与社会安全制度》，《协济》1949 年第 1 期。

② 《国际工业交通安全会议》，《时事月报》1937 年第 16 卷第 4 期。

③ 《国际工业交通安全会议邀我代表出席》，《申报》1937 年 2 月 20 日，第 14 版。

④ 《田和卿期定赴荷参加国工安全会议将顺道赴各国考察》，《申报》1937 年 3 月 29 日，第 10 版。

面面，如工作时间之限制、最低工资之规定、女工童工之保护、侨工移民之待遇、特种工人之保护、工业灾害、职业疾病之防止、失业救济、社会保险及工人组织等，所有公约草案均已涉及，"汇集观之，实不啻一部国际劳工法典"。[1]1929年5月30日至6月22日，第十二届国际劳工大会在瑞士日内瓦召开。中国政府委派7名代表参会。政府方面代表为朱懋澄、萧继荣，政府方面顾问为富纲侯，雇主方面代表是陈光甫，顾问是夏奇峰。马超俊是劳工方面代表。此次大会议程讨论四大重要问题，分别为防止工业危险问题、预防商船装卸货物危险问题、强制劳动问题以及店员工作时间问题。防止工业危险成为会议讨论的难点，因为工业两字范围太广，资方认为时机尚未成熟，难以做出具体规定。因此会议通过两个建议案，一是防止工业危险建议案，包括三个内容，即采用科学方法研究工业危险发生原因及防止方法、研究有利害关系之当事者之合作方法、确定防止工业危险之立法原则。二是规定了防止动力机器危险之责任范围，涉及雇主责任与装置动力机器者之责任。大会闭幕后、中国代表团被邀赴意大利、德国、法国、英国四国游历，考察劳工行政问题。[2]

1937年3月，上海市总工会主席朱学范奉令出席世界纺织会议及第二十三届国际劳工大会，全市工界举行盛大欢送仪式，朱学范发表致辞，声称国际劳工大会，中国有正式提案两件，分别是检查工厂与制止走私。对于前者，他强调，租界工厂检查问题，虽经国际劳工局从中斡旋，但仍未完全解决，而工厂检查事关工人生计与康健幸福，生产建设过程中资本与劳力同等重要，必使劳工生活安裕，经济建设始能顺利推进。[3]

1934年，中华工业总联合会常务理事钱承绪以国际劳工大会雇主代表身份，赴日内瓦参加国际劳工大会。他受中国各工厂委托，会后考察各国产业状况及工厂管理制度。在其自罗马发回的报告中，他对此次工业考察主旨和对象等问题曾有详细说明。考察范围主要有二，一是欧美国家处理社会问题的一般情形，包括

① 程海峰：《国际劳工公约之制定与实施》（续），《申报》1937年6月5日，第17版。
② 《国际劳工大会中国代表团昨返国》，《申报》1929年8月10日，第13版。
③ 《出席纺织国劳两会，朱学范昨出国，检查工厂制止走私两提案，朱氏于轮次发表书面谈话》，《申报》1937年3月19日，第15版。

社会失业、劳工立法、减少工时、劳工交换、女工保护、职业疾病、工会组织、劳工储蓄与保险诸问题，二是各国工厂内部之组织情形，包括公司事权支配、增进效能、工人管理、工人支配、工人福利、工业安全、工厂查验诸节。鉴于欧洲著名工厂极多，不能一一考察，他决定在一个国家选择一至二个工厂，譬如德国的西门子电气公司和蔡司光学镜片公司、意大利的菲亚特汽车公司、荷兰的飞利浦电灯泡公司、瑞典的桑岱钢铁公司、法国的伦司矿务公司、英国的伦敦运输组合、德国的萨尔国营矿务局、捷克的拨佳皮鞋厂、美国的美国运输公司等共计 10 处。他计划每一处入厂实地考察 6 天，于两月内完成考察工作。他认为，日本产业组织猛飞突进，其纱业早已打败英国兰开夏。日本货品销售，近而及于南洋群岛，远而至于欧美各国。有鉴于此，他强调，赴日调查亦属刻不容缓，决定由英返国时，将费较长时间赴实地考察，撰成报告"以告国人"。①

1935 年 10 月 9 日，日本举行工厂卫生安全展览会。实业部认为中国工业幼稚，亟待改进，而工厂卫生安全等各项设备尤有改善之必要，因而委派中央工厂检查处科长王莹赴日参加该展览会，"以观摩所得，归作借镜"。王莹奉令后，偕同该处摄制工厂安全影片筹办工业安全卫生展览会人员到沪，与赴日经济考察团乘"上海丸"同行赴日。原计划行程长达 1 个月，分往神户、大阪等地参观日本各大工厂，考察各项安全卫生设备情况，但临行之前改变计划，仅参观展览会，当月中旬归国。②

1932 年，上海市社会局自《工厂法》施行后，即延聘经由实业部设所训练合格之工厂检查员，专设一股，积极进行，对该市工厂安全卫生等设备"特加注意，设法改善。"当年 11 月中旬，美国国家安全协会邀请上海市社会局加入该会，成为其团体会员，并赠寄大批刊物，供其参考。舆论认为，美国国家安全协会创立已久，"夙著声誉，对于预防工业灾害等问题，尤多贡献"，上海社会局加入该会，对改善该市工厂安全卫生等设施，"更能收切磋之效"，"实足为本市劳工

---

① 《钱承绪考察各国工业报告》，《银行周报》1934 年第 29 期。

② 《实部派王莹赴日参观工厂安全展览会》，《申报》1935 年 10 月 5 日，第 12 版；《参观日本工检展览会》，《申报》1935 年 10 月 7 日，第 7 版；《王莹昨晨东渡，预定一月后返国复命》，《申报》1935 年 9 月 23 日，第 8 版。

界之福音也"。[①]

二、国内交流

1936 年 2 月，青岛工业界组成"安全卫生观摩团"，赴南京、无锡和上海，进行了长达半个月的考察交流活动。此举可以视为国内工业安全卫生问题交流的典范。

筹组观摩团，始于 1935 年年底，由青岛工业安全卫生委员会易天爵、王守则、和陈克曜 3 名委员提议，青岛社会局支持，并经市政府核准。观摩团由工业安全卫生委员遴选的 3 名相关领域专业人员，加上工业界指派的技术职员所组成，设置团长和副团长各 1 人，文书、会计、交际各 1 人。团长由社会局从团员中指定，副团长及文书、会计、交际人员由团员互推产生。团长负指挥团务全责，必须随时召开团务会议。考察方法及日程安排，由团长拟定，提交团务会议通过施行，并报告工业安全卫生委员会，转呈社会局备查。考察结束之后，由团长和副团长缮具详细报告，送交工业安全卫生委员核办。考察往返以两星期为限，每人舟车、膳宿、杂用等费以 98 元为限，由团员所属的相关社会机关承担。[②]由此可见，此次考察相当慎重。而青岛市社会局在致中华工业总联合会的函件中，对此观摩团之目的曾有扼要阐述，即"为谋改进本市工业增进工人福利起见……组织工业安全卫生观摩团，赴京沪各地参观工业安全卫生及人事管理工人福利各项设施"[③]。

1936 年 2 月 7 日，青岛市工业安全卫生观摩团由京抵锡，次日参观申新纱厂、丽新布厂、华新丝厂、通艺机器厂。9 日参观造纸厂，晚上赴沪。[④] 9 日晚上抵达上海，观摩团团员陈克曜接受记者采访。陈克曜声称，该团在南京，除参观展览会外，曾分往各工厂实地考察，认为南京各厂对于安全卫生，"均有相当设备，尤以江南汽车公司对上项设备及人事管理最为周详"，并且"殊堪嘉佩"。陈克曜对无锡的华新丝厂、申新第三纱厂以及通艺机器厂，"均有极佳印象"。他向

① 《美国安全协会邀市社会局为会员》，《申报》1932 年 8 月 11 日，第 14 版。
② 《青岛组织京沪观摩团考察安全卫生情形》，《申报》1935 年 12 月 29 日，第 8 版。
③ 《青岛工业观摩团昨晚离锡来沪》，《申报》1936 年 2 月 8 日，第 10 版。
④ 《青工业参观团抵锡》，《申报》1936 年 2 月 8 日，第 9 版。

记者介绍参观上海工厂的五大内容，一是安全事项，包括工厂建筑方式、太平门消防设备训练、锅炉构造、电机装置及防护、电机线路开关装置及管理、传动力装置、作业机械齿轮防护等。二是卫生事项，包括工厂采光、换气、温度及湿度调节、有毒物料处理及储存、尘埃粉末吸收及清洁，以及食堂、饮料、宿舍、厕所、医药、急救等。三是工人福利事项，包括工人工作时间及休息休假、工人储蓄保险及合作娱乐、工人奖金分配及工人伤病死亡之津贴抚恤等。四是人事管理事项。五是其他一般事项。①

1936年2月10日上午，观摩团团员孙思庆、陈玉翰、徐镰、姚均和、周子西、陈克曜、关锡斌和李士魁8人，由队长王守则率领，由中华工业总联合会吴叔臣、机制国货工厂联合会程守中、社会局工厂检查股主任田和卿陪同，参观市中心区。下午，社会局派工厂检查员沈日升陪同该团全体团员，先至宝山路商务印书馆平板厂，旋至亚浦耳电器厂及辽阳路商务印书馆印刷厂参观，11日上午参观达丰染织厂、天利淡气厂，下午参观中华书局。12日上午参观章华毛织厂和华丰搪瓷厂，下午是中国酒精厂。13日上午参观康元制罐厂、南洋兄弟烟厂，下午是闸北水电公司、永安第二纱厂。14日上午参观大中华橡胶厂，下午是美亚总厂和天厨味精厂。②

1936年2月11日，中华工业总联合会和上海机制国货工厂联合会宴请青岛工业安全卫生观摩团。沪方由卢志学致欢迎词，略谓"中国工业，近年来已显呈速度之进步，但进步程度愈速，资本之运用愈难，工厂之管理，更非科学化不能收效……国人几经研究，方知人事问题不能解决，则工业在管理上不能完善，机械上设备不能安全，工作人员在有危险之虞，其结果必将影响生产，可以断言也"。青方团长王守致答词，"希望在座诸位先生加以指导，使青岛工业得能蒸蒸日上"。③

1936年2月18日，青岛工业安全卫生观摩团一行九人离车返青，分函上海社会局、中华工业总联合会、机制国货工厂联合会及各工厂表达谢意，并对沪市各厂

---

①《青岛工业观摩团昨抵沪，今日开始参观工厂》，《申报》1936年2月10日，第9版。

②《青岛工业观摩团排定日程参观各厂》，《申报》1936年2月11日，第11版。

③《中华工业会等昨宴请观摩团》，《申报》1936年2月12日，第9版。

之设备"颇多赞许"。[①]

第五节　安　全　培　训

　　锅炉爆炸是近代中国工业灾害中的重要类型，而作为最主要的工业城市，上海的锅炉数量亦相应位居首位。1922 年约为 330 只，1932 年约为 650 只，1937年为 1000 只，其中六成以上系本地制造，对所用材料、制造方式、压力范围、安全装置，大都未经合格技师审查，而管理运用上"更少有学识与经验并富之人员负其责"。[②]依据世界各国之统计，75%的锅炉爆炸是由于管理失当。有鉴于此，上海工部局工业科科长辛德女士根据各方建议，于 1937 年夏季开设锅炉安全讲习班，每班以六星期为限。讲授内容以锅炉安全为主体，包括锅炉构造与运用两大部分。[③]

　　上海沦陷以后，上海工部局举办了多届工业安全培训班。1939 年，上海公共租界工部局工业科力求界内工业安全起见，决定举办免费"工厂工业常识及安全训练班"。相关报道声称，工业安全十分重要，上海虽成"孤岛"，但界内工厂反比战前增加。此一训练班与工部局"交通安全第一"运动的宗旨相符。据工部局指定工程师、上海交通大学胡筠笙教授介绍，上一年举办的训练班，其学员主要是担任工厂管理职责的"拿摩温"，亦即工头，培训人数过百。此次训练班的对象有所不同，主要是工厂里的工匠与火夫。培训课程也有所增加，分别为"各式蒸汽锅炉设计"、"制造蒸汽锅炉及改进历来的误点"、"实验电焊工程"、"机械工场之常识与管理"、"机械装置与动力之传动"、"实验电气工程及其装置法"以及"机械制图"。授课时间为 17 个星期，每周二、周五各 1 次，从下午7 时半至 9 时半。义务授课的教员除胡筠笙之外，尚有金芝轩、严砺平、黄启罗等，4 人均是工部局核准的工程师。胡筠笙特别强调，对于机械构造问题的讲授，

---

　　① 《青工业观摩团昨离沪》，《申报》1936 年 2 月 19 日，第 14 版。

　　② 金芝轩：《上海蒸汽锅炉之状况》，《申报》1939 年 7 月 2 日，第 12 版。

　　③ 金芝轩：《上海蒸气锅炉之状况》（续完），《申报》1939 年 7 月 8 日，第 15 版。标题原文如此，但"气"应为"汽"。

教员将放映电影，以便促进学员的理解。学员受训考试及格，而且中途并不缺课，则由工部局颁发证明书，"以示奖励之意"。①

1940年春季的工部局工业安全训练班，分设"机器制造"与"铣压金属品制造"两科。前者专门训练制造机器之工头机匠，培训课程包括金属材料、工业算学、机器设计、安全类别、装置传动、电杆法以及机器制图等10余科。后者专为采用机器铣床而制造五金罐头灯等工厂的厂主及工头而设，因为此类工厂常有工友因工作不慎而轧断手指等受伤情况。除授以工业常识外，还对铣床模型制造与安全装置等问题予以重点培训，以期防患于未然。两科分别招收100名学员。其招生广告声称："各班所聘讲师，均系上海著名工程师及大学教授担任讲解，注重实际，以浅近方式解释各种理论，且有幻灯片将机械详细图样放映于银幕。不论工友识字与否，均能明了。"②同年下半年，工部局工业科决定继续举办工业安全及常识训练班，8月30日晚上报名注册时，"颇为踊跃"，共录取了机器铁工厂等27家之工头和铜匠62人。③秋季工业安全训练班的目的在于增进工人技能、减少工作危险，因此将培训对象定为运用机器、铣床而生产罐头、灯头、门锁，以及其他五金物品厂的厂主、工头、机匠、铸模工人。授课时间为每周星期一、星期四的下午7时至9时，共6个星期。培训科目计有机器厂工作实践、钢模铸造、模子钢板之选探及其热处理法、铣床管理及安全方法、铣制物品法等。④次年，免费性质的工厂安全培训班继续举办。1941年春季，培训班继续开办技工及机匠训练科，专为机器铁工厂制造工业机械之技工及机匠而设，目的在于增进工业技术及灌输机械安全之知识。授课时间从3月3日至4月17日，每周星期一、星期四的下午7点至9点上课，课程包括工场算学、机器厂实习、电气及机械装置法、压力容器使用、空气调节器装置。报名时须交报名费1元，此外不收任何费用。⑤4月1日至5月2日的培训班，增

---

① 粟一：《工部局举办工厂安全训练班》，《申报》1939年8月28日，第10版。

② 《上海公共租界工部局续办工厂训练班》，《国际劳工通讯》1940年第7卷第2期。

③ 《工业安全训练班尚有余额》，《申报》1940年9月3日，第7版。

④ 《工业科举办安全训练，关系工业安全至巨，受训者定月底注册》，《申报》1940年9月21日，第10版。

⑤ 《关于工厂事宜报告：本局主办之东区工业常识及安全训练班》，《上海公共租界工部局公报》1941年第12卷第4期。

设了金属铣压科，专为金属铣压机工厂之厂主及工匠而设，上课时间与前者相同。所授课程则不一样，包括工场算学、钢及钢之热处理法、钢模制造法、铣床管理及安全法等。培训班教师均系大学教授或著名工程师，如胡嵩岩教授、周孝高、张子惠，赵志邃、林白、郁为瑾等，以及该局技术训练科主任沈季超。[①]

此外，个别职业学校亦曾举办短期的工业安全培训班。譬如，"专注工业补习教育"的上海第三中华职业补习学校，1941年受上海市政机关委托，办理工业安全训练班。[②]

1941年下半年，短期训练班发展成为"工人技术专修夜校"。关于创办工人技术专修夜校的宗旨，上海工部局工业社会处处长辛德女士认为，"端在训练未受高深教育而有实际工厂经验之技师或学徒"，通过授予"理论化之技术与知识"，矫正他们技术上之误差，从而减少工业灾害。1941年下半年招收首批学员，共计200余人，均系机器工厂技术工人。1942年继续举办，在机械技术专修科之外，新增了电机技术专修科，两科合招新生、插班生共计290名，凡机器铁工厂、机器修理厂、电机制造厂、电机装置公司，以及其他有关机械电机厂之技师、工友，或者已经满师之学徒，均可报名应考。为了鼓励工人利用晚间从事专门技术之训练，每学期学费仅5元。[③]

1944年秋，为了推进工业教育、培育技术人才，提高工厂效率、改进产品质量和减少工业灾害，上海市工务局工厂股继续举办"工人技术专修夜校"，聘请上海各大学著名教授担任教席，暂设电气工程和机械工程等课程，并拟日后增设土木工程。学生多系该市各大工厂选送的优秀满师学徒、技工等专门人才，培训时间为15个星期，期满之后并经严格考试，合格者发给证明书。当时招收的学员超过400人。[④]

民国时期工业灾害治理研究

---

① 《关于工厂事宜报告：本局主办之工业常识及安全训练班》，《上海公共租界工部局公报》1941年第12卷第2期。

② 《学校汇讯》，《申报》1941年6月14日，第7版。

③ 《工人技术专修夜校推进工业教育，下学期起扩充组织添电机班招收新生》，《申报》1942年6月26日，第12版。

④ 《简讯》，《申报》1944年9月25日，第2版。

1945年5月，上海市工务、公用两局合并为建设局，管理机械工厂工业成为建设局基本职能。当时，电力供给一再减少，不少工厂自备发电机以解决动力问题，但其是否合格，足以影响公众安危。该局为确保工业安全、增进生产效率，认为有必要取缔自备发电机，因而制定取缔规则，呈奉市政府明令公布施行，并规定凡雇用工人10人以上或使用动力之工厂，除须向经济局登记外，其设备须经建设局检验，方得使用，而关于工业灾害调查以及工厂设备改进等问题，亦"均在积极计划进行中"。建设局认为，工部局举办的机械技工及锅炉火夫训练班，成效卓著，因而计划恢复，"一俟筹有端绪，当即公告招生"。[①]但囿于时局，此一计划未能遂愿。

根据锅炉专家金芝轩的统计，上海工部局在1937年夏开办讲习班，每班以六星期为限，第一班于1937年6月17日卒业，共计21人。第二班于1938年1月18日卒业，共25人。第三班于1938年8月2日卒业，共计36人。第四班于1938年10月4日卒业，共计32人。第五班于1941年12月2日开始，听讲者增至96人。而据金芝轩于1939年的预计，至1940年12月，仅在特一区内，有500名火夫与管理员接受培训。[②]根据工部局的统计，至1940年底，培训学员达427名。[③]

受训学员在其工作实践中，业务水平和安全意识均有较大提高。工部局工业科曾经深入工厂，对此进行了跟踪调查，认为各厂受训的火夫与管理员，对其"工作上之措置，已有极显明之改良"，安全意识"无形中已增进不少"。工业科高度认同授课工程师的授课方式，认为即使面对"目不识丁之火夫，亦能以最简单与准确之法则，使其明了"，同时"测验其听讲之是否得益，以期达到'天下无不可教之人'之目的"。[④]而据工部局工业社会处处长辛德女士的看法，工业社会处的短期免费"安全班"，使受训对象明白锅炉及机器之科学管理，因而不致发生灾害而保安全，这些人在其后的工作中，受到工业界"热烈赞许"。[⑤]

---

① 徐季敦：《两月来之建设行政》，《申报》1945年5月19日，第3版。

② 金芝轩：《上海蒸气锅炉之状况》（续完），《申报》1939年7月8日，第15版。

③《关于工厂事宜报告：本局主办之工业常识及安全训练班》，《上海公共租界工部局公报》1941年第12卷第2期。

④ 金芝轩：《上海蒸气锅炉之状况》（续完），《申报》1939年7月8日，第15版。

⑤《工人技术专修夜校推进工业教育，下学期起扩充组织添电机班招收新生》，《申报》1942年6月26日，第12版。

第五章

劳工伤病之救治

现代工业灾害具有一定程度的不可避免性，创设医疗设施也是实现工业安全的必要举措。本章首先探讨民国时期工厂医疗设施由自发性到制度化的历史转变，然后对学界关注较少的职业病尤其是工业中毒的防治思想予以简略考察，最后则对工人伤病救治费用问题进行分析。

第一节　医疗设施制度化

创建工人伤病救治设施的制度化和强制化，始自 1930 年《工厂法施行条例》的颁布，其中第 17 条规定，平时雇用工人超过 300 人的工厂，应于厂内设置药室，储备救急药品，并聘医生，每日到厂担任工人医药及卫生事宜。[①]1935 年 10 月实业部颁行的《工厂安全及卫生检查细则》第 69 条规定，工厂应有急救设备，平时对于工人应进行急救训练，第 70 条规定，300 人以下之工厂不能单独设置医药室并聘请专任医师者，应特约就近医院或医师办理。[②]1936 年 12 月，中央工厂检查处颁布《工厂设置卫生室办法》，要求平时雇用工人 300 名以上的工厂，均应遵照办理。《工厂设置卫生室办法》划定了工厂卫生室的职能范围，其中有工人伤害疾病之诊治及急救事项、传染病及职业病之研究及预防事项、工人伤病统计事项等，工厂卫生室设置人员之多寡，可以斟酌厂内实际情形办理，

---

① 《工厂法施行条例》，《立法院公报》1931 年第 25 期。
② 《工厂安全及卫生检查细则》（1935 年 10 月 9 日国民政府实业部公布施行），《工商半月刊》1935 年第 23 期。

但至少须设主任兼医师 1 人、护士 1 人、兼药剂师 1 人、卫生稽查员 1 人，此外尚须进行伤病统计等。[1]

　　1934 年 6 月，中央工厂检查处颁发"工厂简易急救术及救急设备"小册子，虽然属于工业安全的指导性质，但仍可归结为工人伤害救治措施。内分两大部分，一是简易急救术，包括通常、窒息、止血、触电、煤气中毒、溺水窒息、冻僵、烫伤、强酸伤害、强碱伤害、中暑、热疲、昏厥、创伤、捻转伤、脱臼、骨折、剧烈腹痛 18 种。二是简易急救设备，又分药品和材料两部分，其中药品包括重碳酸钠、氯化钠溶液、硼酸膏油、硼酸溶液、汞色素水溶液、碘酒、纯酒精、八芳香纳酸等，材料包括三角巾、卷轴带、多尾带、丁字带、安全别针、橡皮膏、消毒棉花棍、消毒纱布、消毒白布、木质开口器、木夹板、木板刮、镊子、血管镊、剪刀等。都附有用法、功能、注意事项，后面还附有示意图（图 5-1、图 5-2），具有极强的针对性、指导性、实用性。譬如上海，则分赠各工商团体，由其转发各厂。[2]

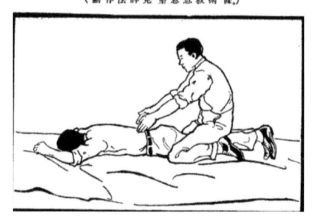

薛氏俯压式人工呼吸法

(Schaffer Prone Pressure Method)

（动作法详见"窒息急救术"条。）

---

　　① 《转发工厂设置卫生室办法案》，《南京市政府公报》1936 年第 172 期。

　　② 实业部中央工厂检查处编：《工厂简易急救术及救急设备》，内政部卫生署，1934 年，第 1—24 页。

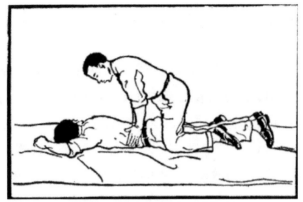

图 5-1 薛氏俯压式人工呼吸法

资料来源：实业部中央工厂检查处编：《工厂简易急救术及救急设备》，内政部卫生署，1934 年

綳紮術圖解

第一圖 臂部「三角巾」之應用法：

以「三角巾」底角之一端，置於無傷之肩
上，並將頂角置於肩之肘下，再將另一底角
置於傷肩之肩上繞至頸後，與另一底角在
健康肩上作一結，將「三角巾」之頂角拉
至肘前理好，以安全別針固定之。

第二圖 肩胛部「三角巾」應用法

將一「三角巾」展開，其底部約摺入五公分
許，以其頂角置於頸旁，愈上愈好，其餘兩底
角繞經上臂周，於上臂之外側作結固定之。
另用一「三角巾」摺成牽領巾式，以角之
一端置健康肩上，以另一端繞至頸後，至端

第三圖 胸部「三角巾」之應用法

背面　　前面

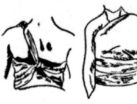

將「三角巾」展開，置於胸部，其頂角置於近傷之肩峯上，其底角
則繞於體後作結固定之，然後將其頂角向肩峯上牽引，與兩底角
結合於體後。

第六圖　下頜「四尾帶」應用法：

將帶之中央，放於下頜部，其上側左右各一尾，向後牽引，經過耳後方於頸後結之，帶之下側左右各一尾，向上牽引，經過耳上方在頭頂上作結固定之，上下兩結所餘之尾，擇適當處作一總結。

第七圖　頭部「四尾帶」結紮法：

將帶之中央放於頭部傷處，其前側左右各一尾向後牽引，於枕骨作結，其後側之左右兩尾於左頜下作結，倘傷處在腦後，則可將其前側之左右兩尾於頜下作結，其後側左右兩尾於前額作結固定之。

第八圖　眼部「四尾帶」應用法：

倘一眼受傷，將帶之中央放於傷眼之一側，帶之上側左右各一尾，於耳上方向頭後牽引而結於枕骨，帶之下側左右各一尾，於耳之下方向後牽引達於枕骨，作結固定之，倘兩眼同時受傷，則帶之中央置於兩眼之上，紮法與前相同。

第九圖　「丁字帶」之應用法：

將橫帶環繞腰部作結，或以安全別針固定之，後將直帶向下經過會陰部而固定於橫帶之上。

图 5-2　绷扎术图解

资料来源：实业部中央工厂检查处编：《工厂简易急救术及救急设备》，内政部卫生署，1934 年

但是，厂矿医疗设施的民间实践，却远远早于南京政府的制度安排。1920 年，上海沪东公社即与一部分中外厂商创办了杨树浦工业医院，"二三十个工厂中工人皆可享此权利，医院内一切开支全是工厂担任，工人并不费一文"[1]。同年，穆藕初的厚生纱厂，每年夏秋间"延医给药"，并且与同仁医院建立合作关系，该厂工人如有疾病，随时送去诊治，医药费由厂供给。[2]1924 年商务书馆印刷所工

---

[1] 吴广培：《劳动问题》，《申报》1920 年 6 月 18 日，第 17 版。

[2] 穆藕初：《复讨论厚生纱厂招募湖南女工问题诸君书》，穆藕初等著，赵靖主编：《穆藕初文集》，北京：北京大学出版社，1995 年，第 261—262 页。

人患病，须入工厂所设之"养病房"。①根据上海南市华商电车公司"向例"，工人因公受伤或死亡"特别优待"，工人如在公司指定医院诊治，所有医药费概由公司支付。②根据林颂河的调查，塘沽久大精盐工厂早期并无医药设备，随着规模扩大，分厂相继成立，工人日益增多，遂委托京奉铁路医院，治疗工人疾病，按月奉送酬劳费，工人医病不给分文，照此办理 7 年，厂方认为"委托性质，究属客体，难免有招呼不周之处"，遂于 1924 年与永利制碱公司合办附属医院，内分诊断、绷带、手术、调剂、试验、研究 6 个科室，另有候诊室 1 间，病房 5 间，可容纳病人 20 余人，其中一间病房特设洗澡瓷盆，以洗涤全身烫伤的工人。聘有毕业于日本医科专门学校的医师 1 人，毕业于天津卢氏新医学校的助手 2 人。药品和用具随时添置，并有显微镜和精贵化学药品。工人就诊，须先向久大管理部或永利经管部，领取就诊凭单到院挂号。院中事务，除诊治伤病外，尚有体格检验、疾病预防和卫生检查三项任务。"救急须知"和配好的药品，置于各厂工务处和监工处，"遇有工人猝然倒地，也知道怎样去救急"。③

1922 年，有人撰文指出中国工厂存在空气欠流通、温度过高或过低、机器安全隐患、无膳室、车间无座位、太拥挤以及无急救设备等安全卫生问题，认为政府应当承担责任，所谓"一国之所以有政府机关者，无不欲赖以裨益于人民也，工人无政府保护之条件，实视工人之生命轻如羽毛，所以若欲改良中国工厂中之种种情形，政府亦不能不起而干涉者也。欧西各国均有保护工人之种种法律，吾国独无也"。极力呼吁迅速设法保护"伤死工人宝贵之生命"④。不过，处于自发性阶段的工厂医疗设施及医疗待遇，无疑受制于企业规模、盈利能力以及厂主理念等诸多因素。

1931 年 9 月，实业部劳工司为了实施工厂检查，曾经委派王莹赴上海，进行了为期三个月的调查工作。在其细致考察的 11 个工厂中，三友实业社棉织厂设有医务室，聘有看护 2 名，并且"另请医生，间或来厂诊病，重病则由厂方送入医

① 《商务书馆工厂状况之调查》，《申报》1924 年 6 月 7 日，第 2 版。
② 《华商电车今日复工，罢工事昨日完全解决》，《申报》1926 年 9 月 3 日，第 14 版。
③ 林颂河：《塘沽工人调查》，上海：上海新月书店，1930 年，第 92～95 页。
④ 程婉珍：《新工业研究（二）：工厂卫生与避险问题》，《实业杂志》1922 年第 56 期。

院调治"[1]。永安纺织公司第三厂医药处备有急救药品，"如遇危险之病症及伤害，则由厂方送入附近之劳工医院，免费诊治"[2]。1932年，北平社会调查所编辑的《第二次中国劳动年鉴》记载，青岛民生国货模范工厂、华新纺织公司，商务印书馆，汉口申新纱厂、裕华纱厂、平民工厂、云裳纱厂、第一纺织公司，石家庄之大兴纺织工厂，宁波之和丰纱厂等，均设有医院或诊疗所，治疗工人疾病，概不取费。[3]同年，实业部劳工司派员分赴各地调查劳工状况，覆盖了14个省市的527个工厂（其中包括矿山29处）。上海市的255家工厂中，自设医院者2厂，设有医室者有28厂，委托医院治疗者有225厂。山东青岛的35家工厂中，自设医院者共8厂，委托医院治疗者2厂，仅设有医室者有大英烟公司1厂，医院医室均无者24厂。北平共10厂，自设医院者只有北平财政部印刷局1厂，委托医院治疗者有4厂，医院医室全无者5厂。河北唐山除开滦矿山外，尚有启新磁厂、华新纱厂、启新洋灰工厂3家，厂均设有医室，但药品设备不全。塘沽永利制碱厂设有医院1所，共有医室4间，各种药品设备，亦较完全。井陉矿务局炼焦厂设有医院。石家庄大兴纺织厂设有医院。山东济南19厂中，6厂设有医院，2厂有委托医院，1厂设有医室，其余各厂全无设置。山东烟台13厂均有委托医院。山东博山矿区2厂均有委托医院。山西太原4厂中，2厂有委托医院。河南开封5厂中，2个面粉厂有委托医院。河南郑州2厂，或有医室3间，或有委托医院。安庆省营电厂医院医室全无。江苏苏州19个工厂中，有委托医院者9厂。浙江杭州多为丝织业，已调查者33厂，均无自设医院，但其中31厂均有委托医院。厂内所备药品不外十滴水、痧药之类。浙江鄞县21厂中，设有医院者1家，有委托医院者16厂。浙江吴兴县24厂中，21厂有委托医院，但药品不全。浙江嘉兴6厂中，4厂有委托医院者。浙江温州7厂中，2厂设有委托医院。江西九江3厂均设委托医院。江西南昌3厂中，2厂有委托医院。湖北汉口8厂中，2厂设有医院，4厂有委托医院，1厂设有医室。湖北武昌4厂中，1厂有委托医院。湖北沙市3厂中，1家有委托医院。湖南长沙3厂，

---

① 王莹：《参观上海各工厂报告》（待续），《劳工月刊》1932年第1卷第3期。

② 王莹：《参观上海各工厂报告》（待续），《劳工月刊》1932年第1卷第3期。

③ 邢必信等编辑：《第二次中国劳动年鉴》（下），北平社会调查所，1932年，第176—177页。

均系省营产业，均设医院，其中湖南第一纺织厂正兴建工人疗养室，"堪称各厂模范"。重庆8厂，仅裕华布厂有医室2间，各厂医药设备甚为贫乏。①

1934年，江苏省建设厅在工厂检查第一期计划拟订以后，首先派员视察了无锡32个工厂，其中拥有医务人员、医疗设施，或者与当地医院具有定向合作关系者，总计为14个，占比将近44%。工厂厂名和相关医疗设施情况，如表5-1所示。根据青岛市社会局1934年7—9月的工厂检查报告，在37个华商企业中，拥有特约医院者23家，设有厂医药房者1家，设有病院者1家；关于急救设施方面，稍有急救设施者16家，急救箱者5家，急救药者2家，急救室者1家，在病院内救治者1家。②据1934年10—12月有关40个工厂的统计，有急救箱及挂图者20家，有急救箱者9家，有病房者1家，有急救挂图者2家，有急救药品者1家，有病院和挂图者1家。③据1935年上半年青岛工厂医疗设施概况统计，38家企业中有一定医疗设备者共计35家（表5-2）。再看天津的情况。该市规模较大的工厂"间有医疗设备"，规模较小的工厂，由厂方委托附近医院或医师办理医务事宜，在接受工厂检查的所有工厂中，有委托医院者15家，有委托医师者23家，既有委托医院又有委托医师者4家，"工人伤病厂内不负责任者"3家（表5-3）。④根据1934年杭州卫生调查报告，较大工厂均有厂医，"惟对卫生之顾及与否，各厂不同。杭市以丝织厂为最多，敝于职业病方面，无甚可虑"。⑤

1937年上半年，吴至信对厂矿医疗设施进行了较为全面的调查。他曾任职于国际劳工局中国分局，后被资源委员会延聘。改任新职之后，他于3月10日至6月30日，"躬往国内各地厂矿考察惠工事业"，经历之地共计有10省5市之21处工矿区域，"身临5铁路9矿35厂"，"观察既极精密，搜罗又极丰富"，其

民国时期工业灾害治理研究

① 刘明逵、唐玉良主编，刘星星、席新编著：《中国近代工人阶级和工人运动·第七册——土地革命战争时期工人阶级队伍和劳动生活状况》，北京：中共中央党校出版社，2002年，第484—489页。

② 根据《青岛市各业工厂状况报告表（华商之部）》（实业部中央工厂检查处编：《中国工厂检查年报》，1934年，第四章第22—27页）统计。

③ 根据《青岛市各业工厂状况表》（实业部中央工厂检查处编：《中国工厂检查年报》，1936年，第251—255页）统计。

④ 《天津市工厂检查报告书（三续）》，《劳工月刊》1935年第4卷第10期。

⑤ 褚应章：《杭州市卫生调查报告》，《中华医学杂志》1934年第20卷第8期。

研究报告于 1940 年以“中国惠工事业”为名出版。[1]

他所调查的各厂矿医疗设施中，有铁路总医院以及 10 个厂矿所设医院实现了分科诊疗，达到了医院规模。不分科诊疗、略具医院规模者，计有 3 矿 5 厂。有 12 个厂的医务人员与设备均极简单而类似急救室者，有 3 个工厂正在兴建较大规模的医院。仅有西药救急设备而无西医者，有 4 个厂，完全无西药设备者有 1 矿 6 厂。医药设备不全或缺失的工厂中，14 个厂有特约医院。规模最大、设备最全的一所矿场工人医院，投入经费高达 100 万元，设施仅次于北平协和医院及上海市立医院。另一矿场于 1923 年开始设立医院，逐年扩大，全院资产估值 30 万余元。该院各科分设诊室，计有内科、外科、皮肤科、儿科、耳鼻喉眼科、产妇人科、电疗科、检查科等，此外尚有候诊室、手术室、药房、制药室、验药室、细菌检查室、电疗室、X 线检查室等，病房计大房 5 间，容床 120 张，小病房 16 间。设备方面除医院一切普通设备均全外，尚有大 X 光镜（即 X 线机），小 X 光镜，透热治疗机，通用联结电机，高压蒸气消毒机及太阳灯等。因公受伤者，无论任何铁路厂矿医院或诊所，概系免费。[2]

根据美国学者卞历南的看法，企业提供社会服务与福利是抗日战争时期国营企业的一个典型特征，而战时社会与经济的双重危机，是社会福利制度“重大发展和扩张的关键因素”。[3]他考察的内迁企业重庆钢铁厂，企业医疗设施几乎和职工住房与子弟学校的发展具有同步性。钢铁厂迁建委员会于 1939 年夏设立医务室，但至 1941 年 4 月，已拥有一家医院，在两处设有门诊部。1938 年 8 月，兵工署第十工厂迁入重庆，亦于 1941 年夏设立了一所医院。与此同时，第二十工厂亦创办了一所医院，院内设置内、外、产、牙、五官各科。第二十一工厂是战时兵器工业之最大工厂，1938 年迁入重庆即设有医务科，两年之后创办一所医院。1939 年，第二十五厂设立一所医院，规模逐年扩大。1940 年，第三十厂旧有医务科扩编而成一所医院，由于该厂厂房分散于三处，该医院在每一处均设分诊所。

① 吴至信：《中国惠工事业》，上海：世界书局，1940 年，“序言”、第 1 页。
② 吴至信：《中国惠工事业》，上海：世界书局，1940 年，“序言”、第 152—163 页。
③ 〔美〕卞历南著、译：《制度变迁的逻辑：中国现代国营企业制度之形成》，杭州：浙江大学出版社，2011 年，第 178 页。

第四十一工厂于 1938 年迁至贵州桐梓，该厂医院设有住院部、2 个门诊部，以及一个"出诊队"。[①]截至 1944 年年底，全国 13 个省份以及重庆市的工矿企业共有医院 56 个，诊疗所 286 个。截至 1945 年年底，全国 17 个省份以及重庆市的工矿企业共有诊疗所 527 个。[②]

　　成立于 1946 年 5 月 4 日的上海市劳资评断委员会,在其第 4 次委员会会议时,议决组织视察团，由该会委员轮流参加视察各重要工业的劳工状况，"以明内容，而利评断"。该组织选定 51 个重要工业单位，于 1946 年 10 月对大、中、小型三种规模的 860 个工厂进行分组实地考察，关于医药设备的调查结果显示，厂方能有小药箱设置者，尚不普遍。工人疾病之预防以及疾病之补助津贴，大型各厂间有举办。860 家工厂中聘有顾问医师者 190 家，有医药设备者 323 家，尚不及半数，"自本市工会组织迅速发展以来，对于医药设备颇多注意，工会大都聘有医药顾问免费诊治或施药"。[③]另据陈达调查的上海 240 个工厂，医药人员的配备可以大致分为四类：92 个厂聘有医师及护士，以纺织业为最多，有 61 家；37 个厂有特约医院或特约医师，由厂方指定医院或医师，工人凭证前往医治，可得免费或减费待遇，各业中型小型厂家都用此办法；23 个厂由事务员兼管医药，略备急救药品，必要时由事务员代为包扎使用，如机械工业、化学工业；88 个厂无医药人员，仅有少数工厂配备急救药品，必要时由工人自行敷用。医药设备大致有三种情形：30 个厂设立诊疗室，聘请医师，备工人随时就诊，以纺织业为最多，占22 家；124 个厂备有普通急救药品；86 个厂没有医药设备，医药费用概归工人自理。医药津贴问题，厂方对全部工人给医药津贴的仅 26 家，酌给津贴者计 82 家，工人自理者竟占 97 家，其余 35 个厂情况不明。[④]

────────────────

　　① 〔美〕卞历南著、译：《制度变迁的逻辑：中国现代国营企业制度之形成》，杭州：浙江大学出版社，2011年，第 186—187 页。

　　② 社会部统计局编：《社会福利统计》，转见〔美〕卞历南著、译：《制度变迁的逻辑：中国现代国营企业制度之形成》，杭州：浙江大学出版社，2011 年，第 209 页。

　　③ 上海市劳资评断委员会编：《上海市五十一业工厂劳工统计》，1948 年，"序"及第 33 页。

　　④ 陈达：《我国抗日战争时期市镇工人生活》，北京：中国劳动出版社，1993 年，第 394—396 页。

第二节　劳工医院的创设

五四时期，中华工业协会曾有筹办工人医院的设想。[①]南京政府建立之初，江苏农工厅长何玉书在其施政宣言中声称秉持"知难行易之旨"，"赘举数端期诸实施"，将筹设劳工医院纳入其施政方针。[②]1928 年 8 月，上海特别市党务指导委员会民众训练委员会第十四次常务委员会审议了"劳工医院组织"，决定推胡鸿基等 17 人组成劳工医院筹备委员会。[③]一年后取得重大进展，1929 年 10 月底至 11 月初，公开招聘 10 名护士，年龄要求 16 岁以上 20 岁以下，学历资格为初级中学毕业或具有相当程度，并且"性情温和、体质健全"。[④]11 月 18 日如期开诊，"分科疗治，门诊除例假及其他休假日外，每日下午 3 时至 6 时，并备有住院病房。施诊给药，不取分文，以惠劳工，而济贫病"[⑤]。并于次年获上海卫生局、社会局以及国民政府内政部批准备案。[⑥]

该医院设施达到上海一流水平，堪称"完美"，设有光疗室、"人工太阳灯"和"紫外光灯"，对治疗肺结核和皮肤结核"收效极大"。当时上海仅有少数规模较大的医院才配备此类设备，但因其购置费用甚高，故而治疗费用也昂贵，贫困工人根本无法承受。此外，医院还从德国订购 X 线以及其他电疗和热疗设备。设备先进、免费治疗，堪称上海工人之"福音"。[⑦]劳工医院不仅内部设备完善，"所聘各医师均皆富有学识与经验"[⑧]。同时，"办理认真，成绩卓著，深得沪上一般人士与工友之信仰"[⑨]。上海劳工医院创建伊始，"诊务异常忙碌"，除住院病人以外，每日到院医疗治者超过 200 人，"此去彼来，颇有应接不暇之势"，

---

① 《中华工业协会开会记》，《申报》1919 年 8 月 24 日，第 10 版。

② 《苏农工厅长何玉书之宣言》，《申报》1927 年 12 月 9 日，第 6 版。

③ 《市民训会昨天常会》，《申报》1928 年 8 月 22 日，第 14 版。

④ 《上海劳工医院招考男女看护新生》，《申报》1929 年 10 月 30 日，第 6 版。

⑤ 《上海劳工医院正式开诊通告》，《申报》1929 年 11 月 18 日，第 5 版。

⑥ 《内政部批准劳工医院备案》，《申报》1930 年 10 月 17 日，第 16 版。

⑦ 《劳工医院新设备》，《申报》1930 年 2 月 3 日，第 14 版。

⑧ 《劳工医院诊务报告》，《申报》1930 年 5 月 12 日，第 14 版。

⑨ 《内政部批准劳工医院备案》，《申报》1930 年 10 月 17 日，第 16 版。

因为该院性质，"完全为劳工需要而设，系社会事业、慈善性质"，除住院病人酌收膳费外，门诊、挂号和医药等费用，"概行送给，不取分文，洵为劳工界之一救星"。^①据 1930 年的《申报》记载，每日赴院诊治者，最多是超过 400 人。当年 4 月，就诊人数共 6980 人，其中以外科最多，为 3522 人，内科次之，为 1980 人，妇产科 666 人，其余均为眼耳鼻咽喉科。^②1930 年 8 月，到劳工医院就医者多达 12 086 人，其中内科 1869 人、外科 7693 人、眼耳鼻咽喉科 1873 人、小儿妇产科 599 人、急诊 52 人。当月住院人数，院内科 322 人、皮肤花柳科 712 人、眼耳鼻咽喉和小儿妇产科 98 人。^③同年 9 月，门诊内科 988 人、外科 6900 人、眼耳鼻咽喉科 1538 人、小儿妇产科 352 人、急诊 33 人，共计 9811 人。同时，内科 322 人、皮肤花柳科 712 人以及眼耳鼻咽喉、小儿妇产科 1055 人住院。^④根据 1931 年 1—5 月的统计，劳工医院诊疗病人总计 23 821 人，其中 1 月份内科 528 人、外科 2084 人、眼耳鼻咽喉科 889 人、小儿妇产科 178 人；2 月份内科 54 人、外科 2360 人、眼耳鼻咽喉科 673 人、小儿妇产科 240 人；3 月份内科 1608 人、外科 2396 人、眼耳鼻咽喉科 1269 人、小儿妇产科 484 人；4 月份内科 761 人、外科 3129 人、眼耳鼻咽喉科 1167 人、小儿妇产科 359 人；5 月份内科 880 人、外科 2862 人、眼耳鼻咽喉科 1547 人、小儿妇产科 353 人。^⑤

劳工医院的创办经费，曾由上海市党部划拨 20 万元^⑥，但"相差甚巨"，故市党部、社会局及该院筹备委员会被迫召集上海各大工厂厂主及慈善机构负责人开会商讨，褚民谊、潘公展先后介绍筹备医院的经过，指出上海 80 万劳工缺乏免费诊治医院之痛苦，因经费不敷甚巨，呼吁各厂鼎力相助。市党部、社会局及劳工医院筹备委员会联名发表"告实业界、慈善界书"：

① 《劳工医院免费施诊》，《申报》1930 年 1 月 8 日，第 16 版。
② 《劳工医院诊务报告》，《申报》1930 年 5 月 12 日，第 14 版。
③ 《劳工医院八月份工作报告》，《申报》1930 年 9 月 15 日，第 14 版。
④ 《劳工医院九月份诊务报告》，《申报》1930 年 10 月 27 日，第 10 版。
⑤ 《劳工医院诊数统计》，《申报》1931 年 6 月 15 日，第 14 版。
⑥ 这一款项来自救国基金，济南惨案引发中国民众大规模的抵制日货运动，对于规定期限之前所进日货，酌情征收一定比例的费用，称为救国基金。详见周石峰：《义利之间——近代商人与民族主义运动》，北京：中国时代经济出版社，2008 年。

"本会邀请各位来此谈话，其目的在共同图谋本市全体工友的福利，但是要谋工友生活的改进，其道颇多……现在本会筹办的劳工医院，可谓改进工友生活与夫增益工友福利的第一声……上海一地，为中外观瞻所系，人口稠密，百业繁盛，工厂林立，亦为全国首屈一指之区。因为工厂之多，工友当然也随之增多，所以本市的工人问题，假使依照经济学的原理说，工人就是生产的要素。我们欲求本市的发达，欲求中国不做一个生产落后的国家，我们就不能不以全力来维护工友的生活，增进工友的福利。本市全体工友，大都因为生活的艰难、环境的不良，所以卫生一道每每不能顾到。因为不讲求卫生，疾病就易于传染。但是一般工友得病之后，又以痛受经济的压迫，无力就医，驯至亡于非命，良可痛心。这种不幸的事，不特影响于一个工厂，就是整个社会的生产力，也受极大打击，所以在工厂林立之区，不可不设置劳工医院。尤其在今日的上海，劳工医院是不可或缺，并且更是刻不容缓的要图……惟该院以后工作重大，职责艰巨，而于经费方面，预计尚感短绌，深虑不能持久。素仰诸公乐善好施，都以民胞物与为怀，深盼秉承总理爱护工友之意旨，兼念工友健全后关于工厂及社会全部之利益，慷慨赞助，玉成其事，不但为同人所感激，即全上海数十万工友，亦必同深感谢。"①

1930年2月召开的第二次院务会议确定了医院日常经费的筹募方案，并由财务委员会筹募特捐办法，以补不足。②3月3日，召开第一次财务委员会会议，决定根据上海全市各工厂的资本总额、劳工人数及营业状况，分别缴纳常年经费，共分为五个等级，分别缴费500元、300元、150元、72元、36元，并拟函请社会局执行。③1930年8月，劳工医院财务委员会主席潘公展，常务委员王延松、徐寄庼、秦润卿以及院长褚民谊、副院长王景阳和范守渊登报致谢捐赠者，其中有商务印书馆和英美烟公司各500元，九福公司300元，中华第一纺织厂75元，华商电汽公司50元。④

① 《劳工医院积极进行，定十一月五日开幕》，《申报》1929年10月28日，第14版。
② 《劳工医院扩充院务》，《申报》1930年2月25日，第16版。
③ 《劳工医院募款之进行》，《申报》1930年3月4日，第14版。
④ 《劳工医院第一次鸣谢捐款》，《申报》1930年8月7日，第2版。

第三节　劳工职业病的防治

马克思曾在《资本论》中深刻指出："某种智力上和身体上的畸形化，甚至同整个社会的分工是分不开的……工场手工业……以自己特有的分工从生命的根源上侵袭着个人。"[①]尘肺及铅、汞中毒等职业病在我国古代手工业中久已存在。[②]公共卫生学家丁福保在1911年的《中西医学报》发表《职业病一夕谈》，认为职业病是"任各种职业者易罹之疾病"[③]。而1923年《晨报副刊》刊载的小说，曾将职业病一词作为题名，小说中的医生听了病患陈述病情之后，果断地将其诊断为"职业病"。[④]前文已经指出职业病入法受挫，其原因之一是由于当时的技术条件，很难区分职业疾病与普通疾病[⑤]，因此职业病调查统计受到很大限制，制度设

---

① 〔德〕马克思：《资本论》，中共中央马克思恩格斯列宁斯大林著作编译局译，北京：经济科学出版社，1987年，第346页。

② 如周秀达等人指出，汉代王充的《论衡·雷虚篇》记有冶炼发生火烟侵害眼鼻和皮肤灼伤的现象，《后汉书》有冶炼作坊工匠被灼伤而"形貌毁瘁"的描述，五代独孤滔记述了方铅矿（硫化铅）并和冶炼中二氧化硫气体的危害，宋代沈括等记述了四川岩盐深井开采中的卤气和天然气中毒死亡事故及除毒方法，明代宋应星记载了煤矿井下瓦斯中毒及排毒方法，明代医家李时珍对铅矿工匠的职业病进行深入调查，认为除医药学家外，政治家、文学家、诗人、科学家等对生产劳动中的职业病多有记叙，反映职业病为古代社会所重视（参见周秀达、黄永源：《我国古代职业病史初探》，《中华医史杂志》1988年第1期；荆玉强：《祖国医学对职业病的认识》，《中医药学报》1987年第3期）。李约瑟曾将李时珍誉为"中国最伟大的自然科学家"，认为李时珍"生动地描绘了铅中毒等工业病"（参见〔英〕李约瑟：《中国科学史要略》，李乔萍译，台北：台湾中国文化学院出版部，1971年）。

③ 丁福保：《职业病一夕谈》，《中西医学报》1911年第16期。

④ "星期三的上午十点多钟的时候，尚义医院的内科诊治室里坐着一个脸色苍白的少年。他解开着对襟的短衣，露着青白的皮肤，肩井深深的凹着，一条一条的肋骨现着历历可数的样子。从玻璃窗透入的阳光照到他那有着军轮和鸟类的翼翅花纹的黄色扣上，反射出闪闪的金光，映在他的脸上，才觉得他还有点生气……我是个站务员中专事检票的，来来往往，成千成百的搭客，忽然一阵香气，忽然一阵臭味，有时刚刚闻着香气，觉得胸襟很是舒畅，跟着突然一阵臭味，胸襟立刻变为闷沉沉的。气管老是尽力的一闻一闭，像是忙不过来，到了晚上，觉得胸腔的内部微微的有点疼痛，这样一天一天的过去，不时的渐渐的厉害起来，到了现在……我不是肺病幺，先生？病是确在肺部，不过照您这样说来，可以说是"职业病"，因为你的成就实由于检票的职业。"钦文：《职业病》，《晨报副刊》1923年10月18日，第2版。

⑤ 1923年，《暂行工厂通则》颁布之后，社会舆论即有此种担忧（参见叔奎：《对于暂行工厂通则之我见》，《上海总商会月报》1923年第3卷第4期）。而1937年，吴至信仍然认为，"工人生病至于身故，是否积劳抑或某种职业病所致，颇难断定"。"雇主对于工人生病究应负若何之责任，颇难肯定。惟以中国工人平日收入之微，工作之劳，无论其得病是否由于工作，雇主应予以相当之援助，则殊无问题。倘职业病研究已精，能肯定病由工作而来，则雇主责任尤义无旁贷。"（参见吴至信：《中国惠工事业》，上海：世界书局，1940年，第77页、第61页）

计亦无作为，但对其防治问题，相关专家仍然进行了一定的探讨。

劳工问题专家刘巨犀在《工厂检查概论》一书中根据职业病的病因，从生产材料、工人个人卫生及工厂三个方面，对职业病的预防之道进行了探讨。首先是选择无毒或轻毒的材料，即以无毒材料替代有毒材料，如以锌替代铅，以汽油替代木醇，以不溶解化合物替代可溶性化合物。关于工人的个人卫生方面，他强调，饮食必须卫生，食堂与工作场所之间必须进行隔离。工人服饰必须整洁，必要时须配备手套和呼吸器等设备。工人注意口鼻咽喉手的清洁，工作后与用饭前做好清洁工作，以及配置沐浴、更衣室等设备。在作业流程方面，他强调危险工作应采用轮值制，对特殊的危险性和相关规定予以说明和口头指导，并且按期进行体格检查。就工厂方面而言，一是配置换气设备，最低限度也应当采用空气稀释法，二是多用机器替代手工，三是在可能范围内采用械器扫除法，以湿扫法取代干扫法，四是定期进行检查。[①]

同年出版劳工问题专家邓裕志所撰的《中国劳工问题概要》一书，有关职业病预防方法与刘巨犀大体一致。他将职业病界定为工业中毒，也就是"工人从事于某一种职业，因该职业所用的原料有毒而产生的疾病"，因此提出以无毒或轻毒材料代替剧毒材料，如以赤磷替代白磷，以锌替代铅等。在防毒设备方面，可以采用排气器、真空吸收机等装置，设置口罩、衣帽、洗涤室、沐浴间、更衣室及食堂等。同时，缩短工人的工作时间，从而使工人与毒物接触时间减少，如水银工人采用轮值制。在他看来，这些方法虽然不能完全杜绝工业中毒现象，但至少可以降低中毒程度。[②]

劳工专家更多关注职业病的预防，而医师或医学家则预防与治疗兼顾。早在1911年，著名医学家丁福保在《中西医学报》上刊发《职业病一夕谈》，介绍了肺结核、支气管炎、咽喉炎、水银中毒、铅中毒、心脏病、脾脱疽等职业病分属的行业、症状、预防和疗法。[③]1929年，医师王几道在《医药评论》杂志撰发了

---

① 刘巨犀：《工厂检查概论》，上海：商务印书馆，1934年，第193—194页。

② 邓裕志：《中国劳工问题概要》，上海：青年协会书局，1934年，第7—8页。

③ 张晓丽的《论丁福保近代卫生学的传播及其影响》一文介绍了他的主要译述、特点和影响。详见张晓丽：《论丁福保近代卫生学的传播及其影响》，《第十四次中医医史文献学术年会论文》，南京，2012年，第29—33页。

《职业中毒与医药中毒之预防法》一文，介绍了职业中毒的临床医疗方法："中毒之药物疗法，须择与毒物中和性者，能缓解其毒性，或用有吸收力之药物，使吸收在胃肠内之毒物，减轻其毒力。准备各种解毒药剂及治疗辅助药，并应有器械如血糖刺激剂，与兴奋剂、酸素吸入器。"[①]

1931年，汪于冈医师在《机联会刊》第35期、第36期、第39期、第40期、第41期和第52期[②]，介绍了黄磷中毒、水银中毒、亚铅中毒、硝酸中毒以及铅中毒的症状、预防法和疗法。在他看来，宣传工业卫生知识极有必要："就我国器械工业而论，把这工业中的知识普及开来，或者有人要说是无病呻吟，但是我国器械工业不发达，是确实的，若说是没有，未免一般社评家激切之论。即就上海一隅而论，虽然没有大国货工厂，可是普通国货工厂也不致少数，即使是外国厂家，这里面的工人，总还是中国人，所以这工业中毒的知识，当然有部分宣传之必要……我觉得这个工业卫生上的问题，在我职责上是不容推诿的……希望厂主和工友们大家注意些，或者可使工友们免除多少苦痛吧！"对于黄磷中毒问题，他强调最为根本的预防法是禁用黄磷，此外，相关工厂内部采用换气法、对工人定期进行检查体格、注意诊查牙齿、时时清洁口腔等预防方法必不可少，同时，食品不可置于工作室，尤其是肉类易于吸收磷蒸汽。在治疗方法上，通常采用硼砂、高锰酸钾溶液含漱，如果磷质误粘体表，必须防止其溶解吸收而播毒于体内，故而速用硝酸银涂抹于该部，使之变成磷化银而不致被身体吸收。[③]

他指出，铅中毒为各种工业中毒中最重要之一种，相关从业人员必须特别注意防护。对于铅中毒的疗法，他说，急性中毒常因吸入蒸气而发，如果口腔内残留铅粉，则施行胃洗涤。内服药则采用碳酸钠及泻盐、蓖麻油等下剂，多饮牛乳和强心剂。如果系慢性中毒，"温浴发汗，亦有效力"，用硬毛刷清刷皮肤。对

民国时期工业灾害治理研究

---

① 王几道：《职业中毒与医药中毒之预防法》，《医药评论》1929年第10期。

② 汪于冈：《工业中毒》（待续），《机联会刊》1931年第35期；汪于冈：《工业中毒》（二），《机联会刊》1931年第36期；汪于冈：《工业中毒》（待续），《机联会刊》1931年第39期；汪于冈：《工业中毒》（待续），《机联会刊》1931年第40期；汪于冈：《工业中毒：铅中毒》（续），《机联会刊》1931年第41期；汪于冈：《工业中毒》，《机联会刊》1931年第52期。

③ 汪于冈：《工业中毒》（待续），《机联会刊》1931年第35期。

于采用天然硫磺矿泉或硫化钾沐浴的方法，他认为并非合理的疗法，其作用仅使汗中排出之铅变为黑色硫化铅，"俾患者明了病原而已"。他主张采用下列合剂，即"复方小豆蔻酒、薄荷水、芳香安母尼亚精各一盎司，每二小时用一小茶匙和温水一杯冲服"。疝痛剧烈时，虽可注射吗啡，但有便秘之弊，非万不得已勿用。腹部可贴消肿膏、蓖麻油，或以肥皂水灌肠，无效则改用热食盐水，多饮水分，注意便秘。此外，"一般内服沃杜钾，使体内铅分子与沃杜结合而成可溶性沃杜铅，较之碳酸铅易于排出体外，但一日不可超过 0.3—0.6，否则体内突生多量之沃杜铅，致有中毒之虞，然事实上未免有过滤之嫌。沃杜钾可与牛乳共服，用硫磺及沃杜铅含漱，可以保持牙齿清洁。对于神经炎按照普通疗法，对于铅麻痹，采用按摩和电气疗法，并由特殊运动方法练习筋肉，内服或注射司的年。贫血用砒和铁剂，对于铅脑炎之震颤，轻击脊髓腔，及吸入亚硝酸阿迷及格鲁仿，内服抱水格鲁拉而及臭素剂，或用以灌肠亦可"。[①]

1931 年的《同济医学季刊》介绍了国外有关铅中毒的最新疗法。美国学者Aub 等人对铅中毒进行了大规模的详细研究，研究表明：能够引起铅中毒现象者，仅限于循环于人体血液中之铅，如果积蓄于某脏器而且暂时静止不动之铅，则不能引发中毒现象。从消化器官吸入之铅仅暂时沉淀于肝脏，但能长久积蓄于骨系统，其沉积作用和复发危险都与石灰新陈代谢有密切关系。能使石灰沉淀之条件，亦能使铅迅速而且完全沉淀于骨组织。同时，能使石灰（钙）除去之条件，亦能增进铅之排泄。鉴于直接有害于人体者为循环于血液中之铅，因而急性铅中毒疗法，务使吸收之铅迅速脱离人体循环，同时使铅沉淀于某脏器而处于静止状态。同时为了促使铅沉淀于骨组织，宜用"石灰沉着疗法"，发生剧烈腹痛时，最好首先采用钙化合物进行静脉注射，暂时消除症状，再继续进行"石灰沉着之食物疗法多日"，亦即多进食牛奶。促进沉淀之铅排出体外的食物，通常为牛奶、绿色蔬菜、果类，以及肉类、肝脏、马铃薯、米、番茄、牛油、面包、糖、食盐、胡椒，药剂则包括磷酸、氯化氩、重碳酸钠、碘化钠。[②]

---

① 汪于冈：《工业中毒：铅中毒》（续），《机联会刊》1931 年第 41 期。

② Teleky 述，林千叶摘译：《铅中毒之最新疗法》，《同济医学季刊》1931 年第 1 卷第 2 期。

上述铅中毒的治疗方法，亦为日本所采用。1936年的《卫生月刊》曾经连载了日本职业卫生学专家鲤沼茆吾的《职业病》，认为体内已有铅毒，必须及早排出体外，对于已经出现铅中毒症状者，必须多进食牛乳或野菜等钙质丰富的食物，或者服用钙剂，从而促使血液中之铅迅速沉淀，中毒症状消失之后，即可多吃肉食，或者含钙量较少的食物，促使体内沉淀之铅迅速溶解而排出体外。"沃度加里或多量之重曹，均可用作促进排铅之药剂。"[①]

Aub的相关理论及疗法尽管沿用甚广，但亦有分歧。1950年，我国医学界提出，"铅中毒急性期之治疗法早已发明，且为世人一致赞同，然对急性症状消退后之处理，仍意见分歧"。在讨论Aub的理论及疗法时，多数权威学者均赞同此一排铅疗法，但是临床上甚少采用。对于Aub的排铅法，学者们认为不宜提倡，理由是排铅法具有危险性，延长了患者的住院时间和身体虚弱期，而疗效未必甚佳。相反，提倡"铅固定法"，优点是简单安全、缩短住院时间、缩短体力衰弱期以及效果良好。如果没有安全简单的排铅疗法出现，从而足以缩短虚弱期，那么仍以服钙治疗法为最佳。[②]

第四节　医疗费用的承担

根据陈达1931年对上海的调查，上海工人伤病及抚恤问题，"虽然情形复杂，赔偿的方法与数目各有不同，有些工厂对于工人生病付医药费，不管致病的原因是否直接与雇佣有关，有些工厂对于因工致病是付赔偿费的，实际不是按照每种疾病多付的，老工友逢到生病的时候，大概蒙厂家的优待，可以请病假，并得医药费，工厂不问致病的原因。新进厂的工人得不到这种宽大的待遇，这也是难怪的，因为病状与病因是很难证实的"。他调查发现，上海雇主大多认为"疾病是不容易证明的"，"工人们亦时有怨言，以为有许多病痛根本不能证明的，因为不能证明，厂方不准病假，不发工资或医药费，以致病人受罪"。[③]有关"医药费"

---

① 〔日〕鲤沼茆吾：《职业病》（续），梦秋、家栋合译，《卫生月刊》1936年第6卷第11期。
② 冯兰馨、张承芬、刘世炜等：《铅中毒之治疗》，《中华医学杂志》1950年第1期。
③ 陈达：《我国工厂法的施行问题》（续），《申报》1931年8月2日，第20版。

问题，业界"有时酌量津贴"[①]。

从青岛自 1934 年 9 月至 1935 年 8 月约一年的情况来看，工人受伤尚能依照《工厂法》第 48 条规定办理，受检工厂伤病医药费均由厂方负担，工资均照给。外商工厂与《工厂法》规定相差不大，一年之中，大康纱厂 18 名工人发生机器伤害和跌伤，富士纱厂 12 名工人被机器所伤，宝来纱厂 16 名工人、内外棉纱厂 14 名工人、隆兴纱厂 4 名工人分别为机器所伤，公大纱厂工人 29 名或被机器所伤，或铁屑入眼，而上海纱厂 1 名工人则为电灼伤，均由厂方供给医药费并照给工资。[②]

1934 年第三季度，汉口市较大工厂自设医药室，或与公私立医院特约诊治，工人伤病仅得免费诊治待遇，申新纱厂、既济水电厂等工厂，急救问题均由其附设医药室办理。[③]从 1934 年 10 月至 1935 年 3 月的情况看，规模较大之工厂，如颐中烟厂、既济水电厂、福新面粉厂和南洋烟厂等，伤病轻微者均由附设医药室治疗，较重者由厂送特约医院诊治，并承担其医药费。申新纱厂工人宿舍内有疗养室，工人重伤亦住内疗治。就伤病津贴而言，如系月工，则给全资，痊愈为止。如系件工，则仅负担医药费，不另给津贴。规模稍次的工厂，一般支付因公受伤之医药费及津贴，如武汉印书馆、东华福兴两个染厂、冠昌机器厂等。但是一些小工厂，以件工和日工居多，仅仅承担学徒轻微伤病之医药费，"责以遵照工厂法，则辄以资本轻微及营业亏折为搪塞"[④]。

再从湖南几个企业的情况看，湖南炼铅厂是官办企业，因公受伤轻微者，由各部主管官员酌给工资，重伤者由该厂酌给医药费和工资。[⑤]湖南机械厂也是官办企业，因执行职务而致伤害者，除医药费由厂支付外，视其伤之轻重酌给治疗假，

---

① 陈达：《我国工厂法的施行问题》，《申报》1931 年 7 月 31 日，第 16 版。

② 《青岛市工厂检查第一期实施计划办理经过》（1934 年 9 月至 1935 年 8 月），实业部中央工厂检查处编：《中国工厂检查年报》，1936 年，第 283—285 页。

③ 《汉口市工厂检查报告》（1934 年 7—9 月），实业部中央工厂检查处编：《中国工厂检查年报》，1936 年，第 330—332 页。

④ 《汉口市工厂检查报告》（1934 年 10 月至 1935 年 3 月），实业部中央工厂检查处编：《中国工厂检查年报》，1936 年，第 335—337 页。

⑤ 《湖南炼铅厂第一期检查报告》，实业部中央工厂检查处编：《中国工厂检查年报》，1936 年，第 545—546 页。

假期内工资与技工相同。^①官办企业湖南炼锌厂，于1934年9月才投产，工人因公受伤，除津贴和医药费外，给以全部工资，伤愈为止。^②创办于1916年的湖南电灯公司南北两厂是商办企业，共146人，因公受伤，负担医药费，工资照给，伤愈为止。^③商办企业湖南机器面粉厂的情况类似，因公受伤，承担医药费，照给工资。^④

值得指出的是，首先，因工业性质、工人人数及厂矿所在地的公共医院情形等因素的差异，医药设施之重要性而各有不同。矿场工作危险，工人众多，所在地方公共医院缺乏，成为雇主设置医院的重要考量。因此，矿场已设医院者较多，九有八矿，规模均较宏大。铁路工厂是机械工业，亦较普通工业易罹伤害，工人数量较多，故均设医院。普通工厂情形略有不同，厂址设在乡间者，医药设备较全，都市内的工厂，除工人在数千以上者外，均认为无自建医院之必要。纵有设备，亦极简单；有专任医师者，亦不多见。

其次，劳资双方对中医和西医的态度问题。正如吴至信指出的那样，政府提倡的工厂卫生，系以"西法为归"，而厂矿工人疾患又多外伤，以西法消毒裹扎，效果较好，故而西医在各矿厂中的地位日益重要，而中医即渐归淘汰。但是，一部分工人相信"治病中医、治伤西医"的说法，而少数厂家一则迎合工人心理，再则节省西药设备费用，也兼聘中医为厂医。一般工厂中医只有诊所，但有3厂兼备中药铺。另一工厂虽未自设药铺，但与附近药商订有特约，工人往购中药，药价可打折扣。^⑤

最后，从各地工厂的医疗设施来看，多以定向选择附近医院为主，而以厂医配备和医院兴建为辅。对于厂医配备的种种难境，上海的工厂检查员王世伟曾有中肯的分析。据他观察，无论是医界还是实业界，都对厂医存在错误认识，前者认为"厂医是医师的末等职业"，而后者则认为"好医师决不来做厂医"。在他

① 《湖南机械厂第一期检查表》，实业部中央工厂检查处编：《中国工厂检查年报》，1936年，第551页。

② 《湖南炼锌厂第一期检查表》，实业部中央工厂检查处编：《中国工厂检查年报》，1936年，第448页。

③ 《湖南电灯公司南北两厂第一期检查报告》，实业部中央工厂检查处编：《中国工厂检查年报》，1936年，第556—557页。

④ 《湖南机器面粉厂第一期检查表》，实业部中央工厂检查处编：《中国工厂检查年报》，1936年，第564—565页。

⑤ 吴至信：《中国惠工事业》，世界书局，1940年，"序言"、第152—163页。

看来，厂医问题关系重大，自身素养较一般医生的要求更高，欧美各国"合格之厂医，必具内外科之医学根基，个人卫生公众卫生之学识经验，精细敏捷之急救或危险防御技术，并须熟悉当地社会情形，及劳资双方时常发生之法律问题时时刻刻注意工业与社会密切相关之经济原则"。他认为厂医之主要责任至少有八项，即"改良工作环境，如空气光线声浪等；防止因工作而发生之职业病，如装置防毒设备等；防止厂内疾病传染；厉行定期体格检查及矫治缺陷；设置救急及治疗设备；工作时间之限制及分娩残疾工人之工作；训练急救箱及卫生习惯；灌输卫生知识，使各个工人，知所处特殊工作环境之下，保持其固有之健康"。[①]由此可见，当时各地工厂厂医配备不齐，当属情理之中。

本 章 表 格

表5-1　无锡工厂医疗设施（1934年11月）

厂名	医疗设施	厂名	医疗设施
申新纺织第三厂	该厂有职工医院，对于职工就诊之药费由厂方负担	振新纺织厂	有医药室，专任医生，并特约普仁医院复诊诊疗
豫康纺织厂	特约兄弟医院负责诊疗	美恒纺织厂	有女医生一人，并特约大公医院复诊诊疗
庆丰纱织公司第一工场	特约兄弟医院负责为工人治疗，医药费由厂方负责	庆丰纱织公司第二工场	专任医生、护士各一人，并特约普仁医院负责医疗
广勤纺织厂	有专任医生、护士各一人，医药室一间，指定兄弟医院负责医疗	茂新面粉第二厂	有委托医院
九丰面粉厂	有委托医院	泰隆面粉厂	有委托医院，并时常检查工人体格
新华制丝养成所	有委托医院，并时常检查工人体格	永盛缫丝厂	有劳工医院
大成缫丝厂	暑天厂方临时聘用医生，驻厂诊治工人疾病，医药由厂方担负，平时无此设备	永泰缫丝厂	医药费由厂方担负，有特约医院

资料来源：无锡工厂视察报告（1934年11月），实业部中央工厂检查处编：《中国工厂检查年报》，1934年，第四章，第95—130页，有改动。

---

① 王世伟：《我国"厂医"问题之商榷》，《劳工月刊》1933年第2卷第11期。

表 5-2　1935 年上半年青岛工厂医疗设施概况

厂名	医疗设施	厂名	医疗设施
聚兴木厂	特约同爱医院为工人治病，有急救箱及挂图	新生制杆厂	特约同爱医院治病，有急救箱及挂图
鲁生制杆厂	特约同爱医院治病，有急救箱及挂图	合兴利制杆厂	特约同爱医院治病，有急救箱
振业火柴厂制杆部	特约同爱医院治病，有急救箱及挂图	兴源制杆厂	有急救箱及挂图
利生铁工厂	特约惠东医院治病	源盛炉铁工厂	有急救箱及挂图，欠药品
复记铁工厂	有急救箱，欠药品	德顺炉铁工厂	有急救箱，药品足用
东益铁工厂	有小急救箱，特约华壹氏药房治病	冀鲁针厂	特约同爱医院及景春药房治病
德泰实业工厂	有急救箱，药品。特约华壹氏药房治病	同泰自行车厂	有急救箱，特约惠东医院及华壹氏药房治病
港务局船机厂	有医药设备在俱乐部内	中国石公司	聘有厂医治病，有小药房，急救箱及挂图
祥利窑厂	无	工务局自来水厂	有常用药品
胶澳电汽公司	有急救箱六具。特约青岛医院治病	华北火柴厂	无
振业火柴厂	有急救箱及挂图。特约英辰医院治病	中国颜料公司	特约青岛医院治病。有急救箱及挂图
华新纺织公司	有医院病室	五福织布厂	有急救箱及挂图。药品稍欠。特约同爱医院治病
和顺染织厂	特约同爱医院治病	泰顺染织厂	有急救箱及挂图。特约同爱医院治病
新大伦袜厂	有小急救箱及挂图	协成花边厂	急救箱及挂图。特约强初医院治病
福宇胶皮厂	有急救挂图。特约华壹氏药房治病	双蚨面粉公司	特约东镇医院治病。有急救挂图
永裕盐业公司	急救箱及挂图。特约强初医院治病	茂昌公司蛋厂	急救箱及挂图。特约青岛神州二医院治病
华北蛋厂	急救箱及挂图。特约刘贡赞医生治病	山东烟草公司	有急救室药品及挂图。特约同爱医院，大同医院治病
崂山烟厂	约同爱医院治病。稍有急救药品	贯华冻粉厂	无
祥瑞行印务馆	稍有药品，特约寿康医院治病	中国瑞记钟厂	稍有急救药品。特约华壹氏药房治病

　　资料来源：根据《青岛市各业工厂设备情形及安全卫生状况表》，实业部中央工厂检查处编：《中国工厂检查年报》，1936 年，第 304—323 页，有改动。

表 5-3 天津市受检查各工厂委托医院医生一览表

工厂名称	工厂地址	委托医院或医师	中医或西医	院址	院长姓名	备考
新成造纸厂	河北小于庄	李紫珊	中医	东马路东安市场内	李紫珊	
华新纱厂	河北小于庄	马大夫医院	西医	法租界		
霈记印刷工厂	小关大街	无				
北亚工厂	金家窑	陈子中	中医	河北大街石桥北范和成交记书局内	陈子中	
中华魁料器工厂	大口河沿红牌电车道旁	杨子明	中医	河北挠钩会所	杨子明	
华铭工厂	宫北二道街	朱世英	西医	法租界天增里内	朱世英	
寰球印刷局	估衣街金店胡同	无				工人患病自行医疗厂中不负责任
亚纶毛巾厂	侯家后中街	无				工人患病由厂中给资至本市医院治疗
鸿记铁工厂	侯家后狮子胡同	无				工人患病由厂方酌给药资令其自谋医疗
华茂帆布工厂	河北新大路东头	无				工人患病令其自谋医疗厂中概不负责
金记工厂	新大路北头	无				工人患病由厂方酌给药资令其自谋医疗
立兴帆布工厂	宫北福神街	无				工人患病厂中概不负责
振大工厂	东马路北头	周砚峰	中医	河北小石桥	周砚峰	
广大灯厂	东门外磨盘街	安大夫	西医	南市上平安电影院后身	安大夫	
鸿记印刷工厂	东马路贡院东胡同	毛退之	中医	东南城角草厂庵	毛退之	
义利工厂	东马路南头	郭辅恒	中医	住本厂	郭辅恒	

工厂名称	工厂地址	委托医院或医师	中医或西医	院址	院长姓名	备考
东和工厂	闸口大街	无				工人患病即送往马大夫医院诊治其医药费等由厂方负责
义生工厂	金家窑唐家胡同	张兰亭 赵连荣	中医	河北小关大街金家窑唐家胡同	张兰亭 赵连荣	
商益石印局	估衣街金店胡同	高峻峰	西医	金店胡同北口	高峻峰	
庆华工厂	侯家后中街	井静波	中医	侯家后东口中原公寓	井静波	
天生玉牙刷厂	侯家后归贾胡同	李搏九 张西园	西医 中医	侯家后归贾胡同	李搏九 张西园	
裕仁针厂	侯家后归贾胡同	无				
利生工厂	河北周家菜园	王瑞麟	中医	西北城角南阁	王瑞麟	
大昌隆工厂	河北三经路南头	无				厂方酌量担负药费
光道成工厂	宇纬路西口	李搏九	西医	侯家后归贾胡同	李搏九	
崇华工厂	望海楼头条	无				厂方酌量担负药费
志成工厂	北门内大街路西	丛雅轩医室	西医	鼓楼北大街路西107号	丛雅轩医室	
春泰铁工厂	南西门	宜春室药房	中医	南门外大街	刘大夫（宜春堂经理）	
元兴铁工厂	闸口西街	渤海医社	中医	闸口西街	刘砚田	
嘉隆面粉公司	堤头	无委托医院				工人患病送往马大夫医院或往潘文治大夫处诊治医药等费完全由厂方负责

民国时期工业灾害治理研究

工厂名称	工厂地址	委托医院或医师	中医或西医	院址	院长姓名	备考
北方料器工厂	堤头	无委托医院				工人患病厂中酌给药资令其自谋医疗
瑞生祥工厂	小王庄仁安里	刘宝山	中医	旱桥西辛庄	刘宝山	
章华毛织公司	河北铁道外	无				因成立不久尚未委托固定之医院
鸿兴铁工厂	望海楼头条	周砚峰	中医	河北土桥	周砚峰	
明星工厂	河东粮店前街七号	无				
长发顺工厂	南市东兴市场内	慈善医院		东兴大街	任少亭	
义聚成工厂	南开大街	宜春堂		南门外大街	刘稚然	
春合工厂	南开马场道	津民医院王瑞林诊疗所		南门内小费家胡同西北角针市街黄宅	（西）陈伯平（东）王瑞林	
大德隆工厂	西广开华家场	无				前委马大夫医院现于需要时斟酌投送
生记工厂	西广开华家场	无				遇有急症即送马大夫医院
永大工厂	河东大街十四号	无				
博明工厂	河东粮店前街二十号	无				
北洋造钟公司	特三区华安街	步勤声医室		日租界德义楼后	步勤声	
协成印刷局	南市荣业大街北口	崔茂森医社		荣业大街	崔茂森	
春光工厂	南市东兴大街	慈善医院		东兴大街	任少亭	
天然料器工厂	南市首善大街	达仁医院		荣业大街	翟永森	
利源恒工厂	西广开华家场	李约伦诊疗所		鼓楼东	李约伦	
春华工厂	南市庆善大街	邢子荣大夫诊疗所		成福里	邢子荣	

工厂名称	工厂地址	委托医院或医师	中医或西医	院址	院长姓名	备考
华光公司	南市东兴大街	无				遇有病人临时投送相当医院
三星工厂	特三区大昌兴胡同	无				向市立医院临时挂号
寿丰面粉公司第一厂	义界河沿	津浦医院		东马路	沈鸿翔	
福东工厂	特三区大马路	沙融峰诊疗所		义租界五马路	沙融峰	临时斟酌投入相当医院
鼎明工厂	特一区山西路	万和堂		三义庄	韩声远	
协泰工厂	特一区湖北路	无				
恒泰工厂	小刘庄摆渡口	无				
裕津工厂	特一区河沿	中和医院东亚医院		日租界花园法租界绿牌电车道	木下田村	
利中酸厂	特三区大王庄八经路	无				遇有工人患病临时投入相当议员
兴华工厂	特三区九经路	马大夫医院仙芝堂		法租界大王庄七经路	徐省三	
神州磁业工厂	特三区北锦路	仙芝堂		大王庄七经路	徐省三	
中国油漆公司	新唐家口子	无				临时投入相当医院
老天利工厂	老车站东货厂	无				临时投入市立医院
裕元工厂	小刘庄	本厂医院马大夫医院				遇有厂内医院治理费手之急难病症,送入马大夫医院
北洋纱厂	挂甲寺	无				遇有病人临时送入马大夫医院
宝成纱厂	天津盐坨地	本厂医院芳德堂		本厂西关大街	路敬三周芳田	遇有急症临时送入马大夫医院

民国时期
工业灾害
治理研究

工厂名称	工厂地址	委托医院或医师	中医或西医	院址	院长姓名	备考
裕大纱厂	大直沽下郑庄子	东亚医院		法租界	田家俊次	
永盛公布厂	文昌宫西张家大门十四号	卫生堂		南大道邢家胡同对过		
大丰盛记布厂	文昌宫西张家大门十五号	（中）三元堂（西）李香岩		三条石东口路东归贾胡同商集公寓	袁锡三	
利和织物有限公司	北开新街六十五号	红十字会医院		金钟桥东		
聚成义布厂	河北张公祠四号	香岩医院		侯家后江叉胡同	李香岩	
三合成工厂	河北张公祠旁三号	（西）慈惠医院（中）黄子席刘松龄		河北聂公祠内北门外针市街北营门西		
宏中酱油公司	西站东旱桥西	北宁铁路局医院				
生生针织工厂	南竹林村荣茂里五号	步峰医院		日租界四面钟后	李步峰	
北洋火柴公司	西头芥园庙东	市立医院				
寿丰面粉公司第二厂	赵家场	津甯医院		东马路二道街		
寿丰面粉公司第三厂	大伙巷粱家嘴一号	津甯医院		东马路二道街		
华北制革公司	河北三条石东口一号	马大夫医院		法租界海大道		
郭天成工厂	三条石大街东口	佩玺医院		三条石东口内	王锦和	
克明料器工厂	北营门外孙家胡同六号	（中）松林堂于振鹭（西）穆祥云		北营门内西窑洼北营门孙家胡同		
丹华火柴公司	西沽村	（西）马大夫医院（中西）刘品一		法租界海关大道本厂		

工厂名称	工厂地址	委托医院或医师	中医或西医	院址	院长姓名	备考
德记毛巾工厂	西门外学务处中亚胡同八号	张云亭		西门外北小道子		
新民线毯公司	河北聂公祠前十八号	宋子明	中医	三条石东口		
久兴铁工厂	西门北小道子	张云亭 崔宏景		西开北小道子 西关横街子		
德利兴铁厂	三条石大街一百八十号	（西）曹筱参		河北三马路同春里协济医院		
兴业造公司	西门外联兴里西七十七号	无				如有伤害疾病送附近医院诊治
义同泰工厂	河北关下张家胡同一号	无				
永丰凉席厂	津浦西站西大马路十七号	无				
成立合工厂	河北大街福泉里西口	无				
振华兴记工厂	民丰后大街	无				
祥生工厂	小杨庄河沿二号	无				
全盛德工厂	三条石大街二零六号	无				
福聚昌工厂	北营门东大街三十二号	无				
天津造公司	河北邵家园子	无				如有疾病送附近医院诊治
福星面粉公司	大伙巷北口	神功药房		法租界		

资料来源：《天津市工厂检查报告书》（三续），《劳工月刊》1935 年第 4 卷第 10 期，有改动。

第六章

工业灾害治理的历史缺憾

前面几章，大致围绕调查、立法、行政、宣传几个层面展开，旨在梳理民国时期工业安全方面的进步理念和积极举措。本章则侧重分析工业安全方面的历史制约。首先审视北京政府和南京政府相关法令的缺陷，再检讨其执法方面的不足，然后分析劳资双方的态度以及租界检查权缺失给工业安全问题带来的阻力。必须说明，此种思考之目的，并非探讨工业灾害未能杜绝的历史原因，而是宏观性地剖析工业安全问题的历史约束。

第一节　工业灾害的立法缺陷

一、《暂行工厂通则》的简陋

北京政府出台工厂法规，目的主要有二，一是消弭罢工风潮，二是回应国际压力，所谓"我国工界近年以来，每因待遇问题发生罢工风潮，隐患所伏，至为可虑，亟宜由政府厘定一种工业法规，克期实施，俾厂主与劳动者皆了然自己地位，尽自己义务，不至彼此误会，有危社会安宁。且以对外关系而言，自华盛顿第一次保工大会以后。国际劳工局屡次函请订定工厂法令，亦不宜长久稽延，致失信用"。但是，"我国实业方在萌芽，生计日见困难，对于国际协约如时间限制、年龄限制等项，不能不加以慎重考虑"，因此"审度本国现状，参酌列邦成规"，拟定《工厂法》草案，对于一时不易实施者，或附以例外，或暂予缓行，"期于保护劳工之中，仍寓维持实业之意"。①

---

① 《农商部提出工厂法案》，《申报》1923年3月21日，第6版。

1931 年 8 月 1 日，《大公报》社论批评《暂行工厂通则》系农商部部令发表，并非国家法律，其内容又"简陋不堪"[①]。共计 24 条的《暂行工厂通则》，就其法律文本而言，诚然不无缺陷。《上海总商会月报》所载《对于暂行工厂通则之我见》一文，对其论列甚详。第 24 条规定"工厂内于工人卫生及危险预防，应为相当之设备。行政官署，得随时派员检查之"。此一条款"失之抽象"，"可因工厂主与官吏解释之异，而发生争执，兼以劳工界知识幼稚，卫生设备是否完善，彼辈毫无判断能力，即不能执此以责工厂主也。故此条虽不能采列举主义，亦宜举其重要者，略为规定……俾厂主与劳工两方面有所遵循……然欲遽望吾国工厂主即时仿行，诚未免失之过苛，然必于工厂法先树其基，庶得循序渐进。今徒以模棱含糊之语了之，毫无具体方法，在工人方面，既失其判断之标准，政府亦亦得以意为可否，厂主更得因循敷衍，以粉饰世人耳目。欲望劳工生活向上，与世界劳动界相周旋，不几南辕北辙乎。此诚积极方面立法之缺点也"。另外，《暂行工厂通则》第 17 条规定，"厂主应按照所办工厂情形，拟订抚恤规则，呈请行政官署核准"。第 19 条规定，"厂主对于伤病之职工，应酌量情形，限制或停止其工作。其因工作致伤病者，应负担其医药费，并不得扣除其伤病期内应得之工资"。因此，《暂行工厂通则》关于伤病死亡扶助制度问题，"似已注意及此，而意义则殊欠明了"：其所谓"抚恤规则，是否因公致死，应否扶助其遗族，此非立法者自身莫能明也。果谓因公致死，应扶助其遗族，则此抚恤规则，应规定于工厂法内……今吾国乃一任厂主各自为政，行见参差不一，高低失度，反惹起无穷之纷纠也……吾国别无法律规定，仅于通则中以应拟定抚恤规则一语了之，诚未免太予厂主以便宜也。工厂通则，果见诸实行，法律上之意义，尤应明确，今抚恤规则，其用意如何，姑置勿论，即就因工致伤病一语，其解释亦有非常困难之处。伤病并非一事，各国处置不同。概括言之，病、伤、死，本为三事，今抚恤规则列有专条，则伤与病，亦宜分别规定……法令虽备，苟监视此法令运用之机关，独付阙如，则法令之效力，失其大半。故工厂监督机关制度之制定，宜

---

① 《工厂法今日起实施矣！》［《大公报》（天津）1931 年 8 月 1 日］，转见《国闻周报》1931 年第 8 卷第 31 期。

与工厂法之颁布，同时并行者也"。尤其是，职业病与普通疾病难以区分。[①]

《暂行工厂通则》颁布之后的实施境遇，验证了上述批评和担忧。1924 年 3 月 11 日，上海闸北祥经丝织厂发生火灾，"焚毙男女工人百余名"。对此，上海总商会董事会常务委员议决通过"工厂通则请官厅督促实行案"，指出《暂行工厂通则》第 24 条"颁布将及一年，而官厅从未注意实行"，认为"惩前毖后，万不宜再取放任主义，以多数生命为孤注，拟请官厅根据通则，酌定一相当设备之限度，通知各厂，一律实行，随时考查，以免再酿意外"。[②]上海总商会董事会的呼吁，不仅指向《暂行工厂通则》颁行一年，毫无成效，而且认为法律规定缺乏细则，要求对安全卫生设备问题予以明定。

农商部调查工厂专员的报告，亦证明《暂行工厂通则》在防范工业灾害方面的失败。1926 年 4 月，唐进调查了天津、无锡、南通、上海、汉口等地中外工厂194 家，涉及业别 80 余种，并且均系符合《暂行工厂通则》适用范围的工厂，亦即工人超过百人者。他发现，对于《暂行工厂通则》，各地工厂不但并未遵守，不知"通则为何事，通则内容如何，彼且置之不问，始终渺〔漫〕不经心"[③]。

二、南京政府《工厂法》的超前性

彭南生等人指出，1929 年的《工厂法》具有移植性、继承性、超越性、超前性等特点。[④]关于其移植性特点，曾经担任实业部中央工厂检查处处长的李平衡于1932 年指出，《劳工法》起草委员会的专家多以西方工业发达国家的劳动立法成例和国际劳动标准作为参照，很多条款几乎是完整地复制到中国，"未免偏涉理想，或未能尽合国情"。[⑤]1979 年在回顾国际劳工局时，他仍然认为南京政府的《工厂法》同北京政府的《暂行工厂通则》一样，"大部分内容都是参照国际劳工

---

① 峙冰、叔奎：《国权回复与经济绝交、对于暂行工厂通则之我见》，《上海总商会月报》1923 年第 3 卷第 4 期。

② 《总商会明日常会之议案》，《申报》1924 年 3 月 14 日，第 10 版。

③ 唐进：《唐进论我国工业概况与劳动情形》（1926 年），中国第二历史档案馆编：《中华民国史档案资料汇编》（第 3 辑·工矿业），南京：江苏古籍出版社，1991 年，第 185—189 页。

④ 彭南生、饶水利：《简论 1929 年的〈工厂法〉》，《安徽史学》2006 年第 4 期。

⑤ 李平衡：《劳工行政之经过及今后设施》，《国际劳工消息》1932 年第 3 卷第 1 期。

公约和建议书制定的"，目的在于"应付国际劳工局"。①《工厂法》的移植性特点，也在一定程度上决定了它的超前性，也就导致其施行困难。实业部即认识到："我国产业落后，无可讳言，而《工厂法》及《工厂检查法》，却多采取各先进国最完备之法令，倘立时全部推行，必多窒碍之处。"②因此只能分期推行，以期减少阻力。

波恩、安得生在密呈实业部的备忘录中指出，根据"西方工业最发达国家所接受而为国际劳工大会所承认之标准"，南京政府颁布的《工厂法》与《工厂法施行条例》"大体上实为进步之法规"。如果相关条文能够"充分实行"，那么仅就劳工立法方面而言，中国"不失为最进步国家之一"。但是，他们同时指出了中国劳工立法超越了中国经济发展的实际状况，仅仅"依据在上海方面工厂之考察，似觉实际情形不能适合于新法中所规定之标准"。如果真正推行，多数工厂必须在组织上及管理上进行巨大变革，而此种变革有可能导致相关企业"全部破坏"，从而违背《工厂法》保护劳工的初衷。他们认为，西方工业国家劳工法规之实施，往往不致引起"实业组织最大及过速之改变"，而中国《工厂法》则恰恰相反，企图"一时期内解决各种不同之问题"。实际上，有些劳动问题，"非以缓慢之方法不能解决"。中国在立法方面，可以利用他国经验，"诚然较先进国为有利，惟欲将其决定之激进方法立即全部实行，亦将产生极严重之困难"③。在较早公布的相关报告中，波恩、安得生表达了类似观点：他们考察的上海工厂，"其劳工状况与新工厂法中之条款相差甚远。该法之实施固刻不容缓，但推行时大多数企业之组织及工作方法，势必大加变更而后可。故吾人当调查之时，即怀疑此种变更，是否能立即实行，一举即就，而不危害企业之工作及法规立意所保护之工人。凡工业国家，其劳工情形之规定，均系渐次而行，往往经过数十年之光阴。此在工业发展极快之国家，亦系如此。故其条例之实施，不致使企业之组织

---

① 李平衡：《我了解的国际劳工组织》，中国人民政治协商会议全国委员会文史和学习委员会编：《文史资料选辑合订本》（第52卷），北京：中国文史出版社，2011年，第114页。

② 蒋：《实业部民国二十二年度行政计划纲要》（四续），《实业公报》1933年第141—142期合刊。

③ 《波安两氏对于以工厂检查实行工厂法之备忘录》，实业部中央工厂检查处编：《中国工厂检查年报》，1934年，第一章第16—17页。

发生非常之变更，同时且使工厂检查得以循序发展。中国新工厂法，则欲一举而解决各种问题，包括最新之解决方式，此则在世界其他各国，均系渐次发展，始克达到之事也"[①]。前文已经指出，波恩、安得生两人的渐进论，与实业部的主张一拍即合，因而即使是以工厂安全卫生作为检查行政的重点或者突破口，仍然强调分期施行相关法规。

正是因为《工厂法》超越国情，甫一颁布，即反对声音不断，或者要求删改，或者要求缓行。[②]1930 年 4 月，上海特别市社会局向行政院提出，可否增加"安全及卫生设备之变动"一款，以便主管官署稽核，其所陈理由认为，"工厂之安全及卫生设备对于劳工生命之安全关系至切"[③]。针对《工厂法》第 45 条之规定，上海特别市社会局认为，"对于'执行职务'四字应有切实之规定，至于非执行职务之时遇有意外灾变而致伤亡者，亦应有明白之规定"。因为"执行职务四字，含义甚广，如工作时因药品或机器爆裂而致伤病死亡，固由于执行职务，而某种工厂之工作，可以促成肺痨，则肺痨病亦似因执行职务而起，固此四字，似应有较为切实之规定。又如工人因工厂有意外灾变而致伤亡，而此项灾变并不发生于执行职务之时，则此项伤亡工人是否即无须给以医药抚恤等费，又工人因执行职务而致伤病死亡，其原因或由工厂设备不全，或因工人自身忽略错误，或因其他工人失职而遭波及，是否无分轻重，概由工厂依照本条例负给费之责，亦应有规定"[④]。上海市华商卷烟厂业同业公会要求"请以部令限制于本条之伤病残疾死亡等，须经厂医证明，确系因执行职务而发生者，始能依法具领"。

上海永豫和记纺织股份有限公司提出两点疑问，首先，"人情恶劳喜逸，就本厂论，每月初一十五两日为发给工资时期，每至初二、十六两日不能到工者，即居十之三四，因之各部不能完全开车者比比皆是。在此种情形下，厂方尚属不给工资，而人数已如此众多。若如本条第一项规定而不加限制，窃恐工人中或有

[①] 《中国工厂检查报告》，《国际劳工消息》1932 年第 2 卷第 6 期。

[②] 可详阅朱正业、杨立红：《试论南京国民政府〈工厂法〉的社会反应》，《安徽大学学报（哲学社会科学版）》2007 年第 6 期。

[③] 王莹：《各地修改工厂法意见》（待续），《劳工月刊》1932 年第 1 卷第 1 期。

[④] 王莹：《各地修改工厂法意见》（二续），《劳工月刊》1932 年第 1 卷第 3 期。

利用法文情事而冒称有病，藉可依法请领工资，则厂方无以救济，而所受之损失，实非浅鲜也"。其次，"疾病之原因，极为复杂，工人如果因执行职务而致伤病者，厂方自应依法给以医药津贴各费，设工人中有患不名誉病而借口在厂服务，以致积劳成疾者，则当如何，又因而致死者，更当如何，恐将来必致徒惹纠纷，于劳资双方均有不利也"。上海中华工业总联合会也要求"将本条款内伤病改为伤残"，理由是"伤残有形可观，病字太无界限，易起纠纷"。①

　　1931年，著名社会学家和劳工问题专家陈达受民生改进研究会委托，以上海为个案，对《工厂法》的施行问题进行了为期一个月的调查研究，并对《工厂法》的修订逐一提出了相关建议。关于上海工人伤病及抚恤问题，陈达认为，我国似宜采用英国与其他欧美工业国的《工厂法》，亦即"不列工人赔偿的条文"。因为英国《工厂法》在19世纪初已经实行，但工人赔偿律令于19世纪末始由德国实行，也就是较早制定《工厂法》的国家不包括工人赔偿。中国制定《工厂法》较晚，工业化程度不高，尚无单行赔偿法的必要，把赔偿条文暂时并入《工厂法》亦甚适宜，将来工业化程度较高，再制定工人赔偿法亦不为晚。虽然他认为"我国工业化程度幼稚，一时尚无健康保险法的必要"，但同时也强调，"健康是工厂卫生的重要问题"。在他看来，可以在疾病内选择几种较易证明的工业疾病，如铅毒、磷毒等给予赔偿费及医药费。大体而言，他认为《工厂法》关于抚恤与赔偿各条与赔偿费数目多应保存，"惟疾病一项，因技术上困难，只可由雇主与工人自行酌量办理，政府不必以明文规定之，但加添工业疾病，因工业疾病证明较易，并于工人的健康关系极大"。

　　安全与卫生问题系《工厂法》的重要内容之一，也是陈达调研的重点。他根据上海工厂的安全与卫生实际状况，指出《工厂法》与《工厂法施行条例》的缺陷在于"多未定出确定的标准，普通的规定是有了，但尚缺法律的定义"。譬如，"关于有危险性的制造品场所，须由官厅核准，关于有毒的气体与液体，必须滤过或分解，不得任意散布等等，亦是重要的条文，不过此外关于厕所的设备，机器的安全设备，空气流通，光线，刷墙，清扫，火灾预防等，俱无切实的规定。卫生与安全

民国时期工业灾害治理研究

---

① 王莹：《各地修改工厂法意见》（二续），《劳工月刊》1932年第1卷第3期。

是工厂法最重要部分之一，似乎不宜简略如此"。反观国外，他指出，"印度与日本的《工厂法》对安全与卫生均有详细规定，我国香港的条例虽较简略，但很切实际。他特别注意到，我国关于安全与卫生问题没有罚款的条文，果然按照《工厂法》，安全与卫生因缺法律的定义，恐怕在法律上是不能发生效力的"。因此他呼吁政府尽快与卫生安全及建筑专家合作，拟定比较切实的条文，以便立即实行。①

在有关"因公致病"问题上，上海业界"有时酌量津贴"，陈达的建议是"须付津贴但以工业疾病为限"，关于"医药费"问题，业界"有时酌量津贴"，他建议严格遵循《工厂法》"须付津贴"的既有规定。安全与卫生方面，上海"有许多工厂无完善的设备"，认为《工厂法》"规定欠切实"，"须有切实的规定并须立时实行"。他总结性地提出，可将《工厂法》分期施行，"有现时可以施行的条文、有一年以后二年以后或三年以后可行的条文"。具体而言，他认为"津贴及抚恤"与"安全与卫生"系必须立即施行的条款，关于前者，"伤害及死亡各条照原文"，增加"工业疾病的津贴"，但工业疾病须有定义，删除疾病赔偿条款。关于后者，"一俟比较切实的条文公布后，立即实行"。他将"疾病津贴"列入暂缓施行类别。②

1931 年 11 月，实业部详细审查了"上海市社会局请求解释《工厂法》及施行条例一案"。根据实业部的看法，《工厂法》第 4 条第 2 款之规定"不仅为欲明了工厂内之设备及待遇，关于工人卫生状况，亦在注意之列，是工人一切伤病，均应呈报"。据此认为上海社会局相关建议"尚属可行"。针对争议较多的第 45 条有关内容，实业部认为，"伤病两字，就法文言，实系平列，惟是因执行职务致病，情形不一，有因在执行职务时期期中致患各种疾病者，有因执行职务致生职业病者，有因执行职务致伤而病。本条关于病学解说，未经明定，所指究属何项疾病，应请行政院转送司法院解释"。③1932 年 3 月，实业部根据河北省实业厅呈报召集各工厂会议经过及施行困难情形，复转呈行政院咨立法院核办。立法

---

① 陈达：《我国工厂法的施行问题》（续），《申报》1931 年 8 月 2 日，第 20 版。

② 陈达：《我国工厂法的施行问题》，《申报》1931 年 7 月 31 日，第 16 版。

③ 《实业部审查上海市社会局请求解释工厂法及施行条例一案意见书》，《申报》1931 年 11 月 13 日，第 10 版。

院先后交劳工法起草委员会会同法制委员会审议，并开联席会讨论，认为《工厂法》存在与劳资双方实际状况不合之处，确有必要修改，决定函告实业部，将各省执行中实际困难和实业部意见汇总，以便删修。

实业部汇总了各地劳资双方的修改《工厂法》意见，并行文征集地方政府和劳资团体对修改《工厂法》及《工厂法施行条例》的意见。实业部劳工司经过研究和参考国内实际情况，提出修改内容和修改理由，附在《工厂法》各条之后，形成《修改工厂法及其施行条例草案》，由实业部致函劳工法起草和法制两委员会。在实业部所汇总的主要意见之中，首先是"关系到法律范围和便于实际操作问题"，其中第 2 条为"工人技能品行及工作效率"难以填写要求删去，增加"工人体格"；解雇工人"理由"该为"事由"，增加"安全及卫生设备之变动"。其中第 5 条要求明确工人因"执行职务"而致伤病死亡者。非执行职务之时，如果遇有意外灾变而导致伤亡，亦应进行明确规定。实业部拟订的《修改工厂法草案》共 13 章 74 条，《修改工厂法施行条例》共 42 条，大致依据前列修改之意见而拟订，其修改部分的第 12 条是："明定'《工厂法》第 45 条所称工人因执行职务而致伤病之致病部分，系指工人因执行职务而发生之职业病而言，以免因病之界限不明而引起纠纷'。"①

此后，立法院劳工法起草委员会及法制委员会遵照实业部相关要求，召开联席会议，详细讨论将各方修改《工厂法》之意见，以及实业部所拟之修改《工厂法》及《工业法施行条例》两草案，并由实业部派员列席说明草案之旨趣，结果将《工厂法》分别加以修正，拟定审查修正案 77 条。1932 年 12 月 19 日，立法院第 211 次会议审查并通过全案，报呈国民政府，于当年 12 月 30 日公布施行。《修正工厂法》仍分 13 章 77 条，大致依据实业部之修正草案而酌加增删，其删修重要之点即包括实业部所拟之"职业病"，认为无规定之必要，予以删去。②

《工厂法》修正之后，虽然新旧条文有异有同，但"立法意旨之殊异"，《修正工厂法》"有善有不善，或就立法意旨言，或就立法技术言，皆优劣互见。约

① 谢振民：《中华民国立法史》（下册），北京：中国政法大学出版社，2000 年，第 1124 页。
② 谢振民：《中华民国立法史》（下册），北京：中国政法大学出版社，2000 年，第 1124—1125 页。

而言之，旧条文长于抄袭他邦成法，其善在能适应世界大势，其弊则在与我国国情相离；新条文优于斟酌国情，其优点在欲免重蹈不切实际之弊，其劣点在太重视工厂主之意见。若欲兼顾一切，止于至善，则比较之下，不得不认旧文有削足适履之讥，新条文多安于固陋之习"[①]。以上讨论足以说明，相对《暂行工厂通则》而言，虽如彭南生等人指出的那样，1929 年的《工厂法》具有"继承性和超越性"的特点，法律文本的缺陷却并未完全消除。

三、社会保险法规的缺失

早在 1920 年，学者即从所谓"劳动分业"的角度，探讨了劳动保险的必要性问题，认为劳动分工是"基于人类社会自然之必要"，而自 18 世纪以降"更见盛行"。但是，劳动分工之利益固多，而其弊害亦在所难免，"利弊苟相为倚伏，则当先事预防，以弥其缺，是则补救之法急不容缓"。大致说来，劳动分工的弊端有五，一是"人执一业，技能发达，偏于一方，不易转业"；二是劳动者"永操一业，朝夕不变，则精神忧郁，易害健康"；三是"分业既盛，则与社会各事关系俱密，一部遇有恐慌危险，全部均受影响"；四是"业务单纯，易于操作，幼龄儿童皆可执业，有碍身体之发育"；五是男女老幼各有职业，"减少家庭团聚之乐趣"。因此，"不可不有补救之法以弥缝其缺"。补救之法亦有五端，一是限定工作时间，使劳动者"得有余暇兼习他业，以备转业之需"；二是工场建筑必须宏广，使劳动者"多得日光空气，或工作之暇，使其休息，以养身心"；三是禁止妇女夜间工作，以维持家庭秩序，并使家庭有团聚之乐；四是施行强迫教育，使儿童"不得于幼年执劳动业务，以保其发育"；五是提倡劳动保险，"借以资助疾病不期之厄"。并且提出，此等补救方法，乃是行政者之责任。[②]

南京政府建立前后，亦有社会保险的承诺和保险法的酝酿，但最终止于草案，直至败退台湾之前，都未公布施行。1926 年 11 月，广州党联会议决，应在当时

---

① 陈振鹭：《工厂法修正后新旧条文之比较》，《大中国周报》1933 年第 1 卷第 5 期。

② 沈源：《劳动的分业之利弊及其补救法》，《申报》1920 年 12 月 20 日，第 16 版。

"工业之可能范围内"，制定"劳动法""工会法"等，并且制定"劳动保险法"，创设工人失业保险、工业保险及死亡保险机关等。[①]1927年3月，浙江省党部召集的省县市党部联席会议，制定了所谓的"浙江最近政纲"，基本上重复了广州党联会的决议。[②]南京政府建立当日，国民革命军总司令蒋介石命令制定和公布了"上海劳资调节条例"，其中第10条规定，"实行劳动保险及工人保障法，其条例由政府制定之"[③]。1928年4月18日召开的国民党中央政治会议，决定"劳动保险法"议案交由法制局会同农矿、工商两部讨论。[④]在当年7月召开的工商部工商法规委员会成立会上，孔祥熙部长的代表认为，包括"劳动保险法"在内的诸多法律，该部虽然"早已着手准备，惟欲期完善，断赖法学专家详加研究"[⑤]。8月23日，工商法规委员会召开第一次常委会，将"劳动保险法"纳入了讨论议题，确定朱懋澄和王云五为起草者。[⑥]在其后的讨论会上，各委员对"劳动保险法"条例"辩论一小时之久，结果对劳工方面得利甚伙"。[⑦]当年年底，立法院通过经济立法原则，宣称其"经济"之意义，"实包含于民生主义之中"，经济立法自当兼顾"国家经济与社会经济"两个层面，但是经济立法责任繁重，诸如户口调查、土地测量等尚极简陋，"断不能于短期间创制周密"，只能"择其切要而即待颁行者，先从事草定"。因此，将包含"工会法"、"工厂法"、"劳资仲裁法"、"劳动保险法"和"职业介绍法"在内的"劳工法"，作为立法院经济立法的第一期工作。[⑧]

不过，"劳动保险法"历经数年，最终停留在草案阶段。1930年6月，工商部呈请行政院从速制定劳工保险、储蓄法规，行政院则咨送立法院讨论。[⑨]1931

---

① 《广州党联会之第七八九日》，《申报》1926年11月1日，第6版。

② 《浙江最近政纲》，《申报》1927年3月28日，第6版。

③ 《上海劳资调节条例昨日公布》，《申报》1927年4月19日，第9版。

④ 《中央政治会议记》，《申报》1928年4月19日，第6版。

⑤ 《工商部工商法规讨论委员会成立会》，《申报》1928年7月30日，第13版。

⑥ 《工商法规委员会第一次常会》，《申报》1928年8月24日，第13版。

⑦ 《商法规会昨开五次常会，准今日续开第六次会议》，《申报》1928年9月12日，第14版。

⑧ 《立法院通过经济立法原则》，《申报》1928年12月30日，第9版。

⑨ 《劳工保险储蓄法规》，《申报》1930年6月7日，第8版。

年1月，全国内政会议第六次大会决定，咨商实业部速定"劳工保险法"，"以遏乱萌"。[①]1932年11月，在行政院第74次会议上，实业部部长陈公博呈拟"强制劳工保险法草案"50条，请转送立法院审议，会议决议交内政、交通、军政、铁道、实业五部部长审查。[②]1935年7月，行政院审查通过"强制劳工保险法草案"，"呈院会讨论决定"，送由中央政治委员会核议。[③]1936年1月，媒体仍然报道，实业部拟办强制劳工保险，"拟定原则，送立法院审核"。[④]1936年9月，中国保险学会举行第一届年会，议决通过"呈请立法院编纂劳动保险法案"以及"由本会呈请立法院早日通过保险法案"。[⑤]

社会舆论对"劳工保险法"草案充满了期待，并且赞誉有加，认为多数文明国家都有社会保险法的制定，甚至一些国家将其纳入宪法，成为政府施政的主要部分。而中国实业落后，实业家"欲获得自己的利润，已极困难"，更谈不上对工人疾病进行救济，"今得由劳工保险而加以保障"，"可算是功德无量，造福民生"。并且劳工保险采取国家"强制主义"，其终极目的在于促成社会各界改善劳动环境、注意安全设施，以及创设劳工卫生设备，因此时论认为除了制定法令之外，尚需推动整个社会施行法令，从而使劳工得到"保险的幸福"。[⑥]

抗日战争前，"社会保险法"历经数年讨论，最终"胎死腹中"，而抗日战争结束之后，制定颁行"社会保险法"之议又起，但已经没有了机会。可以说，民国时期社会保险立法活动经历了萌芽、草创及确立基本立法原则等曲折过程，拟制了多部相关法规草案，但除《社会保险法原则》由国民政府国务会议通过外，并无一部社会保险法规被公布实施。[⑦]

---

① 《内政会议第六次大会》，《申报》1931年1月24日，第9版。

② 《行政院决议案》，《申报》1932年11月2日，第4版。

③ 《行政院审查会通过强制劳工保险法》，《国际劳工通讯》1935年第11期。

④ 《实部拟定强制劳工保险原则》，《申报》1936年1月13日，第3版。

⑤ 《中国保险学会昨开年会》，《申报》1936年9月20日，第13版。

⑥ 琼声：《筹办劳工保险》，《申报》1935年8月15日，第21版。

⑦ 具体经过可参阅岳宗福：《近代中国社会保障立法研究1912—1949》，济南：齐鲁书社，2006年，第292—305页。

抗日战争前，南京政府立法院未能通过颁行"强制劳工保险法草案"，其中详细原因尚不得而知，但至少与中央各部之间的分歧以及社会压力密切相关。1933年2月，根据行政院第74次会议的安排，实业部召集内政、交通、军政、铁道各部讨论"强制劳工保险法草案"，与会代表认为，该草案"在原则上尚有讨论之必要，乃展缓讨论条文，先提出原则六点，分别由各部详细研究，经审查，结果认为国营公营事业宜除外，以免互相迁就，使将来施行时发生困难，其他如保险金之扣存补助及疾病保险伤害保险之范围，亦有详细研讨之必要"①。

同年，实业部劳工司曾经致函华商纱厂联合会，征求施行"劳工保险法"之意见。该会逐条予以回复，臧否参半，因系针对劳工司的设问予以答复，并未表达立场。②但在函复劳工司时，该会则请求"缓行"："原则上自无不赞同之理，惟目前我国社会经济状况下，此项法规，遽行实施，恐收效未易，而流弊滋多。我国工业落后，生产供不敷求，允宜致力于奖励发展之道。近年以来，因经济颓败，外竞压迫，日趋艰苦，停工减产，时有所闻，筹谋维护，尤且不遑，劳工保险，似非急务。查现在工厂，对于工人福利，业已力谋改进，因工受害，均有抚恤，卫生设备，渐具规模，虽未足以与欧美比拟，然较诸占民众最多从事于耕种之农民，其乐苦已不可同语，是以近年农民群趋都市，卒致农事荒芜，农村破产，如再不致力于农民生活之改善，而惟亟亟于劳工待遇之提高，又何异诱农民之去乡，促农村之崩溃。故在欧美诸国，整个社会，同等进步，工人保险，自属要图。现在我国多数民众，欲求做工，犹不可得，于斯时而施行劳工保险，能毋有缓急失宜之感。且国内外商工厂甚多，或持治外法权，或持租界保护，对于我国法令，向不奉行，劳工保险，自难强其实施，如仅迫令华厂招办，值此厂业岌岌欲堕之际，更迫使较外厂增加一重负担，是不啻促华厂覆灭而已。"③

《工厂法》颁布之后，刘鸿生针对第45条因公死亡的丧葬费和抚恤金数额提

① 《铁道部中华民国二十二年二月份工作报告》，《铁道部工作报告》，1933年2月，第4页。
② 详见邓定岩：《强制劳工保险法询问书答案》，《纺织周刊》1933年第3卷第30期。
③ 《本会请缓行劳工保险法》，《纺织时报》1933年第993期。

出，假如月薪为 30 元之工人，两年平均工资合计 720 元，按照法律规定，死亡工人 1 名，厂方应支出千元之数，矿业如遇灾变，死伤较多，因此他怀疑矿场是否能够承担。[①]1935 年山东淄川重大透水事故，死亡超过 800 人，针对死亡抚恤金额的标准问题，纠缠不休，反复博弈，最终结果仍然未能完全按照《工厂法》执行，其中原因之一，或许恰好验证了刘鸿生的担忧。

第二节　检查制度的设计失当

前文第三章对民国时期工业安全卫生法制与检查行政的关系问题，已有充分讨论，此处笔者侧重探讨工业安全卫生检查行政存在的诸种弊端，以期理解相关法规效力发挥的历史制约。

官僚制是国家现代化的标志，按照韦伯的经典看法，自中世纪已降，"迈向资本主义的进步是经济现代化的惟一尺度"，而"迈向官僚体制的官员制度的进步"则系国家现代化的"明确无误的尺度"。[②]作为率先发展适用于现代社会一般组织模型的理论家之一，韦伯识别出现代大规模行政管理体制的诸多特征，其中最要者无疑是层级制与专业化。但工业灾害调查统计的历史实态显示，南京政府的层级化与专业化水平，与韦伯设想的理性类型颇有差距。

各国工矿检查机关，大致可以分为民设、官设或官民合设三种理想类型，从政府主导的工厂检查制度而言，其组织形式则存在中央集权、地方分权以及中央地方均权三种基本形式，"大都因地制宜，渐求完备，不拘一说，不守一制"。我国工厂检查行政"尚在初期，固不可斤斤焉以模仿欧美为得，尤不可诩诩然闭户造车为计，诚宜详察国内情形，参酌东西旧制，为一适当之设置"。[③]1931 年南京政府颁行的《工厂检查法》，规定"工厂检查事务，由中央劳工行政机关派工厂检查员办理之，但必要时，省市主管厅局亦得派员检查。前项省市所派

---

① 刘明逵、唐玉良主编，刘星星、席新编著：《中国近代工人阶级和工人运动·第七册——土地革命战争时期工人阶级队伍和劳动生活状况》，北京：中共中央党校出版社，2002 年，第 250 页。

② 〔德〕马克斯·韦伯：《经济与社会》（下卷），林荣远译，北京：商务印书馆，1997 年，第 736 页。

③ 刘巨璧：《工厂检查概论》，上海：商务印书馆，1934 年，第 114 页。

工厂检查员，并受中央劳工行政机关之指导监督"①。1935年立法院通过的《修正工厂检查法》有所变动，规定"工厂检查事务，由中央劳工行政机关工厂检查员办理，但必要时，省市主管厅局亦得派员检查。前项省市所派工厂检查员，并受中央劳工行政机关之指导监督"②。社会部主持的工矿检查，大抵不出此种思路。

波恩、安得生认为，在工厂检查方面，中国地方政府虽然拥有一定权力，但本质上还是中央集权制，而他们建议中国采用地方分权制。③根据刘巨堃的理解，根据《工厂检查法》相关规定，工厂检查权似乎全集于中央，"然按之事实，有不尽然者"，他认为，上海、天津等市社会局，以及江苏、河北、湖北、山东及浙江等省建设厅，均派员执行检查事务，则属于地方分权制。其中理由，他认为，中国幅员辽阔，如果单纯采用中央集权制度，"非惟人力财力不逮，即各地检查之执行，亦多隔阂，有鞭长莫及之虞"。④而张天开则认为，从世界各国来看，工厂检查以中央制较为流行，抗日战争前中国采取的是"混合制"。⑤

但是，曾经任职于实业部劳工司、主管工厂检查行政的杨放，撰文直指中央集权制之蔽。他指出，1931年的工厂检查执行权之规定，权力集中于中央劳工行政机关，实则采用中央集权制，但也事出有因，即工厂检查"事属创举，为求收统一之效，事权不宜分散，且人力财力亦不充裕，势难普及于全国各地"。他认为上述规定缺点有三，一是中国地域辽阔，大多数省市的各种轻工业蓬勃发展，符合《工厂法》第一条规定的工厂为数甚多，由中央劳工行政机关派工厂检查员进行普遍检查，势必"力有不逮"；二是较远区域发生工业灾害，难以及时处置；三是中央劳工行政机关派赴各地之工厂检查员，"位卑职小"，很难受到地方当

---

① 顾炳元：《中国劳动法令汇编：三版续编》，上海：法学编译社，1947年，第72—75页。

② 《修正工厂检查法第三条第五条第十五条条文（二十四年四月十六日公布）》，《立法院公报》1935年第69期。

③ 《波安两氏对于以工厂检查实行工厂法之备忘录》，实业部中央工厂检查处编：《中国工厂检查年报》，1934年，第一章第27页。

④ 刘巨堃：《工厂检查概论》，上海：商务印书馆，1934年，第114—115页。

⑤ 张天开：《推行工厂检查的主旨与步骤（附表）》，《经济建设季刊》1942年创刊号。

局重视，因而未必能够顺利进行检查工作。1935年的《修正工厂检查法》扬短避长，执行权依然集中于中央劳工行政机关，仅赋予各省市以必要时之执行权，非但并未改正中央集权制之缺点，甚至中央集权制的有利之处也因而丧失。他进一步指出，"必要时，省市主管厅局亦得派员检查"这一规定的"必要时"，其标准难以确定，如果地方主管厅局对工厂检查一事不予重视，则任何事件、任何时期，都可认为尚非必要而不予进行。所谓"亦得"的规定亦弹性过大，主管当局固然可据以派员检查，但不派员检查，依法亦不能被视为失职。他根据1931年《工厂检查法》颁行以后的工厂检查情况，认为中央希望地方主管厅局负责。譬如，检查处所订实施工厂检查的一切计划和办法，往往分函各省市主管厅局办理，并且也安排检查人员分赴各地，但其任务仅可视为"视察各省市办理工厂检查之状况"，而并非"实施检查"。因此在他看来，1935年的相关规定，"不但未能使省市主管厅局为中央分担工厂检查之责，反而将中央集权制度破坏，造成责任不专之弊"。他明确主张，"为求工厂检查能普遍推行于全国各工业区域，关于检查执行权之规定，最好放弃中央集权之原则，而改用地方均权制，使各省市主管厅局在法律上必须负检查之责任，而仍以中央机关负监督之则"。[1]劳工司司长朱懋澄对所谓的中央与地方均权制亦缺乏信心，其"效力如何，须待诸异日，方能确定"[2]。

曾经担任国际劳工局中国分局的陈宗城，极力主张中国实行工厂检查制度，同时对工厂检查员的法律权限问题颇有微词。他认为，工厂检查与工厂调查的性质迥然有别，不能混为一谈。调查是了解工厂状况，"考察完便了事"，而检查乃是施行一种法律，检查员的目的，在于检查工厂一切情形究竟是否符合《工厂法》或其他劳工法的规定，如有不合之处，则当进行制裁。他进而提出检查员的权能范围问题，也就是是否具有起诉权，如何运用起诉权。他认为英法各国工厂检查部门设有起诉机关，日本检查员则将工厂违法事件转告行政机关，由行政机关起诉。各国检查制度虽有不同，但都有制裁办法。而中国《工厂检

---

① 杨放：《工厂检查法再修正提议》，《劳工月刊》1936年第5卷第10期。

② 朱懋澄：《工厂法的施行与工厂检查》，《教育与民众》1937年第8卷第5期。

查法》似无明确规定，其中第 12 条、第 13 条规定集中于安全卫生问题，由主管机关自主运用"警察手段"进行惩罚和制止，而与司法机关无关。也就是说，工厂安全卫生问题违法时，最低限度的法定制裁究竟如何启动，并无相关规定，如果劳工法的制裁与普通法律的制裁一样，是由当事人告发或检察官或司法警察自动检举，必将导致永远不会有一件处罚案子，那么工厂检查的功效则丧失殆尽。他主张，工厂检查员应该具有向司法机关直接起诉的权力，而不是将制裁权全部交给地方行政机关，从而破坏工厂检查的分权制，更破坏司法独立和司法信仰。[①]

实际上，为了减少阻力，工厂检查员的角色定位，主要是指导而非惩戒，工厂安全卫生问题基本未上升到司法层面。但是，工厂检查行政的实际情况，与杨放的观察比较接近，地方政府消极对待的问题，确实比较严重。

前文第二章曾经讨论到实业部的调查统计问题，但仅仅工人伤病和工厂灾变的调查统计，亦困难重重，地方当局敷衍拖沓至为明显。

《实业部民国二十一年度（第一期七八九三个月）行政计划办理经过报告》（四续）指出，前发三种调查表"多未依限填报，经一再催后，已有若干省市陆续汇报到部。有未能依限填缴者，正在咨催中"[②]。《实业部民国二十一年十，十一，十二，三个月行政计划纲要》（续完），将"令催各省市政府填报工人伤害、劳资纠纷工人失业调查表"纳入其中，并且声称该部前曾咨送三种调查表式，但"迄今未准汇报到部者尚属不少，拟即咨催转部，以便统计"[③]。但据其《实业部民国二十一年度（第二期即同年十，十一，十二，三个月）行政计划办理经过报

民国时期工业灾害治理研究

[①] 陈宗城：《我国现行工厂检查制之观察》，《国际劳工》1934 年第 1 卷第 2 期。但是，陈宗城此前的观点与此相左，更倾向于较为保守的做法，所谓："近数十年来工厂检查员之任务，多趋重于与劳资双方合作改进工厂与工人之状况，而不专以纠察惩罚为专。盖以各国工厂检查历史证明，吾人可知违法事件之减少，不在惩罚之繁严，而在检查员之能与劳资双方合作防患未然与否。是以最近各国之厂主，曾一变其从前疑忌厌恶检查员之态度，进而视检查员为改良工厂设备之导师良友"（参见陈宗城：《关于工厂法施行问题之数点意见》，《申报》1931 年 2 月 27 日，第 11 版）。

[②] 芝：《实业部民国二十一年度（第一期七八九三个月）行政计划办理经过报告》（四续），《实业公报》1933 年第 150 期。

[③] 薛：《实业部民国二十一年十，十一，十二，三个月行政计划纲要》（续完），《实业公报》1933 年第 103—104 期合刊。

告》（六续），原定计划咨催三种表格，但"迄未填报者，仍属不少，咨催饬属从速填报"①。

　　各省市政府未能及时上报实业部，原因又在于省市所属机构的延迟。例如，1933 年 11 月 25 日，河北省主席于学忠签发训令第七〇〇〇号，要求河北实业厅遵照实业部相关要求办理，同时指出当地上半年的情况尚未汇报。②12 月 8 日，河北实业厅则训令大兴等 23 县县长及有关工厂监察员，要求将当年两个半年度的情况一并"依式查填，分别具报，以凭汇转"③。山西的情况亦相差不大。1933 年 3 月 1 日，山西实业厅训令太谷等 17 县县政府，上年 12 月终应行汇报之各表尚未送到，要求日后"务须按期"。④1931 年 10 月 8 日，福建建设厅奉省政府令布告福州、厦门各工厂，"准实业部咨送工厂卫生安全设备、工人伤病、劳工教育等项调查表，仰厅转饬查填……文到一星期内填报，以凭汇转"⑤。1933 年 12 月 23 日，广东民政厅第五四四六号训令指出，广东当年 6 月终的报表尚未呈报。⑥1932 年 11 月 30 日，广东南海县上半年的工人伤害等调查表尚未呈送实业部，县政府"限文到一星期内赶紧填缴"⑦。1934 年，实业部函催北平市政府有关 1933 年下半年的相关报告，而北平市政府则查阅档案卷宗，发现自 1932 年 4 月以后，实业部已就相关问题函催 4 次，而市政府每次均已令行社会局，但社会局"尚未

---

① 陆：《实业部民国二十一年度（第二期即同年十，十一，十二，三个月）行政计划办理经过报告》（六续），《实业公报》1934 年第 165—166 期合刊。

② 于学忠：《河北省政府训令：第七〇〇〇号（中华民国二十二年十一月二十五日）：令实业厅：准实业部咨将本年六月终及十二月终两季工人伤害，劳资纠纷，工人失业等调查依式查填具报由（附表）》，《河北实业公报》1933 年第 32 期。

③ 史靖寰：《河北实业厅训令：第一九三八号（中华民国二十二年十二月八日）：令大兴等二十三县县长、三工厂监察员：令仰将本年六月终及十二月终两季，工人伤害，劳资纠纷，工人失业等调查表依式查填具报以凭汇转由》，《河北实业公报》1933 年第 32 期。

④ 《山西省实业厅训令：工字第三八一号（三月一日）：令太谷等十七县县政府：令催填报工人伤害劳资纠纷工人失业等项调查表由》，《山西实业公报》1933 年第 11 期。

⑤ 《布告福厦各工厂，奉省政府令，准实业部咨送工厂卫生安全设备工人伤病劳工教育等项调查表，仰厅转饬查填等因，仰遵照，尽文到一最期内填报，以凭汇转由（二十年十月八日）》，《福建建设厅月刊》1931 年第 5 卷第 10 期。

⑥ 《工人伤害等调查表应按期填报》，《广东省政府公报》1934 年第 247 期。

⑦ 《令催关于前发各地工厂工人伤害劳资纠纷工人失业等项调查表限文到一星期内赶紧填缴案》，《南海县政季报》1932 年第 11—12 期合刊。

呈复，殊有未合"。北平社会局受到指责，则令北平市工厂联合会、各工会将 1933 年下半年报告"迅速填齐呈局，以凭转呈"，并要求日后按照要求，每半年填报一次。[①]1936 年 6 月，南京社会局将当年第一季度的工厂检查报告函送中央工厂检查处，对灾变、安全和卫生等项均为填列，所填各表竟然颇多"未合之处"，共有 10 处需要更正。[②]

地方政府对于选送工厂养成所学员一事，亦可观察其对工厂检查行政的态度。一些省市政府对于未能选送工厂养成所学员的理由，主要是经费困难、工业幼稚和人才缺乏。[③]根据《工厂检查人员训练办法》，参加养成所培训的学员不收学费，每人缴纳讲义费 10 元，但膳费自给。[④]因此，甘肃、察哈尔和湖南等省，以经费困难为由未送学员入所训练，或许牵强。对于各省市所呈理由，工厂检查处官员王莹虽然不便直接批评，但强调其危害："在这些所谓的理由中，姑不论其是否事实与是否正当，然而就是因为这样的缘故，以致全国各省市不能尽有训练合格之工厂检查员，在将来普遍推行工厂检查上，已预伏了一个很大困难。"尤有甚者，工厂检查人员训练合格之后，实业部明令各省市政府予以委用，然而事实上"很少遵行，甚至业已委用，事后复借故裁撤"。工厂检查员之任用及奖惩规程失其效用，以致实业部要求各省市填报工厂检查的各种表格，绝大多数省市因没有准备实施工厂检查而无法填报。能依法委用训练合格工厂检查人员逐步实施工厂检查者，仅少数省市而已。因此，王莹认为，我国"政权不统一、威信不巩固"，欲求工厂检查问题取得实效，"各级政府应有最大努力"。[⑤]

表 6-1 是一些省市政府对未能选送工厂养成所学员的理由。

① 《训令：北平市社会局训令字第四六〇四号（中华民国二十三年四月二十五日）：令北平市工厂联合会、各工会：奉令催填工人伤害劳资纠纷工人失业等调查表仰按期填报以凭转呈由》，《社会周刊》1934 年第 77 期。

② 实业部中央工厂检查处编：《中国工厂检查年报》，1936 年，第 125、134 页。

③ 王莹：《从正泰永和两惨案谈到我国工厂检查》（续），《劳工月刊》1933 年第 2 卷第 7 期。

④ 《工厂检查人员训练办法》，刘燡元、曾少俊编：《民国法规集刊》（第 23 集），上海：民智书局，1931 年，第 472 页。

⑤ 王莹：《从正泰永和两惨案谈到我国工厂检查》（续），《劳工月刊》1933 年第 2 卷第 7 期。

表6-1　各省市未送学员入所训练之理由

省市	未送学员入所训练之理由
绥远省	工业尚在萌芽，各工厂范围均不合《工厂法》之规定
陕西省	地处边陲、交通闭塞，大规模之机器工厂均未举办，现有之小工厂亦系一般手工业，并无大工厂之设立
陕西省	地处边陲、交通闭塞，大规模之机器工厂均未举办，现有之小工厂亦系一般手工业，并无大工厂之设立
热河省	地处边塞，工业幼稚，尚无各种工厂设立，且文化晚开，尤乏工业上之专门人才
吉林省	工业幼稚，实少合法之工厂
甘肃省	财政困难
察哈尔省	经费支绌，且无大规模之工厂
湖南省	经费支绌
河南省	省委会议决缓议
福建省	工业幼稚
青海省	无投考学员
黑龙江省	缺乏工业人才
南京市	遴选困难，招考不及

资料来源：王莹：《从正泰永和两惨案谈到我国工厂检查》（续），《劳工月刊》1933年第2卷第7期，第52—53页，有改动。

注：广东、广西、贵州、西康、辽宁、四川、新疆、宁夏等省和广州市，不详。

矿场检查与工厂检查大致类似，地方政府并无兴趣付诸实践。中央工厂检查处成立之后，对工厂检查"竭力推进，虽因事属创举，推行困难，未能立着大效，然行之以渐，成效终必可睹"。但是矿场检查却无"专责办理之机关，以致矿场一切设施无由督促改进"。中央工厂检查处认为，"矿场环境之恶劣、灾变之易酿，较之工厂工人为尤甚，矿场之有待于检查，与工厂同其迫切，所有各地矿场，在矿场法未颁布前，似应暂依《修正工厂法》及《修正工厂法施行条例》各规定，由工厂检查处一并检查"。因此，该处于1934年10月呈请实业部分咨各省市政府转饬主管厅局会饬所属工厂检查员，在检查工厂时，将该区域内符合《修正工厂法》第一条规定之矿场一并检查，"我国矿场之检查于焉开始矣"。[①]1936年

---

① 实业部中央工厂检查处编：《中国工厂检查年报》，1936年，第655页。

的《中国工厂检查年报》指出，中央工厂检查处"迭次函催举办，惟因各省工厂检查员人数太少，难以兼顾，故自通令迄今，在业已举办工厂检查之各省中，尚有数省未能举办，而矿场检查报告之转送到处者，则仅有河南、湖南、河北三省而已"[1]。

1937年，时人指出，"工厂检查，事繁任重，其成败得失，关系整个劳工行政"，但中央对地方政府"似有指挥不灵之弊"，主张仍有实业部直接主持，"较易增进效率"。[2]而早在1933年，劳工问题专家骆传华即将"政治机关不健全"视为《工厂法》实施的难题之一。他认为，有力量的政府才能执行良好的法律，而我国政治局面仍然混乱不堪，中央政府权力未能集中，一切政令很难推行全国，并且执行劳动法规的行政机关组织过于简单和缺乏经验，不像欧美各国那样设立专门机关，从而可以集中人才，我国政治关系过度依赖个人，公务人员更换频繁，不安于位，不愿认真履行职务，甚至因为意见相左，"往往前任负责人的计划，被后任的主持者打消而不予采用"。他将此视为阻碍《工厂法》或其他劳动法规顺利实施之"暗礁"。[3]

诚然，与其他行政事务一样，南京政府对地方政府的控制能力显然不够，但是，工厂检查行政的"指挥不灵"，则与其制度设计失当亦不无关系。实业部对各省市政府指挥不动，反而有下设一处，此后的工矿检查室与检查处，均为社会部所辖，因其地位和权能，自然无法有效部署安排各地省市政府。再者，除了上海的工厂检查所和工矿检查所之外，其他各省市基本上没有成立与中央行政机构对接的行政部门，而是分属于实业厅、社会局、建设厅等。对于工厂安全卫生的行政建制问题，刘巨銮曾经提出，"以我国现时国库支绌，而欲于检查机关为独立的广大详尽之组织，自为事实所不许，计惟有划全国为若干工业区，由省市县各视其工业情形，分别设置各级工厂检查行政机关；其有人民或人民团体愿在政府法令之下自动设立协助机关者，亦得准许。至其系统：自以县区属于省者，省

民国时期工业灾害治理研究

---

① 实业部中央工厂检查处编：《中国工厂检查年报》，1936年，第663页。
② 何俊：《实施工厂安全卫生检查之重要》，《社会与教育》1937年第6期。
③ 骆传华：《今日中国劳工问题》，上海：上海青年协会，1933年，第167页。

属于中央实业部为宜……今为适当之设置，似宜中央于实业部劳工司设工厂检查科，各省市政府于建设厅，社会局，设工厂检查股，此外由实业部委派专员分赴各省区视察，藉以沟通中央与地方间之意见，以增进实施上之效能。其工厂较多之区，应由各该区地方政府划分小区，派员检查"①。但其设想，终究停留在理论思考层面，未能成为政治实践。

层级制意味着"在一种层级划分的劳动分工中，每个官员都有明确界定的权限，并在履行职责时对其上级负责"②。工业灾害调查统计，系由实业部而非行政院饬令省市政府，这有违官僚科层制中的权属原则。实业部对各省市政府指挥失灵，反而又下设"中央工厂检查处"专司其职，"位卑职小"，更难受到地方当局重视。③现代化官僚制中的职务工作，须以扎实的专业基础以及深入的专业培训为前提。④学者刘巨墅即体认到，工厂检查员的知识储备必须非常广泛，应当包括"《工厂法》及《劳工法》、工厂作业、老工生活、安全与卫生、警察、司法、行政、社会、教育、经济、伤病、救护、劳工心理、建筑、统计、会计及其他科学等"，因此"非经相当训练不能合格"。⑤

根据韦伯对德国现代化进程的观察，由于工商业迅速发展，以"数目字化管理"为特征的工具理性，成为"社会生活的通则"。⑥而黄仁宇对英国现代化进程的研究则表明，唯有"改组高层机构"、"整顿低层机构"以及"重订上下之联系"，才有可能"使一切数目字化"，"进入以数目字管理的阶段"。⑦工业灾害调查统计无疑表征着南京政府进行数目字化管理的努力，但必然受到社会"低层机构"数目字化程度低下的限制，社会响应乏力。

- 169 -

---

① 刘巨墅：《工厂检查概论》，上海：商务印书馆，1934年，第114—115页。

② 〔英〕戴维·毕瑟姆：《官僚制》，韩志明、张毅译，长春：吉林人民出版社，2005年，第5页。

③ 杨放：《工厂检查法再修正提议》，《劳工月刊》1936年第5卷第10期。

④ 尹保云：《什么是现代化——概念与范式的探讨》，北京：人民出版社，2001年，第86页。

⑤ 刘巨墅：《工厂检查概论》，上海：商务印书馆，1934年，第116页。

⑥ 〔德〕马克斯·韦伯：《学术与政治：韦伯的两篇演说》，冯克利译，北京：生活·读书·新知三联书店，2013年，第3页。

⑦ 〔美〕黄仁宇：《资本主义与二十一世纪》，北京：生活·读书·新知三联书店，2015年，第560页。

第三节　社会认同的严重不足

对于《暂行工厂通则》，官方认为兼顾了劳资双方的利益，即所谓"于保护劳工之中，仍寓维持实业之意"，但各地工厂仍然认为窒碍难行，理由是我国工业尚不发展，不可仅仅偏重于工人一端。[①]北京政府并未施行工厂检查，自无社会阻力可言。南京政府为了顺利推行工厂检查，极力宣传工厂检查是实现工业安全的必然要求，有助于改善劳资关系，也有利于经济发展。

骆传华认为，实行新制，必先获得社会同情和舆论拥护，方能产生实效。因此对于劳资双方，应当加强宣传工作，促进他们对《工厂法》的深刻认识，"由同情而达到实行"，方系"正当步骤"。[②]实际上，官方和有关专家，不遗余力地进行宣传，首先强调工业安全是时代发展的必然要求。上海社会局局长潘公展于1933 年撰文《工业安全与工厂检查》，将工业灾害视为"残酷战争"。他指出，家庭手工业逐渐转型为工厂工业，劳工们的大部分时间消耗于工厂，虽然工作环境的安全与工人生命密切相关，但工人却无主张自身权利的能力。在工厂工业中，因为机械结构日趋精密，电气和蒸汽等新式动力各有其特殊的危险性，化学品所含有毒成分危害人身，他将此视为"现代特色"。在他看来，厂主、技师或工人偶一不慎，便会引发灾害，厂主遭受物质损失，而工人轻则残疾，重则戕害生命。由于卫生方面的疏忽，"工人在无形中极易酿成各种职业病，成终身不治之病，以促短其生命"。[③]潘仰莘指出，工业灾害是工业革命的必然结果，机器替代人工，手工业发展为机器工业，家庭手工业发展为工厂工业，发生疾病灾害者逐渐增加。"蒸气锅炉、压力容器、原动机传导装置，及动力转运机器，高压电气线路，毒性原料，引火爆发品，高热物体，尘埃，粉末，温度，湿度，空气光线等等，倘无安全设备与卫生设备，或处置失当，或工作不慎，或在均

民国时期工业灾害治理研究

---

① 唐进：《唐进论我国工业概况与劳动情形》（1926 年），中国第二历史档案馆编：《中华民国史档案资料汇编》（第 3 辑·工矿业），南京：江苏古籍出版社，1991 年，第 187 页。

② 骆传华：《今日中国劳工问题》，上海：上海青年协会，1933 年，第 167 页。

③ 潘公展：《工业安全与工厂检查》，《工业安全》1933 年第 1 卷第 1 期。

足发生疾病，造成灾害"。[①]

工业灾害容易激化劳资矛盾，而工业安全则可改善劳资关系，实现劳资协调和消弭工潮。1933 年 7 月 13 日的《申报》载有《工业安全与国货》一文，文章指出，近代以来工厂制度勃兴，劳资两方缺乏治协互助精神，均以克制对方作为实现自身利益最大化的手段，结果导致工潮丛起，成为中国国货事业进展缓慢的重大原因。作者认为，调和劳资利益和保障劳工福利的法规，仅仅是一种治标方法，唯有工业界自觉改善劳动者生活，才能实现劳资双方相辅协调。他进一步指出，劳动条件不良，势必影响产品质量，"被生活所鞭策的工人们，天天流汗竭力接触着一切蛛网似的机器电力和锅炉等设备，可以说处处有发生危害的可能……劳工们身心没有充分的舒泰，生命健康没有强有力的保障，在这种情形之下，那里能够叫工人们专心致力替资方制出良好出品来赚钱？"如果企业主不能致力于整理改良，工人"天天恐慌着灾害的来临"，那么必定导致"各走绝端，深植病根"，工业安全亦流于空谈。因此，与其说工业安全事业是保障劳工福利的"道德事件"，倒不如视为"工厂管理的先着、企业发展的要图"。[②]

劳工健康关乎民生与国本，所谓"工业之基础，依于土地、资本与劳力三者而成立。故无壮健耐苦之劳工，则虽有富厚之土地与资本，工业亦难期其发达。工业萧条，其蔽直接影响于民生，间接危及国本，其可惧为如何。且劳工赖每日工作而生活，工厂依工人勤劳而发展，若工人失于健康，则工作力日弱，生机随之愈蹇，工厂亦趋衰颓。其危害尤不可胜言矣"[③]。1937 年 7 月 7 日"工业安全展览日"是上海市政府十周年纪念会的重要内容之一，有舆论重申了上述主张，强调资本、劳力、土地是生产的三个条件，而劳力是生产的重要动力，如果工厂生产设备容易引发劳力上的危险，或者工厂卫生设备不周而引起劳力上的健康，都"关系着生产条件的命脉"。[④]

《工厂法》于 1931 年 8 月 1 日实施，各方意见纷纭，国际劳工局中国分局代

---

① 潘仰荛：《注意工业安全》，《申报》1937 年 7 月 14 日，第 12 版。

② 周成勋：《工业安全与国货》，《申报》1933 年 7 月 13 日，第 18 版。

③ 程树榛：《劳工之健康问题（附表）》，《卫生月刊》1928 年第 1 卷第 3 期。

④ 老凯：《市政府十周纪念会中的"工业安全"展览》，《申报》1937 年 7 月 7 日，第 21 版。

理局长王人麟即对媒体逐条解释相关法规的重大意义。他宣称，我国《工厂法》实为"最进步之社会立法"，目的在于改善工人状况与促进社会福利，于劳资双方均有裨益。他建议工厂采用科学管理方法，弥补《工厂法》初行时带来的暂时损失。他强调，《工厂法》渐次实行，将使劳资双方均沾利益，希望中国雇主迎合潮流，增进劳资双方感情，不仅出产增加，"社会进化亦得一助力"。[①] "一•二八"淞沪抗战结束后，上海社会局决定自9月1日推行工厂检查，各业以战后工商两业凋敝为由，纷请暂缓，社会局为此召集各团体代表详加解释，以释疑虑。该局解释说，《工厂法》的意义，固然是为了免除工人因工厂生活而发生弊害，但是厂方不能将其误为工厂"仇敌"，《工厂法》并非专为保护工人、增加工人抗争力量，本旨在于保持劳资和平、消弭阶级斗争，促进资本"合理的发达"，与其说《工厂法》的目的是专为保护工人利益，毋宁说是保护全社会的利益。[②]

《工厂法》乃系劳资两利，但工厂检查则仍然面临劳资双方的误解甚至抵制。1935年，中央工厂检查处处长李平衡指出，对于工厂检查问题存在两种完全对立的立场和截然相反的看法，一是站在劳工方面，认为实施工厂检查和督促厂方改善生产设备，有益于劳工身体健康与生命安全。二是站在厂主方面，认为劳资双方本可相安无事，而实施工厂检查徒使厂方增加安全卫生设备之费用，在工业衰疲之际，此种设施自非急务。在李平衡看来，两种意见并非全无道理，"年来国内各地工业之凋敝，已臻极度，大多数工厂濒于破产，倘再使增加负担，似乎势有不能，但同时各地工厂灾变事件层出不穷，劳工之牺牲生命者年有惊人之数，工厂设备而过于简陋，自亦不容漠视"。他强调，上述悖论性事实加剧了工厂检查问题的严重性和繁复性，但实施工厂检查并非仅为劳工着想，改善工厂设备而保护劳工身体健康，不仅可以提高生产效率，而且可以防止工厂发生灾变，也能够减少厂方的直接损失。[③]

资方的误解成为工厂检查顺利实施的重大障碍之一。天津于1934年拟定第一

---

① 《劳工局长王人麟对工厂法实施之意见》，《申报》1931年8月20日，第14版。

② 《社会局召各业谈话，为推行工厂检查事》，《申报》1932年9月13日，第14版。

③ 实业部中央工厂检查处编：《中国工厂检查年报•序》（李平衡），1934年。

期实施计划后，为了促使各工厂对检查问题形成正确认识，曾于同年 8 月下半月起，由检查员分赴应受检查各工厂进行预备调查，9 月份才正式进行检查工作。[①] 但是事与愿违，工厂检查工作颇多梗阻。《天津市工厂检查第二次报告书》指出，"本市工厂检查第二次报告，早应编订，无如各工厂，因受时局与经济之重压，百孔千疮，捉襟见肘，挣扎应付，力竭筋疲，于应缴之各种文件表册，率多无暇顾及，稽迟延宕，每每皆是，面促函催，不知凡几"[②]。《天津市工厂检查第三次报告书》亦指出，"所有第三次应报事项，亦已早经着手。惟以各业工厂，因感受市面不景气之影响，率皆营业欠佳，以致厂内员司疲于支持厂务，未遑顾忌其他，每对应报告各项表册，无形延宕。迨经几次催索，始克陆续汇齐"[③]。《天津市工厂检查第四次报告书》亦强调："工厂既受经济恐慌之袭击，自身维持支撑之不暇，虽经迭申政令，而填报依然延宕，加以应造之表格稍觉烦难，规模较大之工厂，工役众多，统计需时，司其事者每多望而生畏，而设备简陋之工厂，常识浅薄，填造上更感困难，在表明言之，固属商人无集团的进取观念，事实上不能不谓商业知识幼稚之结果也"[④]。关于第一期实施计划的办理经过，天津市工厂检查处指出，"检查工作进行上，深感窒碍……况商人对于工厂检查事项认识不清，多每敷衍应事，虽经各检查员随时劝导，严厉督促，然第一期计划全部工作，仍难如期办理完竣"[⑤] "本市各工厂，近年来因受时局影响，几至一蹶不振。自身支撑之不暇，对于首创之工业统治设施每多漠视。几经劝导晓谕，直至 1934 年终始将初步工检工作之各项表册分别陆续缴齐……剀切晓谕，但商人固于成见，宁以增加工人待遇，适足以减低厂主之利益，不免互相观望，以为搪塞，阻挠情形，时有发生……迨至 1935 年，正值华北风云日紧，工厂倒闭者为数甚多，更予工厂以部履行一切法令之藉口"[⑥]。

---

① 《天津市工厂检查报告书》，《劳工月刊》1935 年第 4 卷第 7 期。

② 实业部中央工厂检查处编：《中国工厂检查年报》，1936 年，第 213 页。

③ 实业部中央工厂检查处编：《中国工厂检查年报》，1936 年，第 220—221 页。

④ 实业部中央工厂检查处编：《中国工厂检查年报》，1936 年，第 236 页。

⑤ 实业部中央工厂检查处编：《中国工厂检查年报》，1936 年，第 167 页。

⑥ 《天津市工厂检查第一期实施计划办理经过总报告》，《天津市政府公报》1936 年第 91 期。

北平的检查情况与天津相似，据《北平市第一期工厂检查报告书》记载，该市不少工厂"或场址狭小，建筑不良，空气污浊；或设备管理各项，因陋就简，秩序毫无，迭经剀切劝令改善，并经分别复查，有因资力及环境所限，未能立即改良者，亦有故意敷衍，始终未认真遵办者"①。

1934年，曾经有人指出工厂检查制度未能普遍施行，并且施行过程中屡受阻碍，其症结有四，一是企业缺乏远见，多数雇主误以为工厂检查，仅为顾及劳工福利，对其本身系莫大损失。资方往往追逐短期利益，对于工厂检查对企业所产生的长期利益和隐形利益，以及对国家工业前途的深远影响，资方往往视而不见。二是经济危机的打击，国家欲使企业改良设备而保护劳工，"实属难能"。厂方生产设施简陋，虽为法律所不容，但亦为客观事实，法理与人情必须兼顾。三是劳工的无知与误解。工厂检查的主要目的在于保护劳工，但并未获得劳工的拥护，因为知识缺乏，甚至受到厂方"非法宣传"的影响，工人往往不知工厂检查为何物，"视之无关痛痒，可有可无"。四是外交问题的制约，中国在国际上处于被压迫的地位，受到不平等条约束缚，租界当局反对检查，因此《工厂法》与《工厂检查法》"竟不能实行于此种畸形的范围"。②

担任上海工厂检查工作的田和卿，其总结性分析或许更有说服力。1937年，他撰文指出，《工厂法》和《工厂检查法》颁行以后，历经五年有余，但是毫无成效，"大的如缩短工作时间，废止童女工，给予工人特别休假和女工分娩前后的休假等，这些问题和实际情形相差太远，当然不必谈；就是小到工厂记录的改善，发生灾变的报告，都不肯依法办理"。工厂检查工作之所以未能取得成效，他认为其中苦衷一言难尽，但大致说来，其中困难之一在于劳资双方均不支持，"有的厂主听见检查，就觉得恐惧，也有的以为检查是政府故意的来捣蛋，来和工厂为难，也有的以为检查是要片面的加重厂方负担，也有的以为检查是政府替工人说话，帮工人的忙来压迫厂方。在工人方面呢，大多不加理会，不晓得有《工厂法》，更不明白《工厂检查法》；恐怕连工厂检查这四个字，都没有听见过。

---

① 实业部中央工厂检查处编：《中国工厂检查年报》，1936年，第135页。

② 刘广惠：《我国工厂检查问题的分析》，《劳工月刊》1934年第3卷第12期。

也有极少一部分的工人，晓得工厂检查，但是他们以为工厂检查是限制工人的自由，是帮同厂方来压迫工人的。厂主和工人对于工厂检查，既然有了这样大的误解，真能使检查得到实效呢？"①

1946年，社会部工矿检查处主任包华国指出，"欲保护劳工，须有完善之劳工法规以为准绳，而劳工法规之能实行与否，端赖工矿检查制度之是否彻底建立。若无健全之检查制度，即保护劳工之法规等于具文"。工矿检查之目的，在于保障工人福利、预防工业灾害、增进生产效率，辅导工厂发展，并促进劳资双方之协调，以共谋国家工业之发展。但是，劳工法规与工矿检查的正向功能，显然并非社会各界都能认识和理解。在包华国看来，不仅"一般人士对此新制度尚无确切之认识"，即使是与此制度关系密切之劳资双方，"亦多误解"。具体说来，厂方主要存在四种错误认识，一是将保护或改善劳工之各项设施视为管理劳工之辅助手段，二是出于同情立场，将安全设备视为"人道之设施"，三是仅仅将安全卫生视为促进生产之必要条件，甚至有人将其看作"并无特殊利益之非生产设施"。与此类似，劳工对工业安全的认识亦非一致。包华国指出，从理论上言之，各项保护或改善劳工之设施，本质上是谋求工人本身福利之办法，则工人自应毫无异议，但实则仍有若干工人"每以获得实际之金钱为满足，而认待遇比各项设施更为实际"，工人往往认为"现金获得要比工人储蓄、劳动保险等项预扣工资之办法更为优良"。②

包华国的继任者张天开亦有类似看法，认为预防工业灾变，端赖加紧实施工矿检查，"惟以推行初期，一般人尚未了解其重要性，因此不免遭受种种困难，此乃任何事业发展初期所不可免，此不仅部分厂主如此，即劳工方面亦在怀疑"③。

值得特别指出的是，国营企业也是工厂检查顺利推进的障碍。我国各铁路附设工厂为数甚多，其中多数工厂因成立于建造铁路之始，"率皆因陋就简，设备欠善，其有待于督促改进，无俟繁言"。但是对其检查工作历经数月之交涉方告成功。以汉口为例，汉口市区有平汉铁路管理局主办的修理机车等三个工厂，该市政府认

- 175 -

---

① 田和卿：《工厂检查问题》，《产业界》1937年第1卷第1期。

② 包华国：《保护劳工促成我国工业化，应亟建立工矿检查制度》，《中央周刊》1947年第9卷第19期。

③ 张天开：《从近六个月来工矿灾变看中国工矿检查》，《社会建设》（重庆）1948年第1卷第8期。

为三厂符合《修正工厂法》第一条规定，因此工厂检查时，要求铁路管理局转饬所属三厂汇报工厂记录等事项，而铁路管理局则认为："此项表册，系民营工厂呈报当地主管官署所用，路局为国营企业机关，由铁道部直辖，所有一切编制及用人行政，均遵部章节办理。各随设之工厂、工人状况、伤病情形，均有部定格式，遥报铁道部。"铁路管理局以市政府非其主管官署为由，拒绝向汉口市政府造报相关表册，汉口市政府"以事件重大，未能擅专"，只能呈请中央工厂检查处处加以解释，而检查处认为上述问题"于法均无明文规定"，被迫"据情转呈实业部请予解释"。1935年2月，实业部指示工厂检查处，指出铁路工厂为国营企业，即系《工厂检查法》第八条所谓的国营工厂，铁路管理局为主办机关，虽然隶属铁道部，但仍为主办关系，而非修正《工厂法》及《工厂检查法》之主办官署，《工厂检查法》既然明确规定"会同办理之程序"，"自不能适用（特别规定）之除外例"，应当接受工厂检查机关之检查。实业、铁道两部协商之后，认定各铁路工厂检查事务由中央劳工行政机关派工厂检查员办理，检查时由铁道部派员前往，进行"先期工厂调查"。各铁路工厂调查完竣之后，工厂检查处决定派员赴各铁路进行初步检查，直至1936年4月，铁路工厂检查事宜才得以顺利展开。[①]

第四节　租界工厂检查的落空

《暂行工厂通则》的仓促出台，与上海租界当局的动向有一定关系。1922年，一些西方调查员及社会服务工作者相继来华调查中国劳动状况。[②]当时，农商部修订法规委员会拟以6月为期，修订农商法规，工厂法草案条文颇多，"非一时所能告竣"，而上海总商会致电农商部，声称"沪上洋厂林立，万一因我国现无法规，先由租界当局别定章程，实时实施，恐损国体。且沪地西人方面，舆论方在猛烈促成，各项工厂法规之中，外人越俎代谋之势，已甚明显"，因而呼呼"速将劳动法规迅速制定颁布，以杜后患"。农商部第一次委员会议决定提前将《工

---

① 实业部中央工厂检查处编：《中国工厂检查年报》，1936年，第738—740页。

② 《美报论中国劳工问题》，《申报》1922年12月11日，第10版。

厂法》（草案）"简单编订，以应需要"。①《暂行工厂通则》明确规定，其适用范围包括了中华民国领域的外国工厂。但是，由于其颁布之后并未执行，租界工厂检查权并未成为问题。

南京政府建立初期，试图废除不平等条约，"革命外交"论一时甚嚣尘上。②随着《工厂法》等相关法规的颁布，租界工厂检查权，不仅是落实法规所必需，也成为南京政府"革命外交"的一部分。为了争夺租界工厂检查权，南京政府不仅借助国际劳工组织，而且利用舆论和发动民众，与租界当局进行了数年的艰难博弈，但无果而终。③

1931 年 8 月 1 日，《工厂法》正式实施。天津《大公报》社论指出，《工厂法》既届实行之日，其实施"务宜公平普遍，不可偏枯不平，自应令在华各外国工厂，一律遵守，否则不啻自毁本国之企业"。尤有进者，自我国颁行新关税法以后，日本、英国、美国等国陆续将其国内一些容易移转的工业迁至中国。当年前半年，日本在华新设工厂共计 500 余家，其中仅长江一带即多达 375 家，资本总额高达七千万日金。"英美方面，趋向亦同"，两国在香港新设 24 厂，上海18 厂，"他处不计"。这些工厂拥有"优秀熟练之人才，司管理经营之任，其省费而有效能，断非中国自办之工厂，可以仰望"。假如"再不令其遵奉中国《工厂法》，使彼辈得有尽量榨取低廉人工之优点，则中国制造业者与之竞争，益将失败溃灭，绝无幸理。此实中国厂家生死利害所关，不可不亟起要求，一律待遇也"。④时人张遵时亦强调，工厂检查对中外厂商应当一视同仁，否则将成为压迫

---

① 《农商部拟订工厂暂行规则》，《申报》1923 年 3 月 26 日，第 7 版。

② 周鲠生的《革命的外交》（上海太平洋书店，1928 年）不断再版，高承元亦编有《革命外交文献》（神州国光社，1933 年）。相关研究成果，可参阅李恩涵的《北伐前后的"革命外交"（1925—1931）》（"中央研究院"近代史研究所，1993 年）。

③ 马长林指出，上海租界工厂检查问题从 1931 年开始，1936 年达成协议，但旋被外国驻沪领事团否决（马长林：《上海租界内工厂检查权的争夺——20 世纪 30 年代一场旷日持久的交涉》，《学术月刊》2002 年第 5 期）。关于租界工厂检查权一案与国际劳工局的关系，可参阅田彤《民国劳资争议研究（1927—1937 年）》（北京：商务印书馆，2013 年）第七章的相关讨论。交涉经过，尚可参阅孙安弟的《中国近代安全史（1840—1949）》（上海：上海书店出版社，2009 年）第七章第三节。

④ 《工厂法今日起实施矣！》[《大公报》（天津）1931 年 8 月 1 日]，转见《国闻周报》1931 年第 8 卷第31 期。

本国厂商的"苛政"。因为在生产安全方面，华商和在华外商的设施相差不大，因陋就简成为中外厂商的普遍态势，如果工检政令不能适用于租界，"在华外厂独得逍遥法外"，仍然使用因陋就简的设备，那么不仅生产安全问题无从谈起，而且事实上造成了中外厂商生产成本之多寡不均。①

劳动法规不能适用于租界工厂，导致租界内外工厂生产成本高低不等，这反过来又会影响租界外工厂抵制工厂检查，从而妨碍上海工厂检查行政的顺利推进。上海工厂检查员王莹指出，各国租界"几遍于各工商业发达的都市，他们享有领事裁判权，以致我国法权之行使，乃大有妨碍。外商工厂，也就因为这个缘故，对于我国劳工法令，抗不遵行，无形中使我国之产业经济及工人生活，蒙甚大之损失。外商工厂，如不遵行我国劳工法令，则此等劳工法令，亦无法实行于我国工厂。因为外厂以无法令的束缚，显处优越地位，华厂势难与之争衡，即工人的待遇，亦难期其平等"②。

根据 1934 年的《中国工厂检查年报》，1932 年淞沪抗战以后，从 9 月份开始，上海对市区工厂进行了初步检查，而租界工厂之检查，因工部局"非正式请求暂缓"，社会局为避免交涉起见，"曾允其请"。1933 年 4 月，工部局正式拒绝我国工厂检查员检查租界工厂，社会局即呈请上海市政府向工部局交涉，历经两载有余，"几费唇舌"，未能解决，因此既然不能对租界工厂进行初期检查，那么市区内各工厂之第二期检查计划亦无法进行，上海工厂检查乃宣告完全停顿。而且由于租界交涉停顿已久，"前经委用之检查员有因事辞职他去者，有以故停职者"，仅有田和卿等 8 人仍在社会局担任工厂检查工作。③而上海曾经选送了22 人参加工厂检查员养成所的训练，4 人中途退学，其余训练毕业，先后回社会局执行工厂检查事务。④也就是说，流失了 10 名工厂检查员。中央工厂检查处处长李平衡曾经沉痛指出，"租界工厂检查问题，自从北京政府颁布《暂行工厂通则》以后，迄于今日，上海租界当局多方阻挠，不仅外厂无法检查，即检查租界

① 张遵时：《工厂检查平议》，《纺织时报》1931 年第 836 期。
② 王莹：《正泰永和两惨案谈到我国工厂检查》（续），《劳工月刊》1933 年第 2 卷第 7 期。
③ 实业部中央工厂检查处编：《中国工厂检查年报》，1934 年，第四章第 7 页。
④ 实业部中央工厂检查处编：《中国工厂检查年报》，1934 年，第四章第 1—2 页。

内之华厂，亦多窒碍难行，其至内地工厂之检查工作，亦受影响，我国政府颁行之法令，而不能施行于我国领域以内，这是多么重大的一个问题！"①1933 年，上海正泰橡胶厂锅炉爆炸，中国舆论指出，倘能遵守工厂法令，惨祸或不致发生。"惜我国厂主，迄无遵行之决心，租界当局，复多掣肘。"②

青岛符合《工厂法》规定之华商工厂不过 40 家左右，而外商工厂"实占十之七八"。对于外商工厂，"以过去历史关系尚未正式检查"，而中国各小工厂又资本微小，积习已久，"虽以骤然改良，以致因连带关系，对实施检查之 40 余家华商工厂，仅就轻而易举者或关系重大者，责令改良。其未能遵办者，亦仅依解释劝告警诫各步骤依次敦促，从未加以处罚。加以本年夏季以来，本市有明华银行倒闭情事，以致银行界采收缩政策，各工厂大受影响，工作时有停顿情事，甚且倒闭。未停未倒者亦常在风雨飘摇之中，有朝不保夕之概，尤未便过事督责。以致一期应行整理各项，尚有未能遵照办理者"。③

中央工厂检查处王莹认为，工业灾害不能绝对避免，但是通过工厂检查，可以降到最低限度，但地方当局之敷衍因循，外则受到"帝国主义之把持操纵"，导致工厂检查难以顺利推进。④

抗日战争爆发之后，上海沦陷，国民党军队西撤，上海公共租界工部局实际上执行了工厂检查工作，由辛德女士主持，太平洋战事发生，日军进驻租界，工检工作则由日本人负责，"租界由伪政府做过一段傀儡把戏的收回工作"，工部局后改名为第一区公署，工厂检查工作由工业社会处负责，1945 年上半年第一区公署取消，原有工业社会处的检查工作，归并到工务局。⑤随着我国抗日战争的胜利，租界工厂检查问题则成历史遗迹。

---

① 实业部中央工厂检查处编：《工厂检查年报·序》（李平衡），1934 年。
② 陈振鹭：《工厂大灾变后之特区工厂检查权》，《法律评论》（北平）1933 年第 10 卷第 49 期。
③ 实业部中央工厂检查处编：《中国工厂检查年报》，1936 年，第 283 页。
④ 王莹：《从正泰永和两惨案谈到我国工厂检查》（待续），《劳工月刊》1933 年第 2 卷第 6 期。
⑤ 田和卿：《从法统观点上谈工厂锅炉的检查》，《申报》1946 年 3 月 25 日，第 4 版。

矿难善后的个案审视

  1935 年 5 月 13 日上午 11 点 25 分，中日合办鲁大公司淄川煤矿发生透水事故[①]，被时论称作"十年来矿井惨剧中之最不幸者""诚为鲁大三十年来所未有"，或者视为"劳动群众之空前浩劫""惊人惨剧"。[②]历时 30 余天，矿难善后抚恤问题方告解决。在此期间，社会舆论积极跟进，或报道矿难惨象，或探讨矿难成因，或督促善后事宜，或反思防灾之道。南京政府尤其是山东地方当局积极介入矿难调处，而中国共产党则以此为契机，积极动员工人进行反对日本帝国主义和国民党政府的斗争。关于矿难之始末，学界已有详论。[③]此处尝试提取矿难的多个面相进行重估再审。

第一节 真相或迷思：死难人数之罗生门

  随着近代新闻传媒和通信技术的发展，矿难的诸多面相得以迅速、广泛地展

---

  ① "自前清曹县教案发生，清政府与德人订立胶州湾租借条约内，即有开矿一项。光绪二十七年，德人即组织德华公司，开采坊子金岭镇淄川等地矿产，欧战发生，德人掠夺之权力乃归日人，历经七载，迫十一年，华府会议始由中日根据条约组织鲁大公司，淄川炭矿即该公司之一部分，名鲁大公司淄川矿业所，距淄川城东南四里许，地名洪山，俗称大荒地，鲁大自称曰淄川矿业所。本坑，现所长为日人市吉彻夫，协理兼常务董事，副所长为华人宋璧如"（参见《淄川鲁大矿悲鸣惨剧》，《申报》1935 年 5 月 17 日，第 8 版）。

  ② 参见卒：《鲁大矿井惨剧：近十年来国内各地矿井常演惨剧》，《民间》1935 年第 2 卷第 2 期；陈至诚：《鲁矿工惨案与劳工问题》，《半月评论》1935 年第 1 卷第 9 期；《淄川矿工惨案特辑》，《中华邮工》1935 年第 1 卷第 4 期；侯德封：《淄川煤矿惨案之剖解》，《科学》1935 年第 19 卷第 8 期等。

  ③ 主要有刘元熙、赵镇琳：《1935 年淄川煤矿北大井透水惨案始末》，山东省地方史志编纂委员会编：《山东史志资料》（第 1 辑），济南：山东人民出版社，1983 年；淄博矿务局、山东大学编：《淄博煤矿史》，济南：山东人民出版社，1986 年。

现于大量受众面前。纵观此次矿难发生之后的媒体叙事，遇难人数显然莫衷一是，甚至党政方面的权威话语，亦歧见迭出，少则 500 余人，多则超过 900 人，相差悬殊，演绎成为矿难"罗生门"。

1935 年 5 月 14 日，济南电讯声称，600 余工人"证明已全淹死"。同日的济南另一电讯则认为，死于矿井内者 500 余人。15 日济南电讯又指出，井内工人原有 900 人，除当时救出百余人之外，在内者至少超过 700 人。16 日青岛电讯称 800 余工人"已无生望"。17 日济南电讯报道说，失踪工人"今已查明 800 人"。20 日济南电讯又推测：被难者在 700 人以上。[①]《科学》杂志《淄川煤矿惨案之剖解》一文则称，"据闻登记死亡工人超过 700 人，更有无家属为之登记者，全数确在 900 以上"[②]。《客观》杂志载文指出，"800 余矿工死于非命"。大量的类似标题见诸 5 月 14 日各大报纸头版头条。[③]显然，遇难人数随着善后抢救工作的进展而变动不居，因而成为一种动态生成性的存在。同时，媒介视域中的遇难人数往往正误并存，当时的媒体人对此困境了然于胸："惨案发生以后，灾情频报，消息纷传，其调查翔实，言皆有据者，固属不少，而因案情庞大，致无头绪者，亦复所在皆有。"[④]

山东地方当局的看法，遇难者为 800 人左右。国民党山东省党部曾就淄川惨案致函中央民众运动指导委员会，其所附报告指出，该矿以往及事发当月前十几天的入井工人数目，均为 800 人左右。而 13 日系发放工资之日，且因发薪地点选择井底，"按之往例，每逢发薪之日，工人多全数下井"，因而比平时多出百人左右。因此估计，事发当日井下工人可能超过 900 人，有幸逃出者不足 100 人，被难人数"确有 800"。[⑤]因为消息源近似，甚至相同，地方当局的估计与媒体报道大体一致。但时任实业部长吴鼎昌则将死难工人数目精确定为 830 余人。在为

---

① 《淄川矿工惨案特辑》，《中华邮工》1935 年第 1 卷第 4 期。

② 陈至诚：《鲁矿工惨案与劳工问题》，《半月评论》1935 年第 1 卷第 9 期。

③ 《淄川矿工惨案特辑》，《中华邮工》1935 年第 1 卷第 4 期。

④ 《淄川矿工惨案特辑》，《中华邮工》1935 年第 1 卷第 4 期。

⑤ 中国第二历史档案馆编：《中华民国史档案资料汇编》（第 5 辑第 1 编政治 3），南京：江苏古籍出版社，1994 年，第 403 页。

1936年6月出版的《工业安全卫生展览会报告》一书所作序言中，吴鼎昌指出，由于我国工业幼稚，工业灾害虽然不如工业发达国家严重，但1935年有关统计表明，全国工业灾害频繁，损失巨大，死伤者众多，"山东淄川鲁大公司矿井出水一役，竟死伤工人达830余人之多，损失200万元之巨，其灾害亦足令人惊心动魄者矣！"[①]

在中国共产党团中央看来，淄川矿难死亡人数多达数千人。团中央于5月17日下发"紧急通知"，声称"日本金融资本在华设新厂和攫夺华商纱厂，直接的无止境的敲剥中国工人及劳苦群众，特别是完全不顾安全设备与工人生命，以致一手造成山东淄川煤矿淹死几千工人的空前大惨案"[②]。

日方甚至鲁大公司，亦未确定死难者人数。驻济南总领事西田畊一向其外务大臣汇报，声称除536名工人遇难外，尚有中日技士各1名，共538名。《鲁大矿业公司二十年史》则认为，遇难职员2名，里工10名，外工524名，共计536名。[③]

此次矿难死亡人数之所以无法确证，存在"罗生门"困境，一是由于水量巨大，抢救工作中途被迫放弃，并无死者遗体可供清点。二是因为该矿劳工管理体系落后，采用包工制或代表制，矿工存在里工和外工之别，前者系长雇，后者则属临时性质。技工与里工，归属矿业所直接管理，遇难数目当可确定无疑。矿方对于外工，并未进行直接管理，因而遇难外工数目无法进行精确统计。此种困境，《北平晨报》曾有较详揭示：鲁大公司淄川矿业所"发生水患，大部工人淹没水内，惟确实人数因工人代表及司账书记亦多同时罹难，甚感不易查考，惟平日情形推算，当有八九百人之数"。工人代表凭借记忆，所列名单为606人。被难工人家属进行登记者为540人。工会实地调查所得为539人。至于"列名之606人，及在调查区域以外有无遗漏，及有无踪迹不明，并闻有因旱荒来此，托人介绍工作，

民国时期工业灾害治理研究

---

① 实业部中央工厂检查处编：《工业安全卫生展览会报告·序一》，实业部中央工厂检查处印刷，1936年，第1页。

② 《团中央紧急通知——关于中日互换大使，淄川煤矿惨案与我们目前反日反帝运动的工作（1935年5月17日）》，共青团中央青运史工作指导委员会等编：《中国青年运动历史资料》（第13集），北京：中国青年出版社，1996年，第73—74页。

③ 刘元熙、赵镇琳：《1935年淄川煤矿北大井透水惨案始末》，山东省地方史志编纂委员会编：《山东史志资料》（第1辑），济南：山东人民出版社，1983年，第1—17页。

为时不久，即连同介绍人均遭淹没者，亦不在少数。此等被难工友，既无家属，又无住所，以致无法调查等，实属无法断定"①。

此次惨案，终以536名矿工遇难载入史册。②无法确证的历史实态，通过历史书写，转换成为一种精确无疑的历史记忆，而遇难人数之迷思，或许从此而消解。

第二节 天灾或人祸：矿难肇因之悖论性言说

此次矿难之肇因，大抵存在"天灾说"和"人祸说"两种截然对立的解释，资方极力将矿难认定为天灾，而社会舆论甚至官方，则将其界定为人祸使然。

鲁大公司极力强调事故系天灾浩劫，非人力所能抗拒。其理由大致有三。一是事发当天的矿井涌水量中外罕见。该公司援引其内部相关专家的测验数据，认为平均每分钟涌水量为5200立方尺③，每小时约8700吨，出水后数小时内增至3倍以上，高达每分钟15 600立方尺，因此声称"打破世界最高纪录，其为不可抗力之天灾浩劫无疑"。二是将放弃抢救被困矿工之原因，归结为"水势太猛"，声称因水势激增，通风隔绝，数百员工生死不明，于是根据井下结构，全矿动员，不眠不休并悬重赏组织敢死队进行抢救，"无奈水势太猛，默察事难挽救，不得已截断电门，仓猝出井，连日中日员工决死努力之人命救助及防御工作事，已达最高峰，而终以不可抗力，悉归泡影"。三是宣称其安全设施业已足够完善。认为各坑主要坑道以及采矿所用一切支柱设备，"莫不就技术上应用方法为完全布置"，对于防范透水事故，备有防水区以及排水机12部，排水能力每分钟为1200立方尺，该矿一般出水量为每分钟200—300立方尺，因此其安全设备超过4—6倍。"尤虞不足"，又花费数十万元添购电气排水机、新式发电机和水管式锅炉，"以备万一"。因此，矿方认为，多数矿工之所以未能脱险，"水来过猛，不能逃赴井口"固系主要原因，而矿工笃信公司"设备完全，不虞发生意外，误事而遭

- 183 -

---

① 参见《北大井"透水"事件》，朱铭、王宗廉主编：《山东主要历史事件：南京国民政府时期》，济南：山东人民出版社，2004年，第299页。

② 淄博矿务局、山东大学编：《淄博煤矿史》，济南：山东人民出版社，1986年，第221页。

③ 1尺≈33.33厘米。

灭顶者恐亦难免"。①

鲁大公司关于事故原因"天灾说"的解释，遭到社会舆论的强力反击。有人指出，"因铁矿与淄川河上游之湖床为邻，矿主事前并未注意，以致一决不可复收；抽水设备不周，水发之际，仓皇无措；水发之初，矿中主持人以其仅有尺余，漫不为意，其后水忽大至，遂无可挽回"。惨剧之发生，乃系鲁大公司"执事日人绝未注意工人生命安全之结果，不能诿为不可抗力之天灾"。②有人斥责鲁大公司的解释非常可笑："现今科学化的事业，规模日进而危险日增，尤其是采矿工人深入地腹，危险逾恒。一物之失，动辄伤亡，数且百千。事前既忽于防备，事出又无挽救方法，以致牺牲人命，损毁资产，当事者固难辞其咎，今反归罪于天，抑何可笑。"③

《申报》和《大公报》也积极揭露和抨击鲁大公司的推诿卸责言论。《申报》撰文抨击，矿方管理人员和工程师"玩忽工程，只顾多出煤，多赚钱，不顾民命，肇此惨祸"。5 月 28 日，《大公报》记者指出，此次矿难征兆十余日前即已露端倪，且有书面记录，但矿方管理者"不事预防，以致肇此大祸"，并且"对大小材料减而又减，缩而又缩，卒至全部工程毁于一旦"，认为"八百余矿工当时实有许多逃生之机会，卒因该公司办理不善，以致无以幸免"，矿难之肇因绝非天灾，"实以鲁大当局仅知出炭，绝未计及如何重视工人生命设法防险也"。④

山东省地方当局有关矿难性质的判断，与资方持论亦迥然不同。5 月 16 日，国民党山东省民众运动指导委员会刘汝浩就矿难责任问题报告中央，明确指出："此次肇祸原因，并非不可避免，是由公司方面平日只顾省钱，安全设备太不周到所致。"17 日，国民党山东省执委淄博区矿业产业工会常务理事顾炽将"设备欠缺"视为"最大原因"，具体而言，肇因有四：第一，矿难发生前，该矿厉行所

---

① 《淄川矿工惨案特辑》，《中华邮工》1935 年第 1 卷第 4 期。

② 《山东淄川鲁大矿井惨剧之详情及社会一斑之舆论》，《工业安全》1935 年第 3 卷第 3 期。

③ 侯德封：《淄川煤矿惨案之剖解》，《科学》1935 年第 19 卷第 8 期。

④ 《鲁大惨劫发生之原因及救济失业工人办法》，《大公报》1935 年 5 月 28 日，转见刘元熙、赵镇琳：《1935 年淄川煤矿北大井透水惨案始末》，山东省地方史志编纂委员会编：《山东史志资料》（第 1 辑），济南：山东人民出版社，1983 年，第 20 页。

谓紧缩政策，"处处务必撙节"，防灾设备阙如，一旦发生意外，即束手无策；第二，该矿本有空间可供分流，但近年任其积满，存水不加排泄，否则此次出水有处空洞，千百工友自可从容脱险，浩劫当能消弭；第三，该矿原有风道互相贯通，遇有事故，即可出入无阻，但近来公司"撙节费用，任令圮毁倒塌，不加整理，以致堵塞不通……坐令生机断绝"；第四，采煤改用"长壁法"，加以节省木柱，乃至天板坠落，而对于渗水迹象未能早日防范，任其酿成巨患。顾炽总结说，"平素设备欠缺，实为肇祸之由，而事变突忽，噬脐莫及，随至演成空前惨案"。

但是，尽管中国官方和媒体的"人祸说"证据充分，但矿难抚恤应有的公平正义却并未向遇难矿工及难属方面倾斜。

第三节　依法或循例：抚恤标准之争

矿难抚恤问题，主要牵涉劳资双方，但时论给予充分关注，山东地方当局亦积极参与调处，各方就抚恤金额的依据问题展开博弈。究竟是按照《工厂法》的相关规定，还是遵循鲁大公司之惯例，成为各方争论的焦点。

实际上，此次矿难抚恤已经有法可依。1929 年 12 月 30 日，南京政府公布《工厂法》，其中第 1 条规定，"凡用汽力、电力、水力发动机器之工厂，平时雇用工人 30 人以上者适用本法"。第 45 条明确规定，"在劳动保险法施行前，工人因执行职务而致伤病或死亡者，工厂应给其医药补助费及抚恤费"。关于抚恤标准，规定"对于死亡之工人，除给予 50 元之丧葬费外，应给予其遗族抚恤费 300元及 2 年之平均工资。前项平均工资之计算，以该工人在厂最后 3 个月之平均工资为标准。丧葬费和抚恤费，应一次给予"。[1]1930 年 12 月 16 日公布了《工厂法施行条例》，其中第 29 条规定："丧葬费于工人死亡之翌日，一次给予其家属，抚恤费于工人死亡后 1 月内，给予《工厂法》第 46 条规定之受领人。"[2]《工厂

---

① 《工厂法施行条例》，《农矿季刊》（山西）1930 年第 6 期。
② 《工厂法》，《盐务公报》1930 年第 24 期。

法》及《工厂法施行条例》，均于 1931 年 2 月 1 日起施行。

因此，中国舆论均主张依照《工厂法》相关规定进行抚恤。上海《申报》社评明确提出，关于善后抚恤问题，既然我国政府并未制定颁行矿工法，"自应参照工厂法之抚恤丧葬费之规定，从优抚恤"①。《大公报》载文主张，"必须依照工厂法之规定办理，缘我国矿工法未颁布之前关于矿工待遇，其矿业合于工厂法第一条规定者（即用发动机及平时雇用工人在 30 人以上者）除法令另有规定外，应一体适用工厂法及工厂法施行条例之规定"②。如果以此计算，每名死难工人的抚恤金大致为 600 元。甚至山东建设厅最初亦有依法抚恤之设想，后因鲁大公司拒绝，以及"其他种种困难，终未能实行"。③

但是，根据鲁大公司惯例，每名遇难工人抚恤金仅为 252 元，丧葬费为 50 元，共计 302 元。针对此次惨剧，鲁大公司提出依照旧例进行抚恤。广大难属则提出，由于鲁大公司不能排水捞尸，须在旧例基础上，每人追加特别抚恤金 500 元。难属关于抚恤金的方案，已经高于《工厂法》的抚恤标准，无疑遭到鲁大公司拒绝。据 6 月 13 日《申报》报道，善后委员会虽成立多日，因劳资双方"意见悬殊"，迄无解决办法。善后委员会之一的宁纯孝旅长曾经提一折中方案，即除普通恤金之外，鲁大公司追加 4 万元抚恤金，"鲁大仍不允"。④

虽然劳资双方意见不一，但韩复榘以武力干预的方式，最终强行通过了远远有利于资方的抚恤方案，鲁大公司承认每名难工 330 元，"以示从优抚恤"。6 月 13 日开始发放抚恤金，当日发放家住矿区周围村庄者，次日发放南工厂、东工厂、北工厂淄川县籍者，15 日发放三厂外县籍者，17 日基本发放完毕。13 日领取抚恤金的外工家属共 125 名，总额为 41 250 元。14 日外工 156 名，总额 51 480 元。15 日外工 203 名，总额 66 990 元。16 日继续发放，当日仅发放外工 24 名，计银 7920 元。外工未领者尚有 18 名。10 名里工的抚恤金，16、17 两日亦陆续

民国时期工业灾害治理研究

---

① 《淄川煤矿水淹工人事件》（时评），《申报》1935 年 5 月 21 日，第 5 版。

② 吴知：《从淄川煤矿大惨案谈到中国矿工的保护问题》，《大公报》1935 年 5 月 29 日。

③ 《淄川矿工惨案特辑》，《中华邮工》1935 年第 1 卷第 4 期。

④ 《淄川鲁大矿井惨剧之善后》，《工业安全》1935 年第 3 卷第 4 期。

发放。①

矿难善抚恤问题，历经非均衡性交锋博弈，"强权"战胜"人权"，终告解决。

第四节　权益或秩序：善后抚恤中的政治

抚恤方案，资方让步甚微，显然距死难家属的要求甚远，但法律规定最终让位于公司惯例。之所以如此了结，既与劳资双方力量失衡有关，又与官方态度密不可分。

矿难发生之后，死者家属"环井呼号，哭声震天"，"愁眉泪眼，求神问卜，投河图尽之情景，恐人世间伤心惨目之事，未有甚于此者"。②在此情形下，情绪性或过激性举动恐怕难以完全避免，而官方进行武力管控，也就势在必然。据鲁大公司自称，事发翌日，"工人家属以其家人毫无消息，定然凶多吉少，争入矿厂探问消息，愈聚愈多，哀哭痛号，莫能劝谕。公安局及矿业警察正在竭力维持，以免妨害各矿员工营救工作，不料当地不良分子趁机滋事，于上午10时拥入炭矿事务所，捣毁门窗玻璃及电话交换机等件，一时秩序大乱，公安局遂一面飞报县长，一面劝导群众，嗣由城内开到驻军一连，县警矿警联合戒备，秩序始渐恢复，14日晚，宁旅长复由青州赶到炭矿，人心大定"③。

鲁大公司这一说法，乃系公开说辞，尚属委婉，其私密性的应对方略，更易揭示其真实态度。鲁大公司发给山东省建设厅的电文说："工人捣毁，秩序极乱，外侨生命堪虞。"日本驻博山领事分馆主任与淄川县长张蕴藻、公安局长王国钧会见时，将遇难矿工家属的正义行动诬为"暴民""暴举"，并提出严重"抗议"。韩复榘急令军队介入，淄川县城驻防60余名士兵在旅长宁纯孝率领下赶赴现场，

---

① 《北平晨报》，1935年6月21日，转见刘元熙、赵镇琳：《1935年淄川煤矿北大井透水惨案始末》，山东省地方史志编纂委员会编：《山东史志资料》（第1辑），济南：山东人民出版社，1983年，第15—16页。

② 《淄川煤矿水淹工人事件》（时评），《申报》1935年5月21日，第5版。

③ 《淄川矿工惨案特辑》，《中华邮工》1935年第1卷第4期。

16 日，驻博山机枪队一连 92 名官兵抵矿，由济南及博山特派的总领事馆十余名警察署员也到达矿所。①

在军警强力控制下，矿难之后的善后秩序得到有效维护，乃至于山东媒介对事故发生后的社会秩序相当满意。15 日济南电讯声称，"工人家属 14 日曾捣毁办公室会计处，经劝导始散，今尚平静"。16 日青岛电讯指出，"800 余工人亦已无生望。宁旅长到矿震慑，秩序益安静"。18 日青岛电讯认为，"矿中秩序甚佳"。②

矿难之所以能够"循例"解决，与武力干预密不可分。济南总领事西田畊一致日本外务大臣广田弘毅的函件指出，韩复榘出面召集死难者家属会议，警戒森严，韩复榘极力为矿方辩护，将矿难与地震和海难的性质等同并置，均系"天意"，"刹那间要多少人牺牲，每天都似乎发生不止一次"。韩复榘否认劳方依据《工厂法》进行抚恤的合理性，认为该法令自颁布以后，并未真正实施，"各矿都按照各自任意规定乃至先例为标准进行抚恤"。并且威胁死难者家属，如果不服从其调解，法律解决将更加艰难，韩复榘声称鲁大公司系中日合办，"带有国际性质"，"即使根据法律找出解决的方法，也要在各自筹款的基础上，派代表向济南高等法院乃至南京最高法院控告"。每名死难矿工 330 元的抚恤方案，当场遭到部分难属抗议。韩复榘命令军警人员武力威逼难属答应。在西田畊一看来，抚恤方案一经宣布，即引起全场不满，"人群骚动，但由于武力镇压，才好不容易地按上述决定的金额解决了这一事件"。而据亲历其事者回忆，韩复榘声称工人死难纯属咎由自取，声称"谁请你来下井，你不来还淹死了？你们死了五六百人，有什么了不起？大惊小怪地哭什么？"矿工家属哭诉讲理，竟有横遭捆绑者。③

山东地方当局极力维护鲁大公司利益，并不惜以武力威吓民众服从其抚恤方案，除了日本势力在山东过于强大之外，尚有对中国共产党借此机会发动工人的

① 刘元熙、赵镇琳：《1935 年淄川煤矿北大井透水惨案始末》，山东省地方史志编纂委员会编：《山东史志资料》（第 1 辑），济南：山东人民出版社，1983 年，第 1—17 页。

② 《淄川矿工惨案特辑》，《中华邮工》1935 年第 1 卷第 4 期。

③ 刘元熙、赵镇琳：《1935 年淄川煤矿北大井透水惨案始末》，山东省地方史志编纂委员会编：《山东史志资料》（第 1 辑），济南：山东人民出版社，1983 年，第 1—17 页。

担忧。对于地方当局以及鲁大公司武力对待死难者家属一事，舆论呼吁："对于被难工人家属，亟须照章抚恤，设法安慰，不可再用高压手段，使他们呼号惨淡之余，更受到莫可告诉的痛苦。"此种呼吁，终成愿景。据博山县党务整理委员会呈报，淄川、博山两县交通便利，五方杂处，不独商业繁盛，工业亦颇发达，两县矿区毗连，矿工达3万余人。1931年4月，因铁道部颁令煤运加价两成，淄博两县发生两次"罢运风潮"，"此等举动若不事先防范，诚恐为反动派所利用，酿成变端，殊堪隐忧"，因此呼吁国府训令山东省府"防患于未然"。25日，行政院为了防止淄博煤矿工人罢工，密令实业部、铁道部和山东省政府"注意防范"。①

　　众所周知，1935年，中国共产党正在进行"战略大转移"，处境相当艰难，虽然中共中央并未直接关注淄川惨案，但团中央则相当重视，要求抓住时机动员工人群众进行反对国民党政府和日本帝国主义的斗争。5月17日，团中央向各省委、市委、特委和县委发出紧急通知，对反日反帝运动进行详细部署。《团中央紧急通知——关于中日互换大使，淄川煤矿惨案与我们目前反日反帝运动的工作（1935年5月17日）》（以下简称《通知》）认为淄川惨案"这一严重事件，业已激起了广大工人及工人家属的怒火与英勇的反日行动，捣毁公司办事处，威胁日本资本家吸血鬼与其爪牙的'生命财产安全'"。《通知》谴责国民党政府之"无耻"，对于矿工不但毫不加以救护，反而派兵前往镇压，保护日人。认为这一惨案完全是日本资本家"吸血鬼"所造成，并且表明帝国主义和国民党的统治是工人和劳苦群众"悲惨的酸鼻地狱。"《通知》要求全国各地团委，尤其是华北和山东团委，紧紧抓住这一事件，将工人斗争上升到反日反国民党政治罢工的阶段，加强无产阶级的骨干作用，以此激励广大群众的反日反国民党情绪与斗争行动，并提出"援助淄川煤矿惨案""反对日本帝国主义和国民党活埋工人，镇压工人"等口号，要求组建"淄川惨案后援会"等各种公开与半公开的群众组织。《通知》对山东团委的指示则更加具体：一是立即在青岛各纱厂、码头、铁路及学

---

　　① 中国第二历史档案馆编：《中华民国史档案资料汇编》（第5辑第1编政治3），南京：江苏古籍出版社，1994年，第401页。

校，发动和组织群众后援会，开展大规模募捐援助和慰问运动，通电全国一致声援；二是立即打入淄川矿工及被难家属，发动他们进行更进一步的斗争行动，包括占领矿公司办事处、要求抚恤金、要求日本资本家和矿公司负责人偿命、要求紧急救济、没收并拍卖存煤、要求撤退军警、组织武装纠察队等，同时审慎决定被难家属及失业工人的斗争纲领，组织各种团体；三是打入韩复榘军队，发动士兵起来反对镇压工人和保护日人的卑鄙行径；四是在淄川附近各县矿工原籍农村，加强被难家属及其同乡的动员工作。在上海，要利用同乡会和后援会等公开方式进行活动；五是各级团部在工厂小报、壁报、校刊以及公开的杂志报纸上，提出援助淄川惨案运动的提议，并联系当地具体环境和厂内事变，要求资本家改善安全设备、办理社会保险和反对取消抚恤金等。[①]

因此，在国共两党武装对峙的历史背景下，山东地方当局更加注重矿难善后事宜早日解决，以免中国共产党借此机会发动工人运动，而并非严格施行《工厂法》，从而维护工人权益。5 月 16 日，国民党山东省民众运动指导委员会刘汝浩报告，"工人生活艰苦，一旦被难，家属立感恐慌，以致前日向公司哭闹，将庶务室捣毁，并闻有不良分子从中鼓动，若不早筹办法，安定人心，地方前途殊为危险"。因此，当日与旅长宁纯孝、县长张蕴藻、民政厅李西峰、公司职员中村道一、宋璧如、工会理事顾炽、李文成等人议定三项办法：一是支付外工 5 月 13 日以前的工资，劝其暂时另寻职业，"以免闲聚滋事"；二是调查登记被难工人数目；三是调查登记一事，由公司、县政府、工会三方负责，再由旅长和县长联名布告被难家属"静候官府代为解决，不可聚众滋闹，至生枝节"。17 日，国民党山东省执委淄博区矿业产业工会常务理事顾炽声称，"在此三日间，一般被难工友家属，焦虑万分，群相来会，并至公司请求从速设法，幸赖军警弹压，未至滋生大变"[②]。

① 《团中央紧急通知——关于中日互换大使，淄川煤矿惨案与我们目前反日反帝运动的工作（1935 年 5 月 17 日）》，共青团中央青运史工作指导委员会等编：《中国青年运动历史资料》（第 13 集），北京：中国青年出版社，1996 年，第 74—78 页。

② 中国第二历史档案馆编：《中华民国史档案资料汇编》（第 5 辑第 1 编政治 3），南京：江苏古籍出版社，1994 年，第 403—404 页。

第五节 制度与技术：防控工业灾害的即时性反思

"淄川惨案问题所最为严重者，厥为由此引起的善后问题之商讨，与整个矿工之保护问题之研究，实为今后刻不容缓之急图也。"[①]重大矿难的发生，引发社会舆论对防控工业灾害问题进行即时性反思，或强调制度变革，或重视科技保障，或强调事前防范，或重视事后补偿。

制度论者，主要从两个方面进行反思。首先，强调劳动法制之完善问题。上海《申报》发表《淄川煤矿水淹工人事件》之时评，认为唯有加强和完善相关立法，方能避免悲剧重演，"我国矿业法规虽有数种，而于矿穴之安全设备，矿工之保障待遇，尚无明文规定。若不早事规划，焉知各矿不复以设备不周，而发生此类之惨祸。所以为死者惜，为生者计，以及为未来者着想，均不能不有积极之措施也"[②]。《大公报》刊载了吴知的《从淄川煤矿大惨案谈到中国矿工的保护问题》一文。吴知从中西比较的角度，强调我国矿业立法不够完备，不足以保护矿工。他指出，矿工乃系各种工业中之最危险者，但矿业又系近代工业文明之基础，为其他工业供给原料品或必需品，故而近世文明国家莫不特别重视，订立专法，严密保护。但是反观我国，1930年公布的《矿业法》121条，与同年10月农矿部公布的《矿业法施行细则》91条，均未提及保护矿工问题。关于矿业检查问题，仅有1931年5月16日公布的《矿业监察员规程》13条。在他看来，与全国236万矿工之监察保安问题相比，仅凭数条法令及极少之矿业监察员，"实嫌法之太少，不足以保护矿工"。他反复强调，"矿场检查及矿工保护之完密与否，非独为矿工计，实与矿主及社会产业之各方面，均有莫大之利害关系也"[③]。

其次，必须重视法规之切实执行。诚然，南京政府在劳动立法方面存在缺憾，但不能完全否认其立法努力。短短数年之间，相继出台了一系列劳动法规，但执行方面却频频受阻，饱受时人诟病。因此，淄川惨剧发生之后，不少时论极力呼

---

① 《淄川矿工惨案特辑》，《中华邮工》1935年第1卷第4期。

② 《淄川煤矿水淹工人事件》（时评），《申报》1935年5月21日，第5版。

③ 吴知：《从淄川煤矿大惨案谈到中国矿工的保护问题》，《大公报》1935年5月29日，转见《史地社会论文摘要》1935年第1卷第9期。

吁政府严格执行相关法规，避免工业灾害。北平《世界日报》发表《鲁大矿坑惨祸之教训》的社评，认为工厂安全设备系工人生死存亡之关键，如果设备不良，惨事势必难以避免。社论明确指出，我国工业灾害频繁发生，原因在于"中外厂商，玩忽法令，视安全设备如草芥"。认为工人虽有出卖血汗以图存之苦衷，并无为厂方增加利润而出卖生命之义务，为人道计，为威信计，政府必须不屈不挠，彻底执行法令，"庶立法私衷，不致全违，工人之生命安全，亦不致完全绝望"。针对在华外商借口规避我国检查问题，社论认为，当局应当"向其不断交涉"。社论高度肯定南京政府将租界工厂检查问题提交国际劳工大会的做法，呼吁我国代表"据理力争，务使国际公认我国要求而后已"。劳工安全，有赖政府严格执法，但也离不开劳动者吸取历次灾害之教训，必须"本政府之法令，争取自身之法益与安全"。^①上海《晨报》社评认为，淄川惨剧乃是日商阻挠我国工厂检查的直接产物，因为"外人如不阻挠检查工场之举，则不论为在华外人独资经营之工场，抑为在华外人与吾人合资创立之工场，苟有危险存在，俾为检查人员所发觉，而劝令防范，纵令发生灾祸，亦不至有八百人生命同时沉沦于洪水之惨事"。故此，对于政府当局而言，调查失事之真相、确定公司之责任、交涉赔偿之数目，以及抚恤工人遗属等应急处置，固然极其重要，但为了预防同类惨剧，则应积极推行《工厂法》以保障劳工生命，"防止危险保障安全之最良方法，则为严格检查工场，注意其安全设备是否充实"。社论也充分认识到，由于我国民族未能独立，在不平等条约未全部废除之前，不仅劳工生命成为不平等条约之牺牲品，而且整个中华民族之"生命线亦有随时被人割断之虞"，因此，"外人阻我实行检查工场"，外交当局必须据理力争，全力争取检查工场权。^②

《民间》杂志评论指出，惊人悲剧之所以发生，必定是人事方面未能足够周密，工人安全防护未能妥善。而公司方面往往"只图多出煤，多赚钱"，对工人安全保障难免疏忽。故而，除了以法律约束公司之外，别无他法。呼吁当局对全国矿

---

① 《鲁大矿坑惨祸之教训》（社评），《世界日报》（北平）1935年5月19日，第1版。
② 《鲁大水淹工人之惨剧》（社评），《晨报》（上海）1935年5月22日，第1版。

井，不论是外人或国人主办，都应慎重监督，对工人安全尤应依法保护。[①]《半月评论》刊文介绍比利时矿业管理的成功经验，认为纵观欧美各国的矿业管理制度，比利时制创建较早，最为完备，并为日本、南美及欧洲中东部各国所仿效。比利时相关制度之施行，矿工死亡人数已经降低到万分之几。该制度的核心思想在于政府对矿业家极尽扶助监督之责，对一切工程设施进行详细考察，"偶遇事件发生，尤能秉公调查，判明责任，且其监督方法，亦能随时代之进展，而随时修正"。因此，我国政府"似应即时仿效，而于矿业较盛区域，设立矿业管理机关，制定专员，随时分区视察，凡遇设施不周及监察疏漏之矿业，即应严加纠正，果如此，不但鲁矿工惨案可不再发生，矿工之安全可有保障，即矿业亦能渐臻发达之境域"[②]。

完善和执行法规，仅系避免工业灾害之一途而已。如果工业灾害可以视为现代科技进步的副产品，那么减少工业灾害，亦当求助于科技进步。时人侯德封对淄川煤矿惨案进行"剖解"，认为"矿业者，开数尺之洞，深入地腹，黑暗闭塞，处处可生危险，穿石穴地，时时可遇灾害，稍一不慎，生命则丧于毫忽之间，新法开采，规模既大，人工亦众，灾变一生，辄足骇人听闻，常甚于土法小矿"，故而欧美各国高度重视矿工安全设备及相关法令，但是"矿中灾害处处可有，唯有用科学方法以图避免或减少"。[③]

此外，事故问责意识和社会保险思想，亦可见诸当时舆论。杭州《东南日报》发表社评《八百矿工惨死》，认为毫无疑问，日方对此次惨剧应负最大之责任，但同时追问："《工厂法》对于工人本身福利问题以及工厂监督问题，规定均极周密，然则中日合办之厂矿，实业部本为主管其事有权过问之机关，平日何以不严加监督考察，而致酿成此次惨剧？实业当局无疑必须承担平日疏忽之咎"，但"负责之补救"更加重要，"如保险法中所规定之孤寡保险、伤亡保险，对于今后惨剧，皆宜尽量采用，以慰死而恤生"。[④]

---

① 《鲁大矿井惨剧》，《民间》1935 年第 2 卷第 2 期。

② 陈至诚：《鲁矿工惨案与劳工问题》，《半月评论》1935 年第 1 卷第 9 期。

③ 侯德封：《淄川煤矿惨案之剖解》，《科学》1935 年第 19 卷第 8 期。

④ 《八百矿工惨死》（社评），《东南日报》（杭州）1935 年 5 月 19 日，转见《山东淄川鲁大矿井惨剧之详情及社会一斑之舆论》，《工业安全》1935 年第 3 卷第 3 期。

上述力避灾害的反思，或从法制着眼，或从科技进步和社会保险立论，虽然各有侧重，但显然都是仰仗政府从上而下进行制度或技术层面的改良。与此种改良路径截然相反的主张，则在于推翻资本主义制度，或者说，完成反帝反封建的历史任务。关于矿难原因，有时人指出，"很明显的直爽爽一句话，就是因为资本家要贪图过高的利润，所以把工人的性命置之度外"。认为"在资本主义社会里，此类惨剧难免不再发生""此次惨剧的结局，看来除了提出矿工生命保障、矿穴安全设备，抚恤死者家属的几条官样文章，想必没有彻底办法"。既然将此种惨祸归结为社会制度，"要把一般工人的非人生活完全改进，那么就应另找门路，彻底去干"。[①]"彻底去干"的真实指向，一目了然。

平心而论，有关淄川矿难之善后事宜，南京中央政府并未完全缺位。1931年5月17日，实业部鉴于"此次灾变，异常重大"，命矿业司科长梁津即日前往调查矿难真相，并致电山东建设厅派员前往会同办理。24日，中央民众运动委员会派遣工人科总干事李人祝往淄川调查。不过也不容回避，善后抚恤问题并未终了，中央要员即已离开事故现场，梁津于28日离矿返京。南京政权建立伊始，其革命性即已大打折扣，即便相继出台一系列劳动法规，但却徒具空文。外受帝国主义在华势力掣肘，租界工厂检查权，虽经数年艰难交涉，终成未了之局。[②]内则不断受到地方势力挑战，劳动法规落实频频受阻。淄川矿难及其善后抚恤一事，公司惯例战胜政府法规，不啻为当时方兴未艾的工业安全运动之当头一击。倘若拉长历史时段，放宽审视视域，则可发现：南京政府一旦抛弃劳工，劳工亦终究抛弃南京政府。

从一定程度说，包括矿难在内的工业灾害，可以视为一种可控的宿命。美国法制史学者维特曾将工业化进程初期的美国视为"事故共和国"[③]，其经典性研究足以说明：工业灾害虽然无法完全避免，但却可以大大降低发生频率和损失程度。

---

① 梅林：《淄川煤矿惨案的分析》，《客观》1935 年第 1 期。

② 可参阅马长林：《上海租界内工厂检查权的争夺——20 世纪 30 年代一场旷日持久的交涉》，《学术月刊》2002 年第 5 期。

③ 〔美〕约翰·法比安·维特：《事故共和国——残疾的工人、贫穷的寡妇与美国法的重构》，田雷译，上海：上海三联书店，2008 年。

淄川矿难之后，学者对矿工的生存境况及其与近代文明的关系曾有深刻反思："工业中之最危险者莫如煤矿业。工人为衣食所迫，不惜生命，深入此人间地狱，既不见天日，又无良好空气，煤尘煤气，洪水断崖，时刻足以丧人生命……社会上习用煤斤，以转动工业齿轮，与夫维持日常生活者，不知此物，皆工人骷髅血肉之代替物。是以近代文明对于此种危险工业，莫不严密监督，务使资本家于获利之余，亦须注意工人之安全与幸福。"[1]如果现代化果真是人类无法舍弃的发展愿景，如果工业化仍系现代化的核心内容或者无法超越的发展路径，如果矿物能源仍将作为工业化的重要驱动力量，那么，上述言说恐非仅具个案性价值和即时性意义。

---

[1] 陈至诚：《鲁矿工惨案与劳工问题》，《半月评论》1935年第1卷第9期。

欲图对民国时期的工业灾害进行计量评估，最大的制约便是相关统计数据的缺乏。虽然学者进行过一些片断性的调查统计，但据此肯定难以窥其全貌。相对完整的全国性的工业灾害数据，仅有实业部中央工厂检查处编制公布的 1933—1936 年这四个年度。有关矿业灾害姑且不论，仅就工厂而言，民国时期的工业灾害已呈高频高危态势，就类型而言，以火灾和爆炸造成的损失最大，从省市分布看，上海无疑占据首位，从业别分布看，则以纺织业最多。这些特征，恰好与当时工业的地域分布和经济结构完全一致。

为了缓和劳资对立，促进经济发展，民国时期社会各界试图消弭工业灾害，实现工业安全。其思路大抵不出调查统计、法制建设、行政检查、宣传教育四端。工业灾害调查统计的主体，有学界和政界之分。前者既注重相关调查统计的理论思考和方法诠释，也尝试进行社会调查实践。总体而言，这些学者的调查研究，坚持价值中立，强调对实态进行客观把握。就政界来说，北京政府鲜有作为，南京政府相对而言更加重视，不少中央部门都尝试对工业灾害进行调查统计。

北京政府时期，颁布了几部工矿法规，其中有关安全和卫生方面的内容，占有很大比例，试图对工矿灾害进行治理。南京政府建立之后，自信满满，专家治国，为了兑现其革命承诺和民生主义的意识形态，相继颁行了以《工厂法》为中心的一系列劳动法规，预防灾变和善后救济，无疑是安全卫生条款的基本思路。而且，也试图在行政建制方面予以配合，其中最重要的作为显然是工矿安全卫生检查。此外，在工业安全和工业卫生的宣传教育方面，成立了工业安全协会，创办了《工业安全》杂志，举办了工业安全卫生展览会，不论其实际成效大小如何，但都是中国工业安全史上的创新性举措。同时，也注重国际国内交流，朝野各方积极参加工业安全方面的国际会议。上海公共租界举办免费的工业安全培训班，虽然有违我国法权和主权，但仅就工业安全而言，则不失为一种切实可行的举措。

但是，日本全面侵华战争打断了中国的现代化进程，也中断了工业安全的历史进程。抗日战争后期由社会部继起的工矿安全检查，实际举措和成效已经大打折扣，甚至相关法规的修订，亦"胎死腹中"。

如果不是微观地检讨民国时期工业安全问题的不足，而是宏观性地剖析其历史约束的话，可以尝试从法律文本、行政能力、社会认同以及外部压力方面入手。就法律文本而言，北京政府的《暂行工厂通则》出台草率，简陋不堪，既不可能亦未打算施行。南京政府《工厂法》具有超前性的特点，超越了当时的历史阶段，一经颁布，即遭到社会舆论尤其是企业界的反对，而政府在社会压力下，又只能不当退步，或者增删修订，或者缓行部分条款，法律威严荡然无存。与法律的高调激进相比，行政实践则相对务实保守。但是，其工矿安全检查成效又受到行政能力不足的限制，地方政府配合消极、工矿检查人员位卑权轻，法律的落实处处受阻。正是因为法规的超前，不仅资方或强力反对，或消极对待，而劳工一方也并不完全认同，工厂法规消弭劳资冲突的目的没有实现，有时反而徒增纠纷。当然，租界工厂检查权的落空，不仅缩小了工矿安全检查的范围，也增加了工矿安全检查的阻力。

在近代中国民族危机的背景下，激进主义和保守主义交相激荡，但显然前者占据上风。王奇生曾经指出，民国时期，带有现代西方色彩的高层文官整天忙于制定各种法令、计划和决议，不管下层有无承接能力，其结果难免是"种瓜得豆"。[①]法律本来应该守护社会底线，但若远远超出社会的"中线"，往往导致徒具空文，不仅有损法律威严，更难培育法治信仰，而行政和执法亦捉襟见肘，自然难免"种瓜得豆"的历史悲剧。

---

① 王奇生：《革命与反革命：社会文化视野下的民国政治》，北京：社会科学文献出版社，2010 年，第 391 页。

主要参考文献

一、民国报刊

《察哈尔省政府公报》

《产业界》

《晨报副刊》

《大公报》

《大陆》

《大中国周报》

《东方杂志》

《法令周刊》

《法律评论》

《纺织时报》

《纺织周刊》

《福建建设厅月刊》

《工程界》

《工商半月刊》

《工商法规》

《工商管理月刊》

《工业安全》

《广东省政府公报》

《国际劳工》

《国际劳工通讯》

《国际劳工消息》

《国闻周报》

《汉口商业月刊》

《河北工商月报》

《河北实业公报》

《河南省政府公报》

《红旗》

《湖北建设月刊》

《机联会刊》

《吉林省政府公报》
《江苏省农矿厅农矿公报》
《江西省政府公报》
《教育与民众》
《教育杂志》
《经济建设季刊》
《劳工月刊》
《立法专刊》
《南海县政季报》
《南海县政月报》
《南京市政府公报》
《女子月刊》
《山东建设公报》
《山东省政府公报》
《山西实业公报》
《商业月报》
《上海公共租界工部局公报》
《上海特别市政府市政公报》
《上海总商会月报》
《社会服务周报》
《社会工作通讯》
《社会建设》
《社会与教育》
《社会月刊》
《社会周刊》
《申报》
《时事类编》
《时事月报》
《实业公报》
《实业杂志》
《市政月刊》
《司法公报》
《台湾省政府公报》
《天津市政府公报》
《天津特别市社会局政务汇刊》
《铁道部工作报告》
《通俗教育杂志》

《同济医学季刊》

《卫生月刊》

《协济》

《新医人》

《新中华》

《医事公论》

《医药评论》

《益世报》

《银行周报》

《浙江省政府公报》

《中国医学杂志》

《中华医学杂志》

《中外金融周报》

《中西医学报》

《中央周刊》

《资源委员会公报》

《自觉月刊》

二、民国图书

程守中编著：《工业安全与管理》，《上海机联会丛刊二》，1933年。

邓裕志：《中国劳工问题概要》，上海：青年协会书局，1934年。

方显廷：《中国之棉纺织业》，北平：编译馆，1934年。

工商部编：《全国工人生活及工业生产调查统计总报告书》，1930年。

顾炳元编：《中国劳动法令汇编：三版续编》，上海：法学编译社，1947年。

李景汉：《实地社会调查方法》，北平：北平星云堂书店，1933年。

林颂河：《塘沽工人调查》，上海：上海新月书店，1930年。

刘巨垫：《工厂检查概论》，上海：商务印书馆，1934年。

刘燡元、曾少俊编：《民国法规集刊》（第23集），上海：民智书局，1931年。

骆传华：《今日中国劳工问题》，上海：上海青年协会，1933年。

毛起鹬：《社会统计》，上海：世界书局，1933年。

上海市劳资评断委员会编：《上海市五十一业工厂劳工统计》，1948年。

实业部中央工厂检查处编：《中国工厂检查年报》，1934年，上海图书馆藏。

实业部中央工厂检查处编：《中国工厂检查年报》，1936年，上海图书馆藏。

实业部中央工厂检查处编：《工厂简易急救术及救急设备》，内政部卫生署，1934年。

实业部中央工厂检查处编：《工业安全卫生展览会报告》，南京：南京青年印刷所，1936年。

实业部中央工厂检查处编：《工业安全卫生展览会特刊》，实业部中央工厂检查处印行，1936年。

吴至信：《中国惠工事业》，上海：世界书局，1940年。

邢必信等编辑：《第二次中国劳动年鉴》（下），北平社会调查所，1932 年。

严镜清：《工业卫生学》，上海：商务印书馆，1945 年。

周纬：《工厂管理法》，上海：商务印书馆，1939 年。

三、史料汇编

刘明逵、唐玉良主编，刘星星、席新编著：《中国近代工人阶级和工人运动·第七册——土地革命战争时期工人阶级队伍和劳动生活状况》，北京：中共中央党校出版社，2002 年。

刘明逵编：《中国工人阶级历史状况（1840—1949）》（第 1 卷第 1 册），北京：中共中央党校出版社，1985 年。

穆藕初等著，赵靖主编：《穆藕初文集》，北京：北京大学出版社，1995 年。

上海社会科学院历史研究所编：《五卅运动史料》（第 1 卷），上海：上海人民出版社，1981 年。

上海市档案馆编：《吴蕴初企业史料·天厨味精厂卷》，北京：档案出版社，1992 年。

上海市工商行政管理局、上海市橡胶工业公司史料工作组编：《上海民族橡胶工业》，北京：中华书局，1979 年。

天津市地方志编修委员会办公室、天津图书馆编：《〈益世报〉天津资料点校汇编》（二），天津：天津社会科学院出版社，1999 年。

中共中央文献研究室、中央档案馆编：《建党以来重要文献选编（一九二一——一九四九）》（第 8 册），北京：中央文献出版社，2011 年。

中国第二历史档案馆编：《中华民国史档案资料汇编》（第 3 辑工矿业），南京：江苏古籍出版社，1991 年。

中国社会科学院法学研究所：《中国新民主主义革命时期根据地法制文献选编》（第 4 卷），北京：中国社会科学出版社，1984 年。

四、论著和论文

〔德〕马克思：《资本论》，中共中央马克思恩格斯列宁斯大林著作编译局译，北京：经济科学出版社，1987 年。

〔法〕罗宾：《毒从口入：谁，如何，在我们的餐盘里"下毒"？》，黄琰译，上海：上海人民出版社，2013 年。

〔美〕艾米莉·洪尼格：《姐妹们与陌生人：上海棉纱厂女工，1919—1949》，南京：江苏人民出版社，2011 年。

〔美〕卞历南著、译：《制度变迁的逻辑：中国现代国营企业制度之形成》，杭州：浙江大学出版社，2011 年。

〔美〕肯尼思·F. 基普勒主编：《剑桥世界人类疾病史》，张大庆主译，上海：上海科技教育出版社，2007 年。

〔美〕罗芙芸：《卫生的现代性：中国通商口岸卫生与疾病的含义》，向磊译，南京：江苏人民出版社，2007 年。

〔美〕裴宜理：《上海罢工：中国工人政治研究》，刘平译，南京：江苏人民出版社，2001 年。

〔美〕威廉 P. 罗杰斯：《系统安全工程导论》，吕武轩、王志民译，柴本良、张连超校，北京：劳动人事出版社，1984 年。

〔美〕约翰·法比安·维特：《事故共和国：残疾的工人、贫穷的寡妇与美国法的重构》，田雷译，北京：中国政法大学出版社，2016 年。

〔英〕李约瑟：《中国科学史要略》，李乔萍译，台北：台湾中国文化学院出版部，1971 年。

蔡景峰、李庆华、张冰浣主编：《中国医学通史·现代卷》，北京：人民卫生出版社，1999 年。

陈达：《浪迹十年之联大琐记》，北京：商务印书馆，2013 年。

陈达：《我国抗日战争时期市镇工人生活》，北京：中国劳动出版社，1993 年。

郭洪茂：《东北沦陷时期的满铁铁路中国工人状况》，《抗日战争研究》2000 年第 1 期。

胡孔发：《民国时期苏南工业发展与生态环境变迁研究》，南京农业大学博士学位论文，2010 年。

黄清贤：《工业安全与卫生》，台北：商务印书馆，1987 年。

荆玉强：《祖国医学对职业病的认识》，《中医药学报》1987 年第 3 期。

李世宇：《伪满时期满铁抚顺煤矿中国工人状况之考察》，《许昌学院学报》2007 年第 1 期。

李银慧：《从"无业可指"到"有业可指"：何清儒的职业指导思想探析》，《中国教育学会教育史分会第十三届学术年会论文》，长沙，2012 年。

李志英、周滢滢：《环境史视野下的近代中国火柴制造业》，《晋阳学刊》2012 年第 4 期。

凌宇：《近代河北井陉煤矿矿难研究》，河北大学硕士学位论文，2007 年。

刘国铭主编：《中国国民党百年人物全书》（上册），北京：团结出版社，2005 年。

刘明逵、唐玉良主编：《中国近代工人阶级和工人运动·第一册——鸦片战争至大革命时期工人阶级队伍和劳动生活状况》，北京：中共中央党校出版社，2002 年。

罗苏文：《女性与近代中国社会》，上海：上海人民出版社，1996 年。

罗云主编：《安全科学导论》，北京：中国质检出版社，2013 年。

马长林：《上海租界内工厂检查权的争夺——20 世纪 30 年代一场旷日持久的交涉》，《学术月刊》2002 年第 5 期。

彭南生、饶水利：《简论 1929 年的〈工厂法〉》，《安徽史学》2006 年第 4 期。

齐武：《抗日战争时期中国工人运动史稿》，北京：人民出版社，1986 年。

上海卷烟厂工人运动史编写组：《上海卷烟厂工人运动史》，北京：中共党史出版社，1991 年。

上海社会科学院《上海经济》编辑部编：《上海经济（1949—1982）》，上海：上海社会科学院出版社，1984 年。

宋超：《从反动政府的一些官方资料看旧社会的工伤事故》，《劳动保护通讯》1959 年第 19 期。

宋钻友、张秀莉、张生：《上海工人生活研究（1843—1949）》，上海：上海辞书出版社，2011 年。

孙安弟：《中国近代安全史（1840—1949）》，上海：上海书店出版社，2009 年。

台湾"教育部"主编，"中华民国建国史"编纂委员会编审："《中华民国建国史·第二篇》"，台北：编译馆，1987 年。

汤兰瑞：《推举在职业安全卫生领域或中空前未有纪述工安发展的好书——中国近代安全史》，《工业安全卫生》2009 年第 243 期。

田彤：《国际劳工组织与南京国民政府（1927—1937）——从改善劳资关系角度着眼》，《浙江社会科学》2008年第1期。

田彤：《民国劳资争议研究：1927—1937年》，北京：商务印书馆，2013年。

王合群、李国林：《近代中国城市化进程中的自然生态环境问题探析》，《河南社会科学》2003
　　年第2期。

王立忠、赵成杰主编：《中国当代医学家荟萃》（第6卷），长春：吉林科学技术出版社，1994年。

王奇生：《革命与反革命：社会文化视野下的民国政治》，北京：社会科学文献出版社，2010年。

王瑛：《1937—1945年间日本对井陉煤矿的掠夺与"开发"研究》，河北师范大学硕士学位
　　论文，2011年。

吴执中主编：《职业病》，北京：人民卫生出版社，1982年。

武汉地方志编纂委员会主编：《武汉市志·工业志》（下），武汉：武汉大学出版社，1999年。

谢振民编著：《中华民国立法史》（下册），北京：中国政法大学出版社，2000年。

许康、劳汉生：《中国管理科学历程》，石家庄：河北科学技术出版社，2000年。

余振编：《澳门政治与公共政策初探——澳门大学中文公共行政课程部分学生论文集》，澳门：
　　澳门基金会，1994年。

岳宗福：《近代中国社会保障立法研究（1912—1949）》，济南：齐鲁书社，2006年。

张晓丽：《论丁福保近代卫生学的传播及其影响》，《第十四次中医医史文献学术年会论文》，南
　　京，2012年。

张真：《"中国近代安全史研究"项目通过鉴定成果填补国内空白》，《上海安全生产》2010年第
　　1期。

张忠民、陆兴龙主编：《企业发展中的制度变迁》，上海：上海社会科学院出版社，2003年。

郑祖安：《海上剪影》，上海：上海辞书出版社，2001年。

中国第二历史档案馆、《中国抗日战争大辞典》编写组：《中国抗日战争大辞典》，武汉：湖北
　　教育出版社，1995年。

中国劳工运动史续编编纂委员会编纂：《中国劳工运动史》，北京：中国劳工福利出版社，1966年。

中国人民政治协商会议全国委员会文史和学习委员会编：《文史资料选辑合订本》（第52卷），
　　北京：中国文史出版社，2011年。

周石峰：《义利之间——近代商人与民族主义运动》，北京：中国时代经济出版社，2008年。

周秀达、黄永源：《我国古代职业病史初探》，《中华医史杂志》1988年第1期。

朱正业、杨立红：《试论南京国民政府〈工厂法〉的社会反应》，《安徽大学学报（哲学社会科
　　学版）》2007年第6期。

朱正业：《南京国民政府〈工厂法〉述论》，《广西社会科学》2007年第7期。

中华人民共和国成立初期的官僚主义、群众路线与生产安全

工业事故，与工业化进程相伴相生。南京政府对工业安全问题寄予了一定重视，但乏善可陈。中华人民共和国成立初期，工业事故比较频繁。如何进行工业灾害治理，成为党和政府的中心工作之一。党和政府为了实现生产安全，采取了不少切实可行的措施，成绩斐然。本文以《人民日报》相关报道为中心，对中华人民共和国成立初期生产安全问题中群众路线与官僚主义的斗争及其成效，进行初步探讨。

第一节　官僚主义与工矿事故

民主革命时期，中国共产党比较重视安全生产问题，颁行的一系列劳动法令，均对劳动保护予以专章规定。中华人民共和国成立伊始，中央人民政府燃料工业部就确定了"安全生产"的方针，即"既重视生产，又重视工人安全"。[①]1952年，毛泽东对劳动部《三年来劳动保护工作总结与今后方针任务》的报告作出批示："在实施增产节约的同时，必须注意职工的安全、健康和必不可少的福利事业。如果只注意前一方面，忘记或稍加忽视后一方面，那是错误的。"[②]

---

① 《坚决执行安全生产的方针》，《人民日报》1950 年 6 月 24 日，第 6 版。
② 当代中国研究所编：《中华人民共和国史编年（1952 年卷）》，北京：当地中国出版社，2009 年，第775 页。

但是，生产事故并未随着新政权的建立而绝迹。1950年2月，新豫煤矿公司宜洛煤矿发生瓦斯爆炸，受伤78人，死亡174人。[①]8月6日以前的十天之内，北京频繁发生触电事故，其中6日发生13起，伤亡15人。据北京、察哈尔、天津、山西等地不完全统计，1952年上半年华北各厂矿共发生事故2892起，阳泉煤矿第一季度事故多达88次[②]。

官僚主义作风是此类生产事故的最主要原因。宜洛煤矿爆炸事故后，中央人民政府政务院（以下简称政务院）派员前往调查，一致认为爆炸事件的主要原因是该矿领导"不重视安全设备、不注意工人生命安全的极端严重的官僚主义作风所造成"，要求全国各地企业高度重视安全检查，"以彻底肃清官僚主义作风"。《人民日报》刊文区分了新、旧中国截然不同的工矿业管理方针，强调人民工矿业的管理方针是既重视生产，又重视工人安全，并将宜洛煤矿爆炸事故的主因归结为管理者采取"强迫命令的官僚主义"，具体表现为忽视工人积极性与创造性，拒绝吸收工人智慧与经验，工人的正确意见"被官僚主义者置之不理"。针对北京频发的触电事故，《人民日报》刊文指出，最主要原因"是有些机关和企业部门，存在严重的官僚主义作风，忽视人民的生命安全"，强调"忽视人民生命安全的官僚主义作风如不坚决加以克服，就不能彻底防止触电事件的继续发生"。针对华北厂矿严重的生产安全问题，中央人民政府劳动部（以下简称劳动部）指出，一是部分厂矿仍未改变资本主义管理工厂的方法，片面强调增加产量，忽视工人安全。二是领导干部的官僚主义，有些企业的领导干部，既不主动改善安全设备，加强防护，又不采纳工人的正确建议。[③]

- 205 -

① 王银栓、王富卿：《罕见的宜洛煤矿瓦斯爆炸》，政协宜阳县委员会学习文史委员会编：《宜阳文史资料》（第8辑），1994年，第130—132页。

② 分别参见《防止触电事件》，《人民日报》1950年8月20日，第2版；《华北各厂矿半年来伤亡事故严重》，《人民日报》1952年8月13日，第2版。

③ 分别参见《人民监察委员会邀有关部门座谈研究处理宜洛煤矿事件》，《人民日报》1950年4月10日，第1版；《坚决执行安全生产的方针》，《人民日报》1950年6月24日，第6版；《防止触电事件》，《人民日报》1950年8月20日，第2版；《华北各厂矿半年来伤亡事故严重》，《人民日报》1952年8月13日，第2版。

第二节　群众路线在安全生产中的光辉实践

毛泽东曾把官僚主义称作"反人民的作风"，指出官僚主义作风的社会根源"是反动统治阶级对待人民的反动作风（反人民的作风，国民党的作风）的残余在我们党和政府内的反映的问题"[①]。就对待群众的态度和作风而言，官僚主义实际上是一种专制主义的表现。他曾指出，无论是革命工作还是经济建设工作都来不得官僚主义，"官僚主义的领导方式，是任何革命工作所不应有的，经济建设工作同样来不得官僚主义。要把官僚主义方式这个极坏的家伙抛到粪缸里去，因为没有一个同志喜欢它。每一个同志喜欢的应该是群众化的方式，即是每一个工人、农民所喜欢接受的方式"[②]。

一、运用群众路线反对官僚主义

《人民日报》指出，必须紧密结合各项工作来反对官僚主义，"而决不应该把它作为一个什么单独的运动"，因为官僚主义是"表现在各项具体工作上的，离开了对各项工作的具体检查，就无从发现和纠正官僚主义"。1950年底召开的全国劳动会议强调，劳动保护是提高职工生产积极性和完成国家生产任务的重要前提。"那种光搞生产，对职工安全和健康不闻不问，漠不关心的态度；那种借口客观困难，强调从来如此，而不积极依靠群众，在花钱不多的原则下，努力改善劳动条件的态度；那种消极满足于对事故的善后处理，而不注意积极保护劳动，预防事故与疾病发生的观点与作法……都是有害于人民纺织建设事业和工人阶级利益的，必须立即纠正。"[③]

毛泽东曾经指出，"凡典型的官僚主义、命令主义和违法乱纪的事例，应在报纸上广为揭发"[④]。这也是社会主义新闻观的必然要求。《人民日报》刊登了一

---

① 《建国以来毛泽东文稿》（第4册），北京：中央文献出版社，1990年，第9页。

② 毛泽东：《毛泽东选集》（第1卷），北京：人民出版社，1991年，第124页。

③ 《密切结合当前各项工作，坚决开展反官僚主义斗争》，《人民日报》1951年1月23日，第2版；《保障工人安全健康提高生产积极性，中国纺织工会决议加强劳动保护工作》，《人民日报》1951年1月23日，第2版。

④ 毛泽东：《毛泽东文集》（第6卷），北京：人民出版社，1999年，第255页。

系列来自企业的署名文章，尖锐地批评了生产事故中的官僚主义。1951 年 1 月 24 日，批评济南铁路工厂领导不重视安全工作，造成严重事故。认为事故的主要原因是"领导思想麻痹，不重视安全教育"，仅仅"空喊加强四防消灭事故"，对如何防止事故"却从未具体研究与布置"。3 月 15 日，指出新邱煤矿接连发生重大事故，肇因主要是领导的官僚主义。次年 4 月 2 日，批评辽东营光华火柴厂领导干部漠视工人安全，连续发生事故，"领导干部严重的官僚主义作风，使工人安全得不到应有保障"。7 月 18 日，指出京西大台矿行政领导存在"严重官僚主义作风"。9 月 19 日，批评河北省磁山铁矿领导干部"官僚主义严重"。[①]

《人民日报》曾对各地报纸践行群众路线、开展反对官僚主义斗争的情况进行了总结，认为各地报纸"在不同程度上向漠视人民意见的官僚主义作风和损害人民利益的违法乱纪现象展开批评和斗争"，"勇敢地提出批评，并发动了群众参加"。譬如，《东北日报》有助于"东北全区商业部门造成一个群众性的批评运动，从而使报纸的批评真正成为推动工作前进的动力"。《新海南报》设立"坚决向抗拒批评，漠视群众意见的官僚主义作风作斗争"的专栏等一系列方法，"发动广大干部群众参加斗争，造成全海南地区的群众性的批评运动"，从思想根源上批判了他们"只能由上级批评我，不能由报纸或群众批评我"等错误思想。西安《群众日报》设立"运用批评与自我批评的武器，把我们的思想和工作提高一步"的专栏，"比较充分地发扬了民主，展开了自下而上的批评"，解决了"忽视安全生产的问题、领导作风不民主、干部脱离群众的问题"。[②]

二、依靠群众进行安全卫生检查

中华人民共和国成立伊始，重工业部即布置所属华北各公司、工厂对生产安全设备进行检查，此次安全检查收效的原因，是"自上至下认真严肃负责注意依靠工人发动群众"。公营京西煤矿公司根据北京市委和市政府工业局指示，强调

---

① 分别参见《关心工人安全保护工人健康》，《人民日报》1951 年 1 月 24 日，第 6 版；《忽视安全生产管理工作，新邱煤矿连续出事故》，《人民日报》1951 年 3 月 15 日，第 2 版；《京西大台矿应保证安全生产》，《人民日报》1952 年 7 月 18 日第 2 版；杨声远：《磁山铁矿领导干部应注意装车工人的安全》，《人民日报》1952 年 9 月 19 日，第 2 版。

② 《各地报纸展开反对官僚主义的斗争》，《人民日报》1953 年 2 月 1 日，第 3 版。

"保证工人安全，是党的立场问题，是党对工人阶级的态度问题"，而安全检查获得成绩的原因之一，是"依靠工人阶级，走群众路线"。河北省政府奉政务院财政委员会指示，组成以工业厅为主的检查组分赴重点区进行检查，"发现了许多严重的亟待解决的问题"，并强调必须促使各厂矿干部树立依靠工人管理生产的思想。1951年，北京劳动局"发动工人群众，进行系统的、全面的检查"。之所以发动工人进行安全卫生检查，理由是"工人是直接生产者，是机器的掌握者，他们最熟悉情况，最了解加强安全卫生工作的重要性，最懂得哪一种安全卫生工作应该早办，哪一种可以缓办，从而提出切实可行的意见，供给领导者研究、采纳"[1]。

再以华东为例。1952年，华东工业部进行了安全卫生检查运动。华东军政委员会明确指出，"做好安全卫生工作，是保障职工生命安全与身体健康、保护国家财产，实现安全增产、改进企业管理的重大政治任务"。基本方针"必须是充分发动群众，依靠群众，使检查工作成为广泛的群众性运动"。各厂在发动群众阶段，针对职工"提了好多次意见，都没有用处"的看法，由党委书记、军代表或厂长等干部在职工面前公开检讨过去不重视安全卫生工作的错误，同时采用"边提意见、边检查、边解决问题"的方式，进一步发动群众。同年，西北军政委员会劳动部等发布了进行安全卫生大检查的联合指示，要求各单位"充分发动工人，造成一个群众性的运动，以达到大家动手、动脑，人人检查"。[2]

第三节　践行群众路线的成效

在中共七大上，毛泽东曾经说明了群众路线的无穷威力："只要我们依靠人

---

[1] 分别参见《各地报纸展开反对官僚主义的斗争》，《人民日报》1953年2月1日，第3版；《执行上级指示依靠工人阶级安全检查获得成绩，京西煤矿伤亡大减》，《人民日报》1949年12月14日，第2版；《青岛中纺十一个厂进行卫生检查，徐州调查工厂安全卫生》，《人民日报》1950年3月23日，第3版；《推广北京市劳动局检查安全卫生工作的好经验》，《人民日报》1951年10月13日，第2版。

[2] 分别参见《华东军政委员会指示所属各省、市普遍进行厂矿安全卫生大检查，西安市公私厂矿安全卫生检查工作定于"八一"开始》，《人民日报》1952年7月28日，第2版；新华社：《华东工业部所属上海各厂全面展开群众性的安全卫生检查工作》，《人民日报》1952年8月8日，第2版。

民，坚决地相信人民群众的创造力是无穷无尽的，因而信任人民，和人民打成一片，那就任何困难也能克服，任何敌人也不能压倒我们，而只会被我们所压倒。"①中华人民共和国成立初期安全生产方面践行群众路线的成效，亦可证明毛泽东上述思想的真理性。

一、改变安全观念

北京市劳动局曾经指出当时劳动保护工作中最严重的问题，是领导没有足够重视，不少厂矿行政领导存在重视生产，不注意安全；重视机器安全，不注意人身安全；单纯强调经济困难等错误思想。李立三在 1952 年 12 月召开的全国劳动保护工作会议上明确指出了贯彻执行安全生产总方针的具体做法。全国总工会秘书长赖若愚指出，"要依靠群众搞好生产，那么在生产中间就必须同时考虑工人的安全、健康，否则，依靠工人群众就依靠不上……保障工人的安全健康是既符合于工人阶级的当前利益，又符合于工人阶级长远利益的"。政务院财政经济委员会副主任贾拓夫强调，"在实施增产节约的同时，必须注意职工的安全、健康和必不可少的福利事业；如果只注意前一方面，忘记或稍加忽视后一方面，那是错误的。"他强调，"生产必须安全，安全为了生产，两位一体，不能分割"。②

北京通过群众性地安全卫生运动，无论是企业行政或资方，对安全卫生的重要性都有了进一步认识，部分地扭转了"重机器不重人""只谈生产、不管安全卫生"的错误观念，初步认识到"加强安全卫生工作是搞好生产的重要环节"。中华人民共和国成立初期，焦作煤矿领导对安全生产不很重视，1949 年下半年曾经发生爆炸事故，在黄土岗矿井试行安全生产后，逐渐转变了长期存在的"下井三分灾""四块石头夹块肉，哪能不伤人"的错误思想，认识到安全生产完全可以实现，并且进一步找到了"实现安全生产的钥匙：便是人人建立安全生产的思想"。《人民日报》披露了济南铁路工厂管理者的官僚主义作风之后，该厂副厂长在《人民日报》公开承认自己在生产安全方面存在"官僚主义作风"，并声称

---

① 毛泽东：《毛泽东著作选读》下册，北京：人民出版社，1986 年，第 592 页。
② 分别参见《北京市劳动局布置劳动保护工作》，《人民日报》1952 年 7 月 25 日，第 2 版；《中央劳动部召开全国劳动保护工作会议总结劳动保护工作经验》，《人民日报》1953 年 1 月 30 日，第 1 版。

"工厂现已着手组织安全检查小组，检查安全设备，对设备不良的地方，当尽可能设法改善。费用较大者，编制预算请求上级批准后实行。行政领导必须树立起群众观念，纠正官僚主义作风，坚决消灭事故"。在揭露龙烟铁矿存在的生产安全问题后，该矿领导公开承认该矿"很多干部对安全问题重视不够，未能把安全问题提高到应有的重要地位"，"某些领导干部，也往往因生产任务紧迫，物质条件差，在安全问题上存在着将就思想"，并表示"蓝兰同志对我们的批评，使我们对安全生产的认识提高了一步"。天津广泛开展反官僚主义运动，采取"自上而下的检查与自下而上的批评相结合"的方针与做法。通过反官僚主义运动，许多工厂领导干部加强了依靠工人的思想，"重机器不重人""只要生产不要安全"的现象得到根本扭转。[①]正如1953年《人民日报》所总结的那样，"三年来，全国厂矿企业劳动保护工作之所以取得了很大成绩，首先是由于对资本主义的'只重视机器不重视人'的思想和国营企业中单纯任务观点、'只重生产，忽视安全'的思想进行了批判工作。在国营厂矿企业中，开始建立了生产与安全统一的思想"[②]。

二、降低安保成本

践行群众路线，不仅有助于树立和普及社会主义生产安全观，也有助于安保成本的降低。东北国营企业在1951年保安大检查运动中，发现安全隐患近14个，其中一半问题是"发动群众，花了很少的钱，甚至没有花钱就解决了"。天津钢厂进行保安大检查，吸引了90%以上职工的积极参与，发现问题575件，由工人自己动手解决者为194件，节约成本37 195万元，"有力地证明了只要领导重视，

---

① 分别参见陈机：《北京市劳动局进行系统检查，推动各厂矿改进安全卫生工作，城子煤矿创造井下八个月无重伤无死亡事故的纪录》，《人民日报》1951年10月13日，第1版；《焦作煤矿安全生产获得显著成绩》，《人民日报》1952年9月25日，第2版；煤矿工会华北区筹备委员会通讯组：《济南铁路工厂、张家口植物油厂关于不重视安全生产的检讨》，《人民日报》1951年2月17日，第2版；《龙烟铁矿接受群众批评将更重视安全生产问题》，《人民日报》1951年6月12日，第2版；林青：《天津市的反官僚主义运动》，《人民日报》1953年1月30日，第3版。

② 《三年来劳动保护工作的成就》，《人民日报》1953年2月1日，第2版。

依靠群众，则存在于安全工作上的绝大部分问题是可以解决的"。^①根据 1952 年华东工业部所属 46 个厂统计，至当年 8 月，职工提出改善安全卫生工作的建议达 4 万多条，由职工自己解决者多达 1300 多条。各厂通风设备、机器保护、厂房、机器检修，以及添置卫生设备等均有很大改善，卫生条件也大大改观。^②至当年 9 月，华东工业部各厂共提意见 72 693 条，内容涉及安全卫生、生产制度、消防治安等，仅华通电机厂就提出颇有价值的合理化建议 69 条。由群众自己解决的问题超过全部建议的 60%。正如政务院财政经济委员会副主任贾拓夫指出的那样，"安全卫生大检查是加强劳动保护工作的很好办法，通过检查可以发动群众，可以发现许多问题，可以使干部受到教育；同时可以依靠群众解决问题，许多地方有百分之七八十的问题都是由群众自己解决的"^③。

三、减少工矿事故

中华人民共和国成立初期的东北，部分领导干部强调客观困难，并不重视改进安全设施，以致事故不断发生。其后，中共中央东北局和东北人民政府工业部强调指出，一切事故都可经主观努力减少或消灭，安保工作在各厂矿才逐步得到重视。为了发动广大职工参加经济保卫工作，先后建立了安全委员会、安全小组等群众性安全组织。工人群众积极参加安全组织，认为"工厂、矿山，是我们自己的，我们应当组织起来保护它，不容许任何人进行破坏"。参加安全组织的广大职工成为保卫机关和行政领导的有力助手。本溪第二发电厂一万一千千瓦的发电机曾经发生冒火事故，"正在万分危险之际，安全干事高吉升奋勇钻进狭仅容身、一触即死的发电机下，扑灭了火险"。东北经验证明：工矿中种群众性的安全组织，是"发动广大职工参加防奸护厂的一种有力的组织形式与工作方法"。党中央"安全生产"方针确定后，东北煤矿管理局提出"积极防御事故，胜于消极处理事故"的口号，并且规定通风、防爆、防火、防水等具体办法，华北焦作

① 分别参见《坚决实行保安大检查》，《人民日报》1951 年 10 月 18 日，第 2 版；晨旭：《依靠工人解决企业中的安全问题——介绍天津钢厂的保安大检查运动》，《人民日报》1951 年 11 月 21 日，第 2 版。

② 《华东工业部所属各厂安全卫生检查工作基本结束》，《人民日报》1952 年 9 月 13 日，第 2 版。

③ 分别参见《上海数百个工厂展开安全卫生大检查》，《人民日报》1952 年 8 月 21 日，第 2 版；《中央劳动部召开全国劳动保护工作会议总结劳动保护工作经验》，《人民日报》1953 年 1 月 30 日，第 1 版。

及华东贾汪等矿山开展群众性的安保运动，建立群众安保小组，因而生产事故逐渐减少。①

东北国营鞍山钢铁公司所属弓长岭矿区，1949 年第四季度曾发生事故 36 次，而次年头三个月仅发生 5 次，主要是"厂矿中的中共支部与行政重视保卫工作，同时公安人员与广大工人建立了密切联系，建立了安全制度，明确了小组具体工作所致"。1950 年第二季度，东北国营蛟河煤矿创造了一百天安全生产的新纪录，东北轻工业管理局所属橡胶工厂 2 个月没有发生事故。抚顺矿务局所属厂矿第二季度事故较第一季度减少 50%。旅大远东电业公司 1950 年上半年与 1949 年同期相比，人身事故减少 23%，劳动日损失减少 30%，死亡事故减少 50%。据东北人民政府工业部统计，1951 年 1—4 月，全区工厂事故次数较上年同期减少 48.7%，负伤人数减少 14.2%。1—5 月，全区矿山事故次数较上年同期减少 50%，死亡人数减少 50.3%，负伤人数减少 51.6%。全区不少厂矿消灭了重大事故，如旅顺电业局 22 个月未发生人身事故，通化某煤矿两年来没有死亡事故，1951 年上半年又基本消灭了重伤事故。1951 年夏，北京各工矿发动工人群众参加改进安全卫生工作，也成效显著。城子煤矿创造了井下 8 个月无重伤、无死亡事故的纪录，北京机器总厂、石景山钢铁厂伤亡事故大幅减少。焦作煤矿伤亡事故逐年减少。1949 年每出万吨煤死亡 0.48 人，1950 年上半年为 0.33 人，1951 年为 0.29 人，并且涌现出 5 个"千日无事故组"以及 900 多天安全运转小组。该矿 1952 年消灭了死亡事故。②

据劳动部 1953 年统计，全国厂矿职工伤亡事故逐年减少，以月均数据为标准，

① 分别参见《改进安全卫生设备推行技术保安，东北国营工矿死亡事故大减》，《人民日报》1951 年 10 月 28 日，第 2 版；《坚决执行安全生产的方针》，《人民日报》1950 年 6 月 24 日，第 6 版。

② 分别参见《东北鞍山钢铁公司加强安全小组，工矿事故大减》，《人民日报》1950 年 5 月 12 日，第 2 版；《抓紧建立安全责任制，东北公营厂矿第二季中事故大为减少》，《人民日报》1950 年 7 月 15 日，第 1 版；《旅大远电公司所属各单位重视保安工作人身事故大减，认真进行安全教育是减少事故的重要原因》，《人民日报》1950 年 9 月 20 日，第 2 版；《改进安全卫生设备推行技术保安，东北国营工矿死亡事故大减》，《人民日报》1951 年 10 月 28 日，第 2 版；陈机：《北京市劳动局进行系统检查，推动各厂矿改进安全卫生工作，城子煤矿创造井下八个月无重伤无死亡事故的纪录》，《人民日报》1951 年 10 月 13 日，第 2 版；新华社：《焦作煤矿执行"安全生产"方针，去年消灭死亡事故》，《人民日报》1953 年 1 月 24 日，第 1 版。

1951 年比 1950 年死亡事故减少 10.7%，重伤事故减少 9.6%；1952 年比 1951 年死亡事故减少 39.1%，重伤事故减少 38.3%。①再以煤炭生产为例，1949—1952 年，百万吨死亡率为 10.88%，而 1953—1957 年下降为 7.10%。②其中原因，70%的厂矿都已建立保安制度和群众性保安组织，检查中工人所提意见，对建立制度和减少事故产生了重大作用。③

四、提高生产效率

1951 年的《上海卫生》杂志载有《医务工作者对产业工人健康的任务》一文，认为劳动生产率的水平取决于"工人阶级的政治觉悟"、"工人技术熟练的程度"和"工人健康的情况"三个条件。④根据此种认识，践行群众路线，重视安全生产，无疑保证了工人的健康和提高了工人的政治觉悟，也就有助于生产效率的提高。

东北阜新矿务局发动群众建立安全责任制，将各种责任制度、技术规程交给群众讨论修改。工人在讨论中发扬高度负责精神，建立群众性检查制度和奖惩制度，不仅事故减少，生产效率也有提高，其中某班组突破定额一倍。上海工厂"由于发动了群众，提高了群众的认识，很多工厂生产中已出现了新气象"，华通电机厂木工场第四组根据工人的建议，改革生产流程，工作效率提高两倍。上海工具厂通过安全卫生检查，产量平均提高 10%以上。天原和天利电化厂检查后的漂粉日产量比检查前提高 44%。汉口江岸铁路工厂职工工伤事故和生病人数显著减少，而且过去每到夏季因安全卫生条件不好而不能按时完成生产任务的铁工厂和锻工厂，当年 6、7 两月都超额完成生产任务。国营焦作煤矿领导职工树立"安全第一"思想，1952 年上半年完成全年增产节约计划的 69.79%。开滦煤矿赵各庄矿于 1953 年 1 月 16 日开展 50 万吨安全生产运动，提前实现目标，"是因为领导上树立了安全与生产统一的思想，批判了煤矿生产难免死人的错误说法。然后在安全大检查的基础上，结合反事故斗争，开展了贯彻技术操作规程和保安规程的

---

① 《三年来劳动保护工作的成就》，《人民日报》1953 年 2 月 1 日，第 2 版。

② 黄群慧、郭朝先、刘湘丽：《中国工业化进程与安全生产》，北京：中国财政经济出版社，2009 年，第 37 页。

③ 《抓紧建立安全责任制，东北公营厂矿第二季中事故大为减少》，《人民日报》1950 年 7 月 15 日，第 1 版。

④ 比阔夫：《医务工作者对产业工人健康的任务》，《上海卫生》1951 年第 1 期。

群众运动"。北京私营行业努力改进安全卫生，中华昶电镀工厂原来劳动条件恶劣，工人生产情绪不高。经过检查后，资方错误观念受到批判，改善安全卫生设备，提高了工人生产积极性，产量不但没有因为工时缩短而降低，反而提高了50.28%，"给了资本家一个很好的活的教育"。①

从西方工业化进程看，工业灾害一定程度上说可以视为一种"可控的宿命"，美国法制史学者维特曾将工业化进程初期的美国视为"事故共和国"②。反观中国，邓小平曾经精辟地指出："群众是我们力量的源泉，群众路线和群众观点是我们的传家宝。"③党中央《关于建国以来党的若干历史问题的决议》认为，"把马克思列宁主义关于人民群众是历史的创造者的原理系统地运用在党的全部活动中，形成党在一切工作中的群众路线，这是我们党长期在敌我力量悬殊的艰难环境里进行革命活动的无比宝贵的历史经验的总结"④。人民群众是历史的创造者，这是马克思主义的一条基本原理。可以说，是否承认人民群众是历史的创造者，是唯物史观和唯心史观、马克思主义政党和非马克思主义政党的分水岭和试金石。中华人民共和国成立初期，党和政府对生产安全事故的治理，充分说明官僚主义作风是工矿事故的"天敌"，而群众路线则是工矿事故防控的一大法宝。

---

① 分别参见：《阜新矿务局所属各厂建立安全责任制度，事故减少产量增加》，《人民日报》，1950 年 6 月 7 日，第 2 版；《上海数百个工厂展开安全卫生大检查》，《人民日报》1952 年 8 月 21 日，第 2 版；新华社：《华东工业部所属上海各厂全面展开群众性的安全卫生检查工作》，《人民日报》1952 年 8 月 8 日，第 2 版；新华社：《汉口江岸铁路工厂改进安全卫生有成绩》，《人民日报》1952 年 9 月 3 日，第 2 版；《焦作煤矿安全生产获得显著成绩》，《人民日报》1952 年 9 月 25 日，第 2 版；《开滦煤矿赵各庄矿贯彻安全生产方针，胜利完成五十万吨煤的安全生产任务》，《人民日报》1953 年 5 月 29 日，第 1 版；陈机：《北京市劳动局进行系统检查，推动各厂矿改进安全卫生工作，城子煤矿创造井下八个月无重伤无死亡事故的纪录》，《人民日报》1951 年 10 月 13 日，第 2 版。

② 〔美〕约翰·法比安·维特：《事故共和国——残疾的工人、贫穷的寡妇与美国法的重构》，田雷译，上海：上海三联书店，2008 年。

③ 邓小平：《邓小平文选》（第 2 卷），北京：人民出版社，1994 年，第 368 页。

④ 中共中央文献研究室编：《十一届三中全会以来党的历次全国代表大会中央全会重要文件选编》（上），北京：中央文献出版社，1997 年，第 204 页。